怀石四季料理赏习

京都瓢亭茶事

[日]高桥英一 著　麻春禄 译

華中科技大學出版社
http://www.hustp.com
中国 · 武汉

前言

我将2006年5月至2008年4月这2年间刊登于《专门料理月刊》中的有关怀石料理及果子料理的内容编辑成了此书。

日本茶事的料理有各种主题，而且特别注重季节感，因此我在刊登该连载时也考虑到了这些要素。

如果是在普通的饭店提供的料理，可以自由地发挥想象力，融入新的手法，在一定程度上对料理进行创造。然而茶事的料理则很难做到这一点。首先每个亭主都有其事先决定的想法，因此要在一定的限制下制作料理，不能太过于超出范畴，以免受到亭主的训斥。

实际上我们在制作茶事料理时，要事先前往亭主的住处，听取亭主的想法，参观亭主的茶具等器皿，然后再决定菜谱。料理与器皿的关系也十分重要，这就像衣服和人之间的关系一样，双方都不能太过于突出，要达到互相衬托、互相搭配的效果。

我们的工作就是代替亭主完成制作怀石料理这一重要工作，因此责任十分重大。

我第一次外出从事茶事工作是去我们店的一位老顾客的位于大阪箕面市的家中，他本人也是茶道爱好者。当时我刚刚实习归来不久，自以为对茶事的工作已基本上都掌握得差不多了。但是现在回想起来，当时有很多场面着实令人捏一把汗。之后我经常去这位顾客的家中，那里成了我年轻时的修行之地。可以毫不夸张地说，正是当时在那里积累的经验才奠定了我今日的基础。

我有时也会被邀请去参加茶事。每次去都会感到做客要比做料理难上数倍。经常听说“茶事百回”，随着参加茶事次数的增加，我也慢慢地理解到了其中含义。茶事不但要经常作为亭主邀请客人参加，同时还要作为客人经常去参加茶事。只有习惯了茶事的规矩，才能逐渐乐在其中。

此外，本书还对装饰茶室的茶花做了介绍。在日本的茶事中，花也是很重要的一个要素。我从小就爱好园艺，在自家院中栽培各种草木。之后不知从何时起，我成了栽培茶花的讲师。制作料理自然很重要，但我也花了很多时间在培育茶花和制作插花上。在做这些事情时，我会变得平静，并感受到精神上的满足。也许花卉本身便具有这种能量。

我是从实习归来后马上就开始从事茶事工作的。当时我25岁，非常庆幸的是，我的入门导师——里千家流的井口海仙宗师是一位人品十分优秀的人。我从他那里还学到了很多茶事以外的东西。自那以后，我逐渐认识到身为一个料理人应如何与茶事相处。我建议开始下决心学习日本料理的年轻人，不论以什么形式都好，应该参与到茶事之中，使自身与茶事有所关联。

一提起茶事，很多人都会觉得它有很多规矩，还要根据流派的不同记住各种规矩，因此大多数人感到茶事是十分古板严格、难以接近的。但茶事的本质其实并非如此。即便是同一流派的老师也会在一些细节上有所不同，但真正重要的本质藏在深处，而且十分简明。我建议大家先大致明白茶事的规矩之后，再以轻松的心态迈出第一步，去尝试接触茶事的世界。

对于完全不了解茶事的人士，希望本书能成为您接触茶事的一个契机。对于已有所了解的人士，希望本书能让您加深对茶事的理解。

瓢亭 高桥英一
2009年11月

目录

茶事的料理 **怀石料理与果子** 料理食谱 129

怀石料理的规矩 193

摄影：小林庸浩
插图：OZAWA MIKA
设计：文京图案室 三木俊一
编辑：柴田泉、纲本祐子

序言

茶事与怀石料理

基本茶事用语

●亭主：茶事、品茶会的主办者。
●正客：茶事、品茶会的正宾。主要的客人。
●次客：在茶事、品茶会上，排在正宾之下的客人，又称二客。
●末客：连客中位居末位的客人，又称末席。
●连客：茶事、茶会中一同出席的客人，也称相客，又称陪客。
●主客：亭主与客人。

以下按日文假名顺序

●内茶庭（内露地）：指从中门内侧到茶室入口之间的庭院。到达茶室前，要经过外茶庭（外露地），接着是中门，然后是内茶庭。

●在内茶庭内设有石制洗手盆。有时也会在此设有户外茶庭（内腰掛），专供茶事中场休息（中立）时使用。

●上座：指身份较尊贵的宾客的席位，在面向入口的左手边。

●汲出：指汲出茶碗。茶会中，客人在准备处（寄付和待合）等待亭主时饮用热水或香煎茶的小茶碗。

●下座：指身份较低的宾客的席位。在面向入口的右手边。

●浓茶：搅拌成浓稠状的抹茶。浓茶所用的抹茶粉的品质通常与薄茶所用的茶质不同，浓茶放入的抹茶粉的量是薄茶的3倍以上。通常会把多名连客所用的浓茶调成一碗，由客人们再相互传递饮用。在举行茶事时，为了能让客人更好地品味浓茶，一般还准备了如怀石料理或和果子等来搭配茶饮。

●香合：香盒，带盖子的熏香容器。一般来说，在地炉的季节（11月～次年4月）会放入练香（用麝香、沉香等香料粉末加蜂蜜制成的熏香），在风炉的季节（5月～10月）则会放入香木，香盒的材质会因香料不同而调整。

●后座：茶事中场休息后的茶席，茶事的后半场。一般包括点浓茶（浓茶点前）、添后炭（后炭手前）和点薄茶（薄茶手前）等仪式。中场休息前的茶席称为初座（茶事的前半场）。

●腰掛待合：设在外茶庭的等待处。连客会在此等待亭主迎接。另外，这里也是茶事中场休息并准备后半场入席的地方。

●小间：四叠半以下（畳，古同“叠”，榻榻米面积单位，1叠=1.62平方米）的茶室，四叠半以上的茶室称为广间。

●茶事口：茶室中亭主为沏茶而进出的门。另外还有设置了侍奉口（通口）的茶室，但在小间茶室，茶事口也兼用于侍奉口。

●枝折户：设于露地中门等处的简易柴门。将竹枝按菱形图案交叉编好后，用蕨绳固定。

●初座：茶事中场休息前的茶席，即茶事的前半场。在初座上，一般是在添初炭仪式之后奉上怀石料理和果子（初夏季节是按怀石料理、添初炭仪式、主果子的顺序进行）。

●添炭仪式（炭手前）：在客人入座后，向地炉或风炉中加炭的过程。一次茶事会上一般进行两次，即添初炭（初炭手前）和添后炭（后炭手前），两者做法有所差异。

●外茶庭（外露地）：中门外侧的茶庭。到达茶室要经过外茶庭，接着是中门，然后是内茶庭。外茶庭设有等待处（腰掛待合）。

●千鸟杯：怀石料理中，亭主与客人配着八寸酒肴交杯敬酒的正式环节。用餐告一段落，喝完用来清口的汤（箸洗），然后进入这个环节。第一轮时亭主会为客人斟酒，第二轮时亭主也会请客人为自己斟酒，因酒杯在亭主与客人间呈“之”字形般来回交错而得名。

●中门：在茶室中，分隔内露地与外露地的门。

●次礼：双手轻轻伏地，对下一位客人礼貌地说声“承让了”。从入席到拜见、接取料理等流程，上客都要对下位的客人行次礼。

●蹲踞：设置在内露地中的洗手盆。其基本上均是以石材制成，并设置在较低的位置，这样客人就需要蹲下来洗漱，因此而得名。蹲踞内盛有水，放有水舀，客人先在此清洗双手、漱口后再进入茶室。洗漱方法为先用右手舀一瓢水清洗左手，然后换洗右手。接下来再舀一瓢水倒在左手之上漱口，最后用双手将水舀竖立，冲洗舀柄后放入原来的位置。

●中立：茶事的前半场（初座）和后半场（后座）之间的休息时间。客人暂时离开茶室，时长约15分钟。

●鸣物：在茶事会上，用于通知客人茶已准备完毕的敲击乐器。一般在中场休息过后，亭主敲击铜锣来通知客人后半场已经准备完毕。在等待处的客人会认真聆听锣声召唤。

●躏口：茶室特有的小出入口。客人需要跪在地上低下头蹭着进出。

●半东：协助亭主进行茶事的人。

●本席：茶事中相对于准备处（寄付和待合）的地方，招待浓茶的茶室称为本席。

●待合：连客聚集在一起等待亭主迎接的地方。待合里也有兼休息室的地方，可以在里面整理衣装、饮用温水或香煎茶。

●水屋：附属于茶室的准备场所。茶室所用茶具及怀石料理的准备与清理等茶事所需的准备工作都在此进行。

●寄付：为在茶事会上所邀请的客人提供等候及整理衣装的场所，又称袴付或待合。如果在寄付以外另设了待合，则会先在寄付整理仪容，再到待合享用热开水或香煎茶。

●露地：附属于茶室的庭院。

何谓茶事

茶事从广义上来讲，是指茶会（品茶的宴会）。但一般意义上的茶事是指从待客室进入本席（茶室），经过由添炭仪式、品尝怀石料理，乃至点浓茶、点淡茶等一系列步骤组成的活动。茶事的核心在于献浓茶这个步骤。为了能让客人以最佳的状态品尝好一杯浓茶，才会形成其前后的各种招待环节。在茶事上品用的菜肴称为怀石料理。

茶事首先是由亭主选定主题和正客，再根据这些来决定陪客，然后向客人们发出请帖。之后开始准备道具、怀石料理的菜谱等。整个过程中最为重视的是“一座建立”的思想，也就是亭主要与客人心心相印，共同完成一个茶宴。茶事的根本思想并不是单纯的招待方与被招待方的单向关系，而是要通过主客的共同努力，营造出一个完美的时间和空间。

茶事按召开的时间段分为若干形式，最正式且最基本的是“正午茶事会”。亭主邀请客人在正午的时间前来，恭谨地进行各个步骤，前后共需要３～４小时。其中，可以通过露地的景色、画卷、花卉、茶室的布置、茶器具和道具的搭配、料理、果子，以及款待客人的茶等方面间接地表现出当时的季节及茶事的主题。

茶事的种类

茶事有7种具有代表性的样式，称为“茶事七式”。这7种分别为：**“正午茶事”“朝茶事”“夜话茶事”“晓茶事”“饭后茶事”“临时茶事”“迹见茶事”**。其中，正午茶事是所有茶事的基本形式，可以在一年四季举行。

相反，也有在固定季节内举办的茶事。例如朝茶事是在闷热的盛夏（7～8月）选择凉爽的时间举办的茶事。而在12月至次年的2月这个寒冷的季节里举办的是夜话茶事。大家围坐在灯光下，在晚饭时间品尝怀石料理和茶。同样在冬季，选择黎明时分的清晨4点举办的是晓茶事。但晓茶事是一个十分有难度的茶事，很少举办。

剩下的3种茶事是选择吃饭时间之外的特殊时间以及特别的机会举办。其内容简单，与季节没有太大的关系。在此介绍一下相对来说经常举办的朝茶事和夜话茶事。

朝茶事

朝茶事是在盛夏的清晨举办的茶事，需要突出凉爽的感觉。开始时间基本是在清晨6点，结束时间最迟是上午9点。这是一种让客人享受夏季清晨清爽氛围的茶事。在夏季，白天十分闷热难耐，但清晨却是格外凉爽。清晨有披着晨露的树叶、潮湿的草木等，此时大自然的气息令人感到心情畅快，并且选择能够搭配这种氛围的料理及器皿。

朝茶事的怀石料理属于一天中的早饭，一般内容都比较简单、清淡。因此，与正午茶事不同，朝茶事的向付一般不准备生鲜食品。即便有生腥的食材（动物类食材），也是稍撒盐烤过的料理，或是如酒蒸鲍鱼这样的料理。腐竹等料理也很适合。

怀石料理的基本内容是“一汁三菜”，但朝茶事是“一汁二菜”。朝茶事省略了烧物，料理的内容相对简单。之后还有箸洗（为了让客人能更好地品尝后续料理的清口汤）和八寸（盛装山珍和海味两种珍品料理的托盘或其料理本身），这与怀石料理的基本类型相同。

将重点放在香物[①]上也是朝茶事的一个特点。一般在器皿中盛入5～7种香物（腌渍的小菜），在品尝料理整个过程相对较早的时间端出。

夜话茶事

夜话茶事在寒夜漫长的12月至次年2月的冬季举办。如其名所示，其是为夜晚大家坐在一起谈心说话而举办的茶事。夜话茶事从天黑之后开始。这时，踩着通往茶室的踏脚石，伴着设在露地中的石灯笼发出幽幻的光，这些都令人倍感悠远深长。茶席中也只点着蜡烛和油灯，这些可以体验到在现代日本生活中已消失的、微妙的荫翳之美。

正值严冬时节，温暖是最好的款待。通常的茶事一般会为到达的客人献上温水，但在夜话茶事上，会端出葛粉汤或甜酒，以温暖身体。

料理也自然是准备可以暖身、放松身心的饭菜。因此，只有在夜话茶事上，向付是热乎乎的料理，并盖上碗盖端上。其专用的器皿是盖向（配有盖子的向付）。客人掀起碗盖时，飘起的蒸气和香味可以舒缓心情。

另外，夜话茶事一般是关系十分亲近的人聚在一起饮茶交谈。这也是享受夜话茶事的一种形式。因此怀石料理也准备得随意一些比较好，根据情况还可以将强肴（在八寸之后端出的料理，又称追肴、进肴等）制成炖菜类的料理。

① 指以盐或米糠腌制的蔬菜咸菜。

炉茶事、风炉茶事

在日本茶道的世界中，季节分为“地炉”和“风炉”两种。炉的季节是从11月至次年的4月。这段时间使用内嵌于榻榻米中的火炉烧茶。而风炉的季节是从5月至10月之间，使用放在榻榻米上的风炉烧茶。

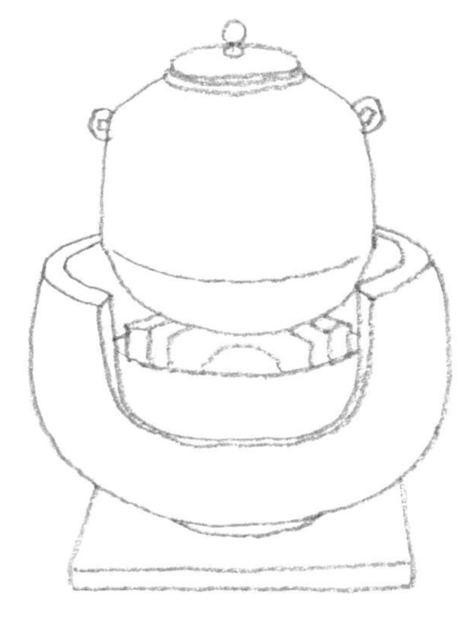

风炉

风炉是能架上炉架、放上水壶烧水用的道具。将风炉放在底板之上，或是放在架子下面使用。其摆放位置根据茶室的样式及茶点的种类等因素而定。其材质主要是青铜（铜与铅的合金）、铁、土等。其形状及大小各式各样。一般是往风炉中放入木灰，制作出形状，再放入炭生火。

两者最初的月份均是庆祝的月份。特别是11月份的开炉甚至被誉为茶人的正月，是一个十分正式的仪式。5月的初风炉虽没有开炉正式，但由于正值季节变化的初夏，一般也举办得十分清爽、喜庆。

从地炉转变为风炉，以及从风炉转变为地炉时，茶室的装饰、插花、茶点的方式以及使用的道具等均截然不同。例如烧水壶的大小，一般是水壶较大，舀水的木勺也相应地改为大勺，其使用方法也有所改变。

在举办茶事的流程上，地炉季节与风炉季节也有所不同。客人入席后，由亭主致欢迎辞。然后，如果是在风炉季节，亭主便会马上端出怀石料理。而在地炉季节，则是先进行添炭仪式，然后再上怀石料理。地炉的季节比较寒冷，因此添炭仪式也比较花时间。另外，添炭仪式这个步骤也是为了温暖房间（茶事的详细流程见第16页）。

茶花也有地炉的花和风炉的花，并明确地加以区分。代表地炉季节的花如山茶花；代表风炉季节的花如木槿等。

如此看来，在茶道的所有环节中，“地炉”季节和“风炉”季节均有区别。

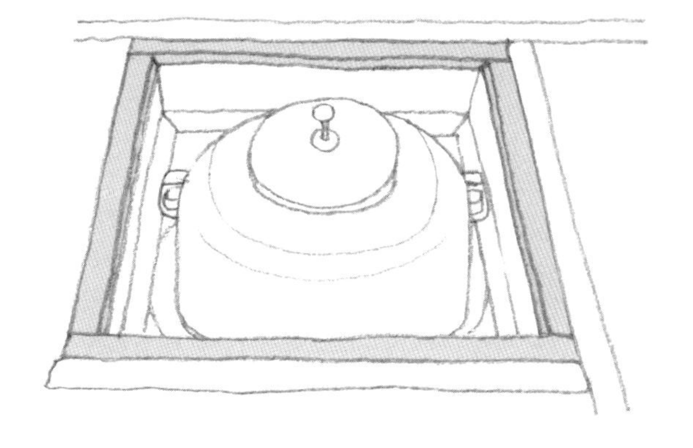

炉

炉是能架上炉架、放上水壶烧水用的设备。炉是如地炉一样在榻榻米上挖出四方形的槽制成。其基本是尺寸为42平方厘米左右的正方形。一般是在炉中放入薪柴、加入炭生火。炉根据设置在茶室中的位置的不同而有不同的名称，并有不同的茶点形式。在进入风炉季节时，茶家的习惯是将炉垫（超出炉的部分的榻榻米）取出，换上新的榻榻米。

茶事的流程

※ 很多时候寄付与待合是合在一起的。

在此将正午茶事的基本流程简单地做了整理。不论是在地炉的季节还是风炉季节，正午茶事一般均是在包含正午在内的3～4小时内进行。其中怀石料理约占1小时。

其进行顺序在地炉季节和风炉季节有所不同。地炉季节是待客人入席后，先进行添炭仪式，然后上怀石料理。而风炉季节较地炉季节来说，开始得更早。而且由于没有必要过早地添炭加热房间，所以一般是在客人入席后便开始上怀石料理，然后才开始添炭仪式。

地炉季节

11月～次年4月

寄付※ → 整理装束。

待合※ → 端出温水或香煎茶。参观待客室的装饰品。

通过外露地进入外茶庭。

外茶庭 → 等待亭主的迎接。

在蹲踞处清洗手和口。枝折户进入内露地。亭主前来迎接，打开

本席（初座） → 参观初座的装饰品（画轴等）。入席（进入茶室。小间茶室要从躏口进入）。

风炉季节

5月～10月

寄付※ → 整理装束。

待合※ → 端出温水或香煎茶。参观待客室的装饰品。

通过外露地进入外茶庭。

外茶庭 → 等待亭主的迎接。

在蹲踞处清洗手和口。枝折户进入内露地。亭主前来迎接，打开

本席（初座） → 参观初座的装饰品（画轴等）。入席（进入茶室。小间茶室要从躏口进入）。

此外，根据季节及气候的不同，有时不使用外露地，或是省略点后炭这个步骤，主客之间相互关照、随机应变地做适当安排，这也是茶事的精髓之一，需要在理解茶事的基础之上，灵活地加以运用。

茶事《岁时记》

茶事有茶事的主题，既有喜事、法事等目的明确的情况，也有很多“花见”“月见”等从《岁时记》中选取的主题。茶事的目的正是为“大家一同享受季节之美”。这也说明季节对日本人来说十分重要。在此就《岁时记》中与茶事关联较多的部分做一下介绍。本书的茶事也均是结合《岁时记》来选定主题。

1月

初釜……正式的初釜是在松内（1月1日～7日或1月1日～15日之间）举行。这一庆祝新年的茶会或茶事称为初釜。因为正值正月，通常使用鲷鱼、虾等含有庆祝含义的食材。器皿也使用鹤龟、松竹梅等包含吉祥寓意的物品。

人日节……1月7日。其属日本传统五节日中第1个节日，又称七草节。一般将春季七草煮成七草粥来吃，以表示庆祝。

2月

节分……节分原指季节发生变化的时节，通常是立春前的2月2日、2月3日或2月4日中的一天。在阴阳道中，自古重视节分，以撒豆子、在门上插柊树枝等特殊的形式庆祝，还会使用以鬼、柊树、升斗为主题的器皿。

初午……日本全国稻荷神社及稻荷庙的祭祀仪式。日本农村的田神信仰很普及，京都、伏见的稻荷神社也逐渐成立全国性的组织。一般是在神龛上供奉神酒、守护神狐狸所喜爱的油炸食品等，选一午、如果不方便的话就在二午或三午的日子前去参拜（“午”指十二干支中属“午”之日）。

梅见……在梅花季节，北野天满宫的祭祀仪式，以及与菅原道真有关的活动。

3月

女儿节……3月3日。日本传统五节日之一，又称上巳节。这是女孩的节日，又称为桃节。料理中使用蛤蜊、菱饼等与女儿节有关的食材，也会制作颜色可爱、华丽的料理。

利休忌……日本阴历二月廿八日是千利休的忌日。表千家在3月27日、里千家在3月28日召开追悼茶会。

4月

花见……欣赏樱花的季节。这时气候开始转暖，人们有时也会去户外在樱花树下举办品茶事。在京都，提起樱花便指的是彼岸樱、山樱，而不是指吉野樱。

5月

初风炉……将使用了半年的炉取出，换上风炉。茶室的气氛焕然一新，充满清新感。这是一个华丽而心情愉悦的月份，适合使用带有如富士山、仙鹤等含有庆祝意义图案的器皿。

端午节……5月5日。又称菖蒲节，是男孩的节日。端午节通常使用带有竹子、头盔、鲤鱼等图案的器皿。料理中通常会有粽子。

葵祭……在下鸭神社、上贺神社会举办盛大的祭祀活动，是京都三大祭之一。

6月

夏越祓……6月的最后一天，在日本的神社中，让参拜者从茅草圈中穿过，以去除污秽的仪式。6月30日这天还有吃水无月果子的习惯。

7月

七夕……7月7日，属日本传统五节日之一，又称笹节。这天会制作各种以七夕为主题的料理，器皿也多与七夕有关。尽量表现出凉爽的气氛。

祇园祭……日本八坂神社的祭祀活动。这一天，京都的大街小巷全部沉浸在祇园祭的活动氛围之中。与祇园祭有关的物品有走在山鉾队列先头的长刀鉾、带有八坂神社之印花的木槿、粽子、写有“苏民将来子孙繁荣”的护身符等。

8月

盂兰盆……日本迎接祖先的节日。在日本各地会摆放各种不同的装饰及供品。有关盂兰盆节的茶事，其怀石料理也会制作真薯料理。

大文字五山送火……日本在8月16日送走祖先的活动，是京都夏天一个著名的活动。

9月

重阳节……9月9日。日本传统五节日中的最后一个节日。日本人为祈盼长寿，一般在酒中放入菊花瓣饮用，又称菊花节。菊花既可作为食材，也可作为表现主题的素材使用。

月见……仲秋的明月。这天的怀石料理上会端出十三夜等与月亮有关的料理和器皿。

10月

秋祭……在日本全国各地举办感谢秋季丰收的祭祀活动。日本皇室的新尝祭也属于其中之一。

11月

开炉……被称为茶道世界的正月，是一个值得庆贺的月份。距上次的开炉已过了半年，庆祝这一仪式的茶事被称为“开炉茶事”，一般使用鲷鱼、龙虾、新墨鱼子等带有庆祝含义的食材和器皿。

开封……将在5月份摘下来的新茶放入茶壶中封口保存，经过炎热的伏暑之后酿制成味道浓郁的茶叶。将茶壶的封口打开这一仪式称为开封。将壶中的新茶放入茶石臼中研磨、泡茶举办的茶事称为开封茶事。这是比新年提前一个月的茶道的正月。

赏红叶……群山已被红叶染红。这时一般使用表现红叶的料理及器皿。

12月

事始……指开始为正月的庆祝活动而进行准备的日子。京都的事始是12月13日。在这一天，日本人会去恩人、主人家拜访，感谢一年来对自己的关照。

何谓怀石料理

怀石料理是指在茶事中为客人提供的料理。在今天的日本，普通的料理店也使用怀石料理这一说法，但怀石料理原本是指在茶事中按一定的规矩制作的料理。据说原本是修行时的禅僧为缓解饥饿而将加热的石头抱在怀中。因此，怀石料理的本意是指在品过浓茶之后暂时填补空腹的少量的料理，通常由基础的“一汁三菜”构成。

首先是膳出[①]环节，端上米饭、汤、向付。然后是煮物碗[②]和烧物。到这里为止是“一汁三菜”。其后以箸洗清过口，主客之间以八寸为下酒菜，相互献酒（千鸟杯）。最后以品尝汤斗（锅巴泡米汤）和香物结束。现在一般是在端上烧物的“一汁三菜”之后，另端上预钵[③]、强肴等料理。但原本的怀石料理仅“一汁三菜”足以。此外，有一点不要忘记的是，怀石料理原本的形式是由亭主怀着由衷的待客之意亲自制作并侍奉客人，而料理店、外卖店只是帮助亭主完成茶事的协助者而已。

而且，茶事基本不举办酒宴，以品浓茶为主要目的。怀石料理重要的是合理地安排顺序，客方也不应太过占用时间，以适当的速度品尝茶和饭菜，尽量不要妨碍茶事的进程。

另外，在不必遵循上述规矩的茶会上会提供一些简单、随意的料理，这种料理一般称为果子。

① 指首次端出的饭菜。 ② 指盛放炖煮料理的器皿或指该料理本身。 ③ 指在“一汁三菜”之后，箸洗之前端出的炖煮菜。

怀石料理的基本构成

『一汁三菜』中最基本的构成

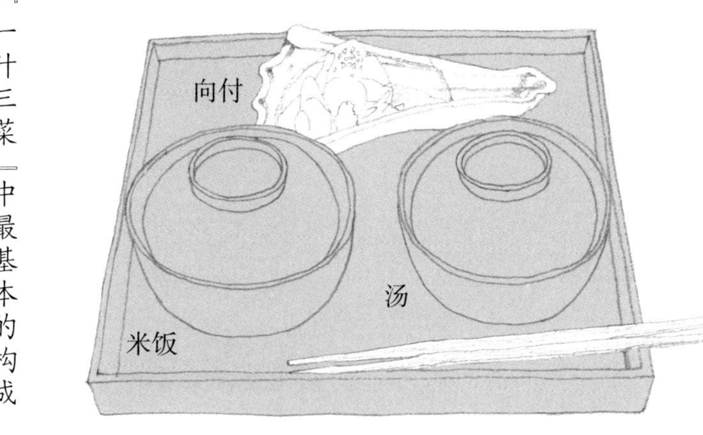

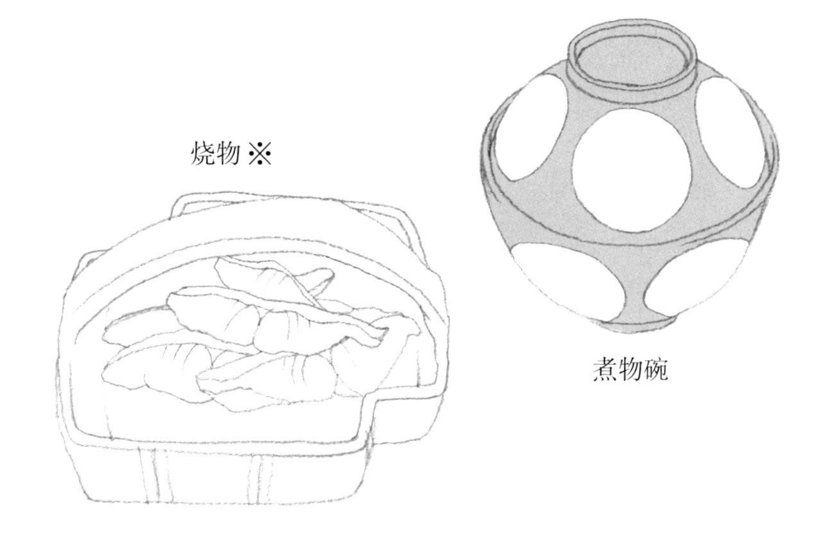

怀石料理原本由“一汁三菜”构成，也就是除一开始的米饭外，还有“一汁”即汤，“三菜”即向付、煮物碗、烧物。之后以箸洗调整一下之后，进入主客献酒、品尝八寸的环节，最后以端上汤斗和香物结束。“一汁三菜”、箸洗、八寸、汤斗和香物，这是常规的正午茶事中怀石料理最基本的构成要素。但在今天，基本上都是在烧物之后端出预钵、强肴等四菜、五菜的料理以及酒等珍馐。然后在这些料理之间续盛米饭和汤，以及上酒。本书在此将怀石料理的基本结构以图表的形式一目了然地展现在了这里。

亭主特意追加的料理

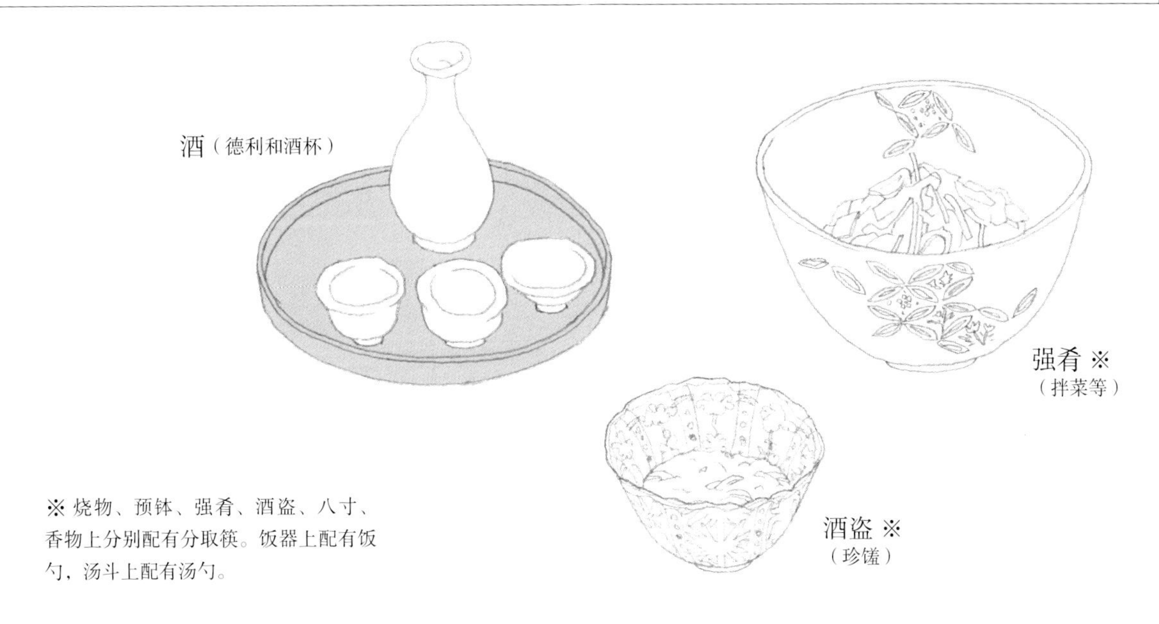

※ 烧物、预钵、强肴、酒盗、八寸、香物上分别配有分取筷。饭器上配有饭勺，汤斗上配有汤勺。

茶事的料理

怀石料理与果子

花的款待

- “开炉”被誉为茶人的正月。以下从举办“开炉”仪式的11月开始，就怀石料理及果子依次进行介绍。
- 对于怀石料理的菜谱，将轮流介绍表千家流和里千家流的菜谱。流派的不同之处只在于筷子的使用方法以及盛菜的形状而已，与上菜的顺序以及料理本身无关。另外需要补充的是，另有其他流派的规矩与本书所记的流派相同。果子的菜谱未设定流派。
- 在实际的怀石料理中，烧物、预钵、强肴等均配有分取筷。但在本书的彩图中，为更好地展示料理，在酒盗、八寸、香物中搭配了筷子，但在烧物、预钵、强肴中省略了配筷。对于这些筷子的详细使用方法，参见“怀石料理中所使用的筷子”（第216页）、“烧物”（第232页）、“预钵、强肴”（第234页）。

将当年初夏新摘的茶叶放入茶壶中密封，在11月前后将茶壶开封的仪式称为“开封”。另外，将这种茶叶放入石臼中研磨成抹茶，并以此招待客人的茶事称为开封茶事。这一茶事在11月至12月上旬之间举办。这对茶人来说是一年之中极为重要的仪式之一。开封茶事还被誉为茶人的正月。

此外，这个月份也是“开炉”之月。开炉是指冬季到来后第一次开炉生火，茶道一般是在阴历十月上旬的亥日举行。但现在似乎也未必限于这一天，一般是在11月上旬之前清理了风炉之后便举行开炉。之所以选亥日举行，是因为在阴阳五行中，亥属水，以水对应掌管火的炉，以保平安。

在开炉及开封茶事的生果子中，经常使用亥子饼。亥子饼是先拌馅，然后以糯米包裹馅，最后以芝麻等绘制成貌似野猪背图案的果子，是一种典型的茶事果子。11月初的亥日被称为“亥子贺”，据说在这一天的亥时（晚上10点左右）吃亥子饼会祛除百病，同时如野猪多子一样，子孙繁荣。从前在皇宫中，每到亥子贺这一天天皇都会以亥子饼招待众臣。

用纸包裹的亥子饼称为亥子包，仁清[1]的香盒也采用了这一匠心。亥子包是在四方形包装纸上放上一片银杏叶，然后以花纸绳十字系上的菓子包。

开炉茶事

11月 霜月

画轴
“初时雨”
即中斋作

插花
万作 萨摩野菊

花瓶
紫交趾带耳花瓶
永乐即全作

本画轴描绘的是红叶飘落在一个胖圆形的葫芦上，细看之下，细线斜走，用来表现阵雨。画中写有“初时雨”，因此只在11月份挂出。
画与赞均出自表千流家的上一代掌门人即中斋宗师之手。每年悬挂这幅画时都不禁令人感到“下个月便是师走（阴历十二月），一年又要结束了”。
插花是万作的照叶和萨摩野菊。素净的紫色带耳花瓶显得稳重而有格调。

[1] 野野村仁清，日本江户时代初期的陶工。

米饭

汤　白味噌酱汤配小慈姑、红叶麸、芥末

向付
方头鱼片佐煎海胆
配小松菜、菊花、山葵、调味醋

器皿：古染付扇面向付

食谱：见第131～133页

开炉茶事上的怀石料理 （表千家流）

米饭

汤　白味噌酱汤
配小慈姑、红叶麸、芥末

向付
方头鱼片佐煎海胆
配小松菜、菊花、山葵、调味醋

煮物碗　淡味葛粉汤配
云子豆腐、青萝卜、生姜丝

烧物
味噌香橙酱烤银鲳鱼

[预钵]

拼盘
海老芋、鸭肉吉野煮、九条葱、山椒粉、香橙皮丝

[强肴]

拌菜
蛤蜊、生海胆、芜菁、胡萝卜、鸭儿芹

酒盗
腌蟹黄

箸洗
水前寺海苔、梅肉

八寸
墨鱼子、味噌酱腌莴苣

香物
白菜、奈良酱瓜

汤斗

煮物碗 淡味葛粉汤配
云子豆腐[1]、青萝卜、生姜丝

器皿：线椿煮物碗
食谱：见第137页

烧物
味噌香橙酱烤银鲳鱼

器皿：赤桃形平钵 乐弘入作
食谱：见第142页

① 云子豆腐是用鳕鱼或真鳕的精巢制作的豆腐。

[强肴]

拌菜

蛤蜊、生海胆、芜菁、
胡萝卜、鸭儿芹

器皿：仿古清水四季景泰蓝钵
五代清水六兵卫作

食谱：见第148页

[预钵]

拼盘

海老芋、
鸭肉吉野煮、九条葱、
山椒粉、香橙皮丝

器皿：干山写菊绘钵
永乐即全作

食谱：见第144页

酒盗

腌蟹黄

器皿：南京古染付向付

食谱：见第155页

箸洗：水前寺海苔、梅肉

八寸：墨鱼子、味噌酱腌莴苣

食谱：见第150页、151页

香物：白菜、奈良酱瓜

器皿：铁绘果子钵

汤斗

神乐月的果子

11月也是红叶最美的月份，在日本人们会经常举办赏叶茶会等活动。我们店也会在每年11月为2000人左右的大茶会制作果子。这已是从第二次世界大战结束之后开始延续至今的工作。京都的北山气候独特，有时会突然下起阵雨，有时还十分冷。因此我们在制作这些供众人食用的果子时，特别注意保持食物的温度。

其形式是半月便当加白味噌酱汤，内容比较简单。但米饭是在现场分几次煮好，趁热用模子压成形。白味噌酱汤也是在现场盛出来提供给客人。对客人来说，能吃到热乎乎的料理是最幸福的事。

在此介绍一下在半月便当中放入果子，加上惜别料理芝麻拌柿子，以及代替吸物（清汤）的盖热馅蒸菜。

食谱：见第156页

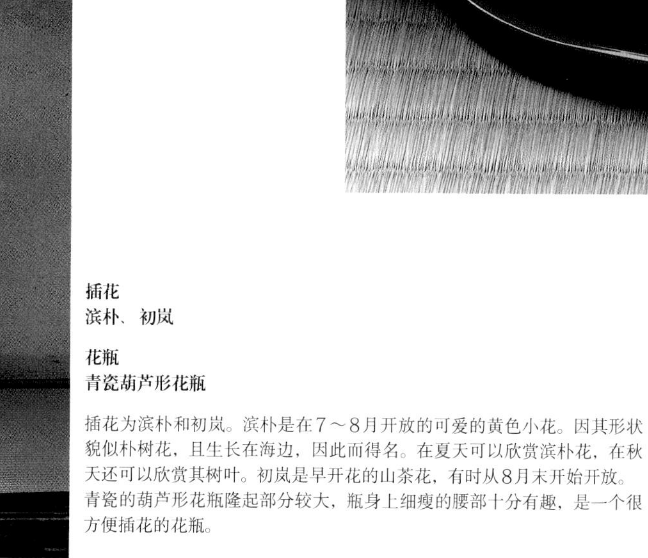

插花
滨朴、初岚

花瓶
青瓷葫芦形花瓶

插花为滨朴和初岚。滨朴是在7～8月开放的可爱的黄色小花。因其形状貌似朴树花，且生长在海边，因此而得名。在夏天可以欣赏滨朴花，在秋天还可以欣赏其树叶。初岚是早开花的山茶花，有时从8月末开始开放。青瓷的葫芦形花瓶隆起部分较大，瓶身上细瘦的腰部十分有趣，是一个很方便插花的花瓶。

先付[①]

芝麻拌柿子

器皿：南京染付小皿 永乐即妙作

代替吸物的盖热馅蒸菜

蒸若狭方头鱼芜菁卷和莲藕、葛粉馅盖生海胆、生姜泥

器皿：织部盖向

半月便当

瓢亭鸡蛋、香橙幽庵酱烤马鲛鱼、山椒、山椒粉烤石斑鱼、芜菁卷寿司、墨鱼子

拼盘

簸箕昆布、栗子天妇罗、松针穿零余子和银杏、树叶

拼盘

康吉鳗、树芽、明虾金锷[②]煮、生腐竹、海老芋、豌豆荚

玉蕈饭

器皿：毛刷纹半月缘高

① 怀石料理中的第一品前菜。 ② 用薄小麦粉面包入馅制作成像刀锷一样扁平的形状后放在铁板上煎烤后的做法。

选自本书的菜谱
各种箸洗

这里介绍的是将坚果、蔬菜芽等放入小吸物碗中，再倒入少量非常清淡的昆布高汤制成的箸洗。在用过料理后以此清口，重新调整心情，准备进入主客献酒的环节。
在一个小碗中也可以体现出季节感。

11月
水前寺海苔
梅肉

7月
紫苏籽
山葵丝

9月
南瓜子
生姜丝

2月
问荆
山葵丝

8月
海藤花
山葵丝

5月
岩梨
山葵丝

12月
慈姑芽
梅肉

1月
款冬茎
梅肉

6月
鱼软骨
梅肉

4月
土当归芽
梅肉

10月
滑菇
生姜丝

3月
防风
生姜丝

食谱：见第 150 页

夜话茶事

师走 12月

12月是临近岁暮，令人感到忙乱的月份。京都的师走从四条大桥东边的南座歌舞伎的全体演员惯例公演开始拉开帷幕。

到了11月末，报纸、电视上会播放以甚亭流的独特字体书写的招揽观众的招牌，人们的心情也随之日益高涨。

此外，在京都是从12月13日开始新年的准备。从这一天开始便是迎接新年的喜庆之日。人们纷纷向关照过自己的老师、师傅、恩人赠送圆年糕，提前拜年。

正如在炎热的夏天有朝茶事一样，在12月至次年2月这个寒冷的季节里，一般会举办夜话茶事。这是从下午4点开始的露地茶事。亭主费尽心思尽量保持料理及器皿的温度，只为客人在冬季的长夜中享受到温暖而贴心的一段时间。

正因为是在繁忙的12月，才更应该营造出“忙中闲”的气氛。茶人十分重视以愉悦的心情回顾一年的夜话茶事。忙中偷闲举办的忘年茶事比平时更令人放松，是一个愉快的酒席。

画轴
“忙中闲”
即中斋书
淡淡斋画

插花
水仙、寒菊

花瓶
芜菁花瓶
永乐善五郎作

画轴是12月份的固定作品“忙中闲”。字由表千家流上一代（第十三代）掌门人即中斋宗师所书，黑乐茶碗的画由里千家流上上一代（第十四代）掌门人淡淡斋宗师所作。表千家流与里千家流的合作画轴十分稀少，字与画的搭配也颇巧妙。看到这幅画不禁令人深切地感受到岁暮的气氛。
插花是水仙的花蕾和寒菊。寒菊选泛黄、有冻疮的叶片上带有花蕾或花的部分。
芜菁形花瓶由当代（第十七代）永乐善五郎所作。其形状虽小，但即便摆放在大房间中也不失端庄、沉稳。

米饭

汤 白味噌酱汤配
白萝卜片、小豆、芥末

向付
墨鱼子粉盖鲷鱼、芹菜芽、
红蓼、山葵、淡味高汤

器皿：百合草皿 乐左入作

食谱：见第131页、第133页

夜话茶事的怀石料理 里千家流

米饭

汤 白味噌酱汤配
白萝卜片、小豆、芥末

向付
墨鱼子粉盖鲷鱼、芹菜芽、红蓼、山葵、淡味高汤

煮物碗
鸭肉真薯、鸭肉片、胡萝卜、小松菜、香橙皮丝

烧物
香橙幽庵酱烤马鲛鱼

[预钵]

拼盘
圣护院芜菁、明太子金锷、茼蒿、香橙皮末

[强肴]

拌菜
黑芝麻拌鹌鹑、芋芽和鸭儿芹、山椒粉

酒盗
拌海参肠

箸洗
慈姑芽、梅肉

八寸
奈良酱瓜夹老头鱼肝、百合根、海苔粉

香物
红芜菁

汤斗

煮物碗

鸭肉真薯、鸭肉片、
胡萝卜、小松菜、
香橙皮丝

器皿：日月碗　北大路鲁山人作

食谱：见第137页

烧物

香橙幽庵酱烤马鲛鱼

器皿：织部带柄钵

食谱：见第142页

酒盏

腌海参肠

器皿：白唐津小钵　辻村史朗作

食谱：见第155页

[预钵]

拼盘

圣护院芜菁、明太子金锷、
茼蒿、香橙皮末

器皿：吴须古赤绘钵

食谱：见第144页

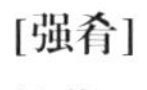

[强肴]

拌菜

黑芝麻拌鹌鹑、
芋芽和鸭儿芹、山椒粉

器皿：赤绘金襕手钵　永乐和全作

食谱：见第148页

箸洗

慈姑芽、梅肉

器皿：金线毛刷纹小吸物碗

八寸

奈良酱瓜夹老头鱼肝、百合根、海苔粉

食谱：见第150页、第151页

香物

红芜菁

器皿：荷兰钵

汤斗

忘年的果子

到了岁暮，人们逐渐变得忙碌起来。冬季的食材相应地变得美味起来。随着天气逐渐变冷，肉质肥厚的鱼贝类，以及经过降霜而变软的冬季蔬菜丰富了餐桌。在此介绍一下将冬季的代表性蔬菜圣德院芜菁煮软后配入向付，再浇上香气馥郁的香橙幽庵酱，趁热端上的料理。日本12月份适合吃讨伐荞麦面[①]，在此使用京都的特产“鲱鱼荞麦面”为食材。

食谱：见第158页

插花
镰柄、西王母

花瓶
挂筒花瓶　乐觉入作

这次的插花采用镰柄枝和西王母的山茶花制作。镰柄是带有红色小巧的果实，略显可爱的树枝。花瓶是乐上一代（第十四代）觉入的作品。其形状和釉都十分漂亮，是一个方便插花的花瓶。

①相传日本的忠臣藏赤穗浪人们在讨伐大石良雄等人之前，吃了荞麦面，因此而得名。

向付

圣护院芜菁风吕吹[2]、香橙幽庵酱、香炖鸡肉、豌豆荚、芥末

器皿：织部盖向

果子

烤鸡蛋饼、
蟹肉糯米粉海边烧卷[3]、
鳗鱼肉小袖寿司[4]、山椒、
蟹黄烤方头鱼、
味噌酱腌莴苣、
山葵拌舞菇、小干白鱼饭、
腌芜菁片

器皿：毛刷纹缘朱缘高　吴须栗形酒杯
永乐即全作

②风吕吹是日本料理的一种。将大块的萝卜或芜菁煮熟后，再蘸上味噌酱等。　③烤好后裹上紫菜的年糕。　④形状像短袖和服的寿司卷。

汤

鲱鱼荞麦面、
葱、胡椒粉

器皿：吉野碗　平安象彦作

睦月 1月

初釜茶事

11月被称为茶人的正月。在日历上，迎接新年的1月也举办充满庆祝气氛的初釜茶事。初釜是指为迎接新年后第一次将釜架在炉上而举办茶事，或者也称釜中的热水为初釜。宴席上通常装点吉祥的画轴、柳枝、红白山茶花、礼签等包含祝福意义的装饰。道具等一般也是选寓意吉祥之物。初釜茶事会带来与正月不同的另一种喜庆气氛。

正月分1月1日至1月7日之间的朔旦正月和1月8日至1月15日的小正月。在1月7日，日本人一般喝七草粥庆祝。据说这有庆祝朔旦正月结束之意。在我们店中，每年也以切碎的7种蔬菜和年糕制作七草粥。首先将七草粥供奉给先祖，然后分给全体员工享用。在1月15日的小正月，会制作放有小豆和年糕的粥，同样也是分给众人一同享用。

1月会举办很多茶事。三千家①的初釜茶事将依次举办。三千家的茶事结束后，开始举办茶人个人的初釜茶事。这些初釜茶事在所有方面均比一般的茶事举办得喜庆、华丽，从而使人忘记了严冬的寒冷。

画轴
“葫芦蓬莱”
池田遥邨画

插花
莺神乐、藻汐

花瓶
青竹花瓶

挂轴将蓬莱仙境画入葫芦之上，是池田遥邨特有的画风。其图案细腻，色彩美丽，经常挂于正月或喜庆的宴席之上。
插花是莺神乐和藻汐山茶花。花瓶是符合新年气氛的青竹。在店中，从1月1日到1月15日，在所有宴会上均摆放形状不同的青竹花瓶。

① 指日本茶道的三个主要流派：表千家、里千家、武者小路千家。

米饭

汤 白味噌酱汤配
年糕、马尾藻、芥末

向付
牙鲆夹腌鱼子、甘草芽、岩菇、
山葵、淡味高汤

器皿：仁清礼签宝绘向付 永乐正全作

小壶
胡萝卜片、白萝卜片拌柿子片

器皿：虾绘小壶 永乐即全作

食谱：见第131页、第133页

初釜茶事的怀石料理 表千家流

米饭

汤
白味噌酱汤配
年糕、马尾藻、芥末

向付
牙鲆夹腌鱼子、甘草芽、岩菇、
山葵、淡味高汤

小壶
胡萝卜片、
白萝卜片拌柿子片

煮物碗
生海胆虾肉真薯、新竹笋、
胡萝卜丝、小松菜、香橙皮丝

烧物
墨鱼子粉烤龙虾

[预钵]

拼盘
圣护院白萝卜、鹌鹑吉野煮、
豌豆荚、香橙皮丁

[强肴]

拌菜
芥末醋味噌酱、牙鲆鳍、石龙芮

箸洗
款冬茎、梅肉

八寸
米糠渍墨鱼子乌贼卷、
百合根花①、梅肉

香物
酸萝卜咸菜、酸萝卜叶

汤斗

① 以百合根雕刻成花形。

煮物碗

海胆虾肉真薯、
新竹笋、胡萝卜丝、
小松菜、香橙皮丝

器皿：日出鹤泥金绘碗

食谱：见第137页

烧物

墨鱼子粉烤龙虾

器皿：织部彩纸皿　荷平作

食谱：见第142页

[预钵]

拼盘

圣护院白萝卜、鹌鹑吉野煮、豌豆荚、香橙皮丁

器皿：浅黄交趾唐草钵　永乐即全作

[强肴]

拌菜

芥末醋味噌酱、牙鲆鳍、石龙芮

器皿：仿唐津玉绘钵　藏六作

食谱：见第144页、第148页

箸洗

款冬茎、梅肉

器皿：芹绘小吸物碗

八寸

米糠渍墨鱼子乌贼卷、百合根花、梅肉

食谱：见第150页、第151页

香物

酸萝卜咸菜、酸萝卜叶

器皿：高丽青瓷钵

汤斗

初春月的果子

初釜茶事的气氛可根据客人的不同而异，可以以人少、周到、细致地举办，或是干净利落地营造出热闹的气氛。不论哪种风格的茶事，之后的果子宴席都会使氛围变得温和而放松。

在这个欢乐喜庆的宴席上端出的正月果子，通常是为了使酒宴变得更美味，且可以表现出初春喜庆之感。席上会端出先付、向付，还有缘高等果子。先付准备盐烤河豚鱼子，在膳出之前趁热盛上。煮物碗（见第48页）使用给人留以深刻印象的野鸭肉，再配上正月的年糕、胡萝卜、白萝卜等制成的汤。

食谱：见第160页

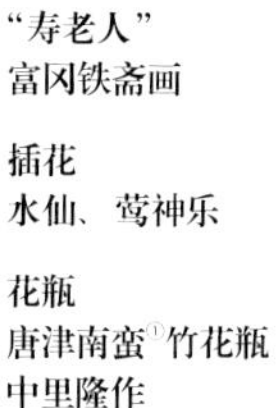

画轴
“寿老人”
富冈铁斋画

插花
水仙、莺神乐

花瓶
唐津南蛮[①]竹花瓶
中里隆作

画轴是富冈铁斋赠给瓢亭第十二代掌门的作品。其上写有日本七福神中寿老人的画赞。画中描绘了一位手持乐器、开心微笑的寿老人，一旁还画着一个葫芦。

插花是水仙和莺神乐。花瓶是竹子形状的南蛮烧瓷。其瓶口较大，看上去不容易做插花。但实际上与任何花都十分搭配，很适合插花。

①紫黑色无釉的陶器，多用于茶壶等。

先付

烤河豚白子、调味醋

器皿：异色福字皿

向付

鲷鱼片、问荆、新海苔、山葵、土佐酱油

器皿：织部开扇形向付　长圆形酒杯

果子

细高汤鸡蛋卷、带子虾、墨鱼子、腌乌贼、金橘、味噌酱腌莴苣、竹笋、煮蛤蜊、树芽、明太子金锷煮、豌豆荚、松针穿黑豆、慈姑祈愿牌、赤饭、奈良酱腌西瓜

器皿：梅形圆缘高

煮物碗

鸭肉年糕汤：
鸭肉丸、鸭肉片、年糕、
龟甲白萝卜[①]、胡萝卜、小松菜、
香橙皮丝

器皿：若松碗

[预钵]

拌菜

赤贝、胡葱、芥末醋味噌酱拌绿豆芽

器皿：交趾釉唐松绘小钵
永乐即全作

① 切成龟壳形状的白萝卜。

进入2月，便会迎来节分。所谓“节分”，顾名思义，即划分季节之意。原本是指立春、立夏、立秋、立冬的前一天，现在通常是指立春的前一天，特别是指前一天的夜晚。因正值迎来新年的春天，故又称为越年。在节分这一天的夜晚，京都各神社都挤满了熙熙攘攘的参拜者。其中京都大学附近的吉田山中的吉田神社在节分这一天前去参拜的人最多。

在料理店中，待客人们全部离去后，厨房里的几个年轻人会举行撒豆的仪式。领头的人手中拿着装有1升豆子的木盒，后面跟着手持6尺长的研钵杵的人，以及手持团扇的人，在各个房间转一圈。先头的人一边撒豆子，一边口中念到“驱鬼、招福……”，身后的两个人一边扇着团扇，一边接道“正是、正是……”，然后将纸拉门再一扇一扇关上。

在2月份，还有一个不能忘记的节气是“初午”。这是2月的第一个午之日，被誉为日本稻荷神社及稻荷庙的祭祀之日。京都的伏见神社也聚集了很多人，特别是以前去参拜的商人居多。每年的这个时候，可以通过电视、报纸甚至现场参拜的状况来判断当年的年景。

料理也多以符合节分、初午时节的梅花等为主题而准备，还经常举办以这些为主题的茶事。11月的开封和开炉是庆祝茶人的正月；1月是庆贺真正的正月；2月是迎接新年的春天……这几个喜庆的月份接踵而来。

虽说日历上已是春天，但严寒还要持续很久。实际上这是一年之中最为寒冷的时节。因此，给人带来温暖的料理最受欢迎。

立春茶事

如月 2月

画轴
“梅花一枝春”
淡淡斋书

插花
山茱萸、拂晓

花瓶
三彩带耳花瓶
永乐即全作

画轴具有早春之感，是里千家流上上代（第十四代）掌门人淡淡斋宗师的作品。“梅花一枝春”寓意即从一枝梅花中也能感受到春天的到来，是一幅充满生命力的作品。
插花是山茱萸和拂晓的山茶花。这两种花放在一起很搭。

米饭

汤 白味噌酱汤配
海参干、小松菜、芥末

向付
龙虾、赤贝、淡味高汤冻、
松菜、山葵

器皿：南京古染付盔钵

食谱：见第131页、第134页

立春茶事的怀石料理 里千家流

米饭

汤 白味噌酱汤配
海参干、小松菜、芥末

向付
龙虾、赤贝、淡味高汤冻、
松菜、山葵

煮物碗
淡味葛粉汤、木叶鲽若狭烧、
艾蒿麸、蕨菜、香橙皮丁

烧物
山椒粉烤五条鱼

[预钵]

拌盘
鹌鹑肉丸、康吉鳗尾州卷[①]、
芹菜、生姜丝

[强肴]

拌菜
芥末拌畑菜[②]、
炸豆腐片、百合根叶

箸洗
问荆、山葵丝

八寸
墨鱼子粉烤银鱼片、炸煮款冬茎

香物
腌萝卜、日野菜[③]

汤斗

① 将康吉鳗以酒、淡味酱油烤过后，再以白萝卜片卷上制成。 ② 畑菜是日本京都产的一种蔬菜，属油菜的一种。③ 生长在日本滋贺县蒲生郡日野的一种芜菁。

煮物碗

淡味葛粉汤、
木叶鲽若狭烧、
艾蒿麸、蕨菜、
香橙皮丁

器皿：莺宿梅吸物碗

食谱：见第138页

烧物

山椒粉烤五条鱼

器皿：隐十字织部大皿　北大路鲁山人作

食谱：见第142页

[预钵]

拼盘

鹌鹑肉丸、康吉鳗尾州卷、芹菜、生姜丝

器皿：锈漆绘加彩钵　河合纪作

食谱：见第144页

[强肴]

拌菜

芥末拌畑菜、炸豆腐片、百合根叶

器皿：唐津单口钵

食谱：见第148页

箸洗

问荆、山葵丝

器皿：
仿遗志朱涡绘小吸物碗

八寸

墨鱼子粉烤银鱼片、炸煮款冬茎

食谱：
第150页、第152页

香物

腌萝卜、日野菜

器皿：仿干山水仙钵　半七作

汤斗

节分、初午的果子

进入2月的第一个午之日是稻荷神仙的祭祀仪式——初午。初午一般与节分相继到来，因此在这个时节，节分与初午的菜谱风格经常会有相同之处。

节分料理的代表性食材有沙丁鱼、豆类、升斗形器皿、海参干、柊树等；初午料理的代表性食材有祈愿牌、稻荷寿司等。海参干貌似鬼金棒[①]。在此再加上梅花形的酒杯、梅花形的向付，充分体现出春天的季节感。

另外，向付使用了1～2月中最美味的鲫鱼；煮物碗（见第56页）是热乎乎的酒糟汤；炸物（见第56页）使用了银鱼、荚果蕨、款冬茎等春季食材，以此来表现季节的变化。

食谱：见第 162 页

插花
土佐灯台树、
红白山茶花

花瓶
备前[②]花瓶
松田华山作

插花是刚发芽的土佐灯台树和山茶花。山茶花是红白色的大花。红色代表丹顶，白色代表白鹤，合在一起正好寓意吉祥。松田华山作的备前花瓶显得十分稳重，而且适合插入大小不一的花卉。

① 日语“鬼金棒”指如虎添翼。 ② 备前烧指不上釉、不绘彩完全靠火和技巧制作的陶瓷。

小壶

新海参子

向付

鲫鱼子、小松菜、新海苔、问荆、芥末醋味噌酱

器皿：梅形向付 乐惺入作
染付酒杯

果子

稻荷寿司、山椒、甜煮黑豆、沙丁鱼撒卯花[3]、梅肉烤银鲳鱼、香炖海参、早蕨

器皿：染付梅形酒杯　永乐即全作

③ 将豆腐渣过滤后煎炒制成的豆腐末。

煮物碗

酒糟汤、
白萝卜、胡萝卜、牛蒡、
炸豆腐片、芹菜碎

器皿：黑旋纹煮物碗

炸物

糯米粉炸银鱼、糯米粉炸荚果蕨、款冬茎天妇罗

器皿：玉绘　福盘
绿釉果子器
乐吉左卫门作
表千家流当代掌门人画

1月

向付

沙丁鱼撒卯花、红蓼、芥末醋味噌酱

器皿：织部谁人袖向付

食谱：见第133页

12月

烧物

山椒烤虎鱼

器皿：鸭绘染付大皿　竹中浩作

食谱：见第142页

冬季的另一品

在一年之中最寒冷的季节，人们迎来新年，身心都沉浸在喜庆的气氛之中。

这个大雪纷飞的季节，也是生海参子、河豚白子、鳕鱼子等冬季珍馐最为美味的季节。

1月

煮物碗　淡味葛粉汤、烤河豚白子、糯米粉炸银鱼、葱花、生姜丝

器皿：三珍果泥金煮物碗

食谱：见第138页

2月

烧物
生海参子烤银鲳鱼

器皿：交趾牡丹唐草大皿
永乐即全作

食谱：见第142页

冬季的另一品

12月

八寸 表千家流
什锦鲷鱼子、
味噌酱腌青萝卜

食谱：见第151页

2月

八寸 里千家流
南蛮酱腌蛤蜊、
款冬茎天妇罗

食谱：见第152页

雏月茶事

3月 弥生

这是日本五大节日之一。3月3日是桃节，又称雏节，是女孩子的节日。虽然此时距樱花开放尚早，但菜谱已充满了华美的春的气息。但毕竟还是3月初，虽然日照逐渐变强，但寒冷的日子仍然很多。每年的3月12日奈良的东大寺都会举行“汲水仪式”。在京都传说若不举行这个汲水仪式，春天便不会到来。

3月中还有十二节气之一的“惊蛰”。这是指在这个时候，冬眠的虫子、蛇、蜥蜴、青蛙等都会钻出来。一般认为是“雨水”节气过后的第15天，也就是3月5日前后。

到了3月下旬，便是入彼岸。其3天之后即是春分。再过3天是过彼岸。此时已能感到真正的春意，即将迎来樱花开放的音讯。

3月的茶事主题最多的还是雏节。女性亭主更为如此。茶具道具等均显可爱之感，彰显出在其他月份所没有的华丽气氛。

在以雏节为主题的怀石料理上，除以贝形、菱形等表现出女儿节的形象外，还会选用与此有关的图案的陶器、漆器，营造出春季的氛围。

画轴
“桃花笑春风”
即中斋书

插花
榠楂、丹顶

花瓶
矢透[1]釉瓢花瓶
宫川香斋作

挂轴是出自表千家流上代（第十三代）掌门人即中斋之手的“桃花笑春风”，整体上显得充满活力。
插花是榠楂枝和丹顶山茶花。榠楂的粉红色花蕾与淡绿色的叶子搭配得十分可爱。丹顶红山茶花则显得典雅、豪华，与白色的花瓶十分搭配。
花瓶为白釉瓢形，是当代（第六代）的宫川香斋所作。其形状沉稳，瓶口稍大，不论多大的花都容易插放。其后面还带有金属挂钩，也可以作挂瓶使用，十分方便。

[1] 矢透指不透明的釉的总称。

米饭

汤
白味噌酱汤配
桃麸、水前寺海苔[①]、芥末

向付
蛋黄粉撒小鳞鱼、马兰、山葵、
淡味高汤

器皿：织部蛤皿　乐一入作
食谱：见第131页、第134页

雏月茶事的怀石料理　表千家流

米饭

汤　白味噌酱汤配
桃麸、水前寺海苔、芥末

向付
蛋黄粉撒小鳞鱼、马兰、山葵、
淡味高汤

煮物碗　淡味葛粉汤、
鲷鱼白子腐竹卷、墨鱼子、
油菜花、鸭儿芹碎、香橙皮末

烧物
山椒粉烤带子石斑鱼

[预钵]

拼盘
蚬肉鸡蛋滑、饭蛸、蕨菜、
树芽

[强肴]

拌菜
拌鲷鱼子、鲷鱼肝、
江珧、芹菜

箸洗
防风、生姜丝

八寸
生海参子烤荧光乌贼、
甜醋腌桃山笔生姜

香物
米糠酱腌春萝卜、
芥末腌茄子和黄瓜

汤斗

① 一种在清水中生长的天然淡水海苔。

煮物碗

淡味葛粉汤、
鲷鱼白子腐竹卷、
墨鱼子、油菜花、
鸭儿芹碎、
香橙皮末

器皿：四君子碗

食谱：见第138页

烧物

山椒粉烤带子石斑鱼

器皿：唐津布纹四方皿　中里隆作

食谱：见第142页

[预钵]

拼盘

蚬肉鸡蛋滑、饭蛸、蕨菜、树芽

器皿：金襴手八角中钵

食谱：见第145页

[强肴]

拌菜

拌鲷鱼子、鲷鱼肝、江珧、芹菜

器皿：吴须赤绘见込寿字圆形钵
永乐即全作

食谱：见第148页

箸洗

防风、生姜丝

器皿：波泥金小吸物碗

八寸

生海参子烤荧光乌贼、甜醋腌桃山笔生姜

食谱：
见第150页、第152页

香物

米糠酱腌春萝卜、芥末腌茄子和黄瓜

器皿：唐津四方钵
中里太龟作

汤斗

桃节的果子

节分、立春过后，随着月份的改变，天气也逐渐变得暖和起来，不久便迎来桃节。这时的果子也迎合桃节的气氛，使用稍大的文蛤形涂漆八寸托盘，并放入各种可以联想到女儿节的料理。在这个时节，有丰富的蛤蜊、赤贝等贝类，小香鱼、大马哈鱼等小鱼，以及饭蛸等带卵的食材，可以品尝到富有变化的美味。除了这些宣告春天到来的山珍海味外，还可使用山菜、竹笋等春季所特有的山林特产，精心制作出可以饱享春季的料理。

食谱：见第 164 页

插花
桃花、菜花

花瓶
织部花瓶
北大路鲁山人作

插花是红白桃花。在我家院内的桃花中，白桃花是纯白色，红桃花是赤红色。这次又搭配黄绿相间的美丽的菜花，制成了具有女儿节风格的插花。花瓶是鲁山人所作的大肚织部花瓶。底座是用砂子洗过的红杉，边缘贴有胡麻竹。

先付

松叶鲽鱼丝、水前寺海苔、
山葵、淡味高汤

器皿：蝶绘九谷小钵　丸长绘酒杯

汤 白味噌酱汤配

三色菱麸、蕨菜、芥末

器皿：雏碗

果子

酒杯盛蛤蜊与冬葱的拌菜、
耳鲍、小香鱼寿司、山椒、
生海参子烤沙钻鱼、
油炸竹笋夹虾肉、炸楤树芽、
炸大马哈鱼、味噌酱烤赤贝、
树芽味噌酱烤饭蛸、蚬肉饭、
米糠酱腌春萝卜

器皿：文蛤形八寸皿

器皿鉴赏 1

画替煮物碗

图中的煮物碗盖上盖子后看上去全部是黑色，十分普通。但仔细看会发现碗盖表面刻有仙鹤的图案。而且只有鹤眼涂成泥金，以此判断仙鹤的位置。

碗盖的内侧是富士山的泥金画，共有12种不同的富士山图案可以在各种季节使用。隔着田野的富士山、立在波涛之后的富士山、大雁飞过的富士山等。其中，还有倒立着的富士山。打开碗盖立刻使人耳目一新，各种风景图案令人意想不到，自然也产生不少话题。富士山是适合喜庆宴席的主题。在本书中的5月初风炉茶事的怀石料理等中也加入了绘有富士山装饰的器皿。

马上到了烂漫的春季。京都的春天以“京都舞”等各种花街的舞蹈拉开序幕。在一年四季的游乐之中，赏花具有其他季节所没有的、开放性的乐趣。

每年一到赏花季，我的工作就陡然变得多起来。其中最多的还要数观樱会、游园会等在樱花树下举行的野外茶点会。在2月的梅花季节，在余寒尚存之中举办的野外茶点会自然也十分华美。但到了樱花开放的季节，加上气候变暖，气氛一下子变得明朗、欢快起来。

根据樱花开放的大小，赏花的茶会也是各具风格。零星散落下来的花瓣充满了风情，而且白天与夜晚的气氛也完全不同。这里列举的茶事主题“花雪洞”是指在夜晚赏花时烧起的篝火。纸罩蜡灯也别具特色，将春天的夜晚渲染得十分美丽。

在5月的初风炉之前，是4月的钓釜季节。人们怀着感谢的心情将使用了半年的炉吊起来，烧水煮茶。

花雪洞茶事

卯月 4月

画轴
“春宵一刻”
淡淡斋书·画

插花
水杨梅、楼斗菜、利休梅

花瓶
白瓷德利

画轴是由里千家流上上代（第十四代）掌门人淡淡斋宗师所作，意指“春宵一刻值千金”，寓意制作的三层便当“值千金”，以此画轴代替“千金”，是一幅寓意诙谐的作品。插花是水杨梅、楼斗菜和利休梅。这株楼斗菜是在众多品种中最典型的日本楼斗菜。花瓶是朝鲜的旧物。沉稳的白瓷形状十分得体，很方便插花。

米饭

汤 白味噌酱汤配
樱麸、马兰、芥末

向付
鲷鱼松皮造、带花黄瓜、
紫苏芽、山葵、淡味高汤

器皿：仿仁清文蛤向付
永乐即全作

食谱：见第131页、第134页

花雪洞茶事的怀石料理 里千家流

米饭

汤
白味噌酱汤配
樱麸、马兰、芥末

向付
鲷鱼松皮造、带花黄瓜、
紫苏芽、山葵、淡味高汤

煮物碗
淡味葛粉汤、六线鱼、炸银鱼、
蕨菜、鸭儿芹碎、生姜泥

烧物
盐烤鲷鱼白子

[预钵]

拼盘
竹笋、鲷鱼子金锷煮、
豌豆豆腐、树芽

[强肴]

拌菜
树芽味噌酱拌土当归、
荚果蕨和款冬

箸洗
土当归芽、梅肉

八寸
海参子烤小鳞鱼、楤树芽蘸芝麻

香物
腌萝卜、咸昆布

汤斗

煮物碗

淡味葛粉汤、
六线鱼、炸银鱼、
蕨菜、鸭儿芹碎、
生姜泥

器皿：马辔泥金煮物碗
食谱：见第139页

烧物

盐烤鲷鱼白子

器皿：唐津南蛮板皿 中里太龟作
食谱：见第142页

[预钵]

拼盘

竹笋、鲷鱼子金锷煮、豌豆豆腐、树芽

器皿：仿干山樱绘果子器

食谱：见第145页

[强肴]

拌菜

树芽味噌酱拌土当归、荚果蕨和款冬

器皿：天龙寺青瓷钵

食谱：见第149页

箸洗

土当归芽、梅肉

器皿：
毛刷纹远州连葫芦小吸物碗

八寸

海参子烤小鳞鱼、
楤树芽蘸芝麻

食谱：
见第150页、第152页

香物

腌萝卜、咸昆布

器皿：仿古清水四季景泰蓝钵
第五代清水六兵卫作

汤斗

先付

纸罩蜡灯形钵盛鲷鱼白子拌明虾和蚕豆

器皿：纸罩蜡灯镂雕葫芦
宫川香云作

向付

昆布腌竹鱼、海蕴、带花黄瓜、红蓼、淡味高汤

器皿：春草盖向付　永乐即全作

果子

小鳞鱼樱花寿司、鳟鱼寿司球、
乌蛤寿司球、山椒、
百合根花瓣、瓢亭鸡蛋、
花见团子、炸煮杜父鱼、
油炸竹笋夹虾肉、炸大马哈鱼、
酸橘、炸荚果蕨

器皿：泥金垂枝樱花文半月缘高
樱花文酒杯

卯花月的果子

到了樱花开放的季节，客人们的喜好大致分为两类：有的客人说“希望制作清一色的樱花果子”；而有的客人则说“到处都能看到真正的樱花，所以樱花果子就可以省略了”。

在《细雪》（谷崎润一郎著）中有这样一段：四姐妹在瓢亭用过午饭后，一同去平安神宫观赏红枝垂樱。听闻谷崎先生很中意瓢亭的院中未栽种的一棵樱花树，因此才在这篇小说中设定主人公在完全没有樱花的地方用过饭后，再去樱花盛开的地方赏花。

本书在此大量使用了富有春天色彩的器具和食材，衬托出樱花渲染出来的华丽氛围。

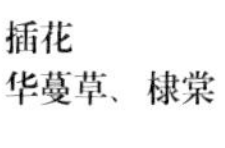

插花
华蔓草、棣棠

花瓶
浅黄交趾葫芦形花瓶
永乐即全作

在这个季节，各种各样的茶花和野草齐相开放，取之不尽，其中还属华蔓草是比较结实的花。这里只使用了红花，以红白两种搭配也显得十分华丽、气派，且不乏可爱之感。在此还另选了颜色之美不亚于华蔓草及花瓶的棣棠，将不同的颜色相互搭配在了一起。
花瓶的腰部十分细，形状略向前倾，给人一种幽默感。腰部以下的部分只能插入一枝花茎。而瓶口却相对较大，外表看起来十分不稳定。但实际上插入花时却出乎意外地得心应手。

煮物碗

豌豆汤、六线鱼片、烤白子、蕨菜

器皿：樱花泥金煮物碗

先付的器皿采用了夜樱茶会所不可或缺的纸罩蜡灯形托盘。向付上描绘有春草的图案，酒杯及煮物碗上也画有樱花。在鲜红的半月上还画有垂枝樱花的泥金画。这样一来，餐桌上真的是繁花似锦，更强调了樱花的季节。这是在其他季节所没有的，只有在樱花季节才会出现的华丽的器皿配置。

食谱：见第 166 页

初风炉茶事

皋月 5月

到了春风送暖的5月，在茶的世界里，人们将自上一年11月开始使用了半年的炉收起来，换上新的榻榻米，人们心境也转变为风炉季节的心境。室内的装饰以及茶点也在此月随之改变为新鲜、华丽的初风炉风格。另外，5月还有日本五大节日之一的端午节。

制作料理自然也要考虑到这些因素。特别是在5月，所有事物都忽然变为初夏的样式。料理的内容也是如此。合味噌酱汤中的赤味噌酱的比例突然增多，再加入夏季蔬菜等食材，一下子便营造出了夏季的氛围。

此外，这次的向付还将豌豆制成馅，以衬托出清爽的感觉。在煮物碗中放入了期盼已久的新莼菜。

向付的器皿选乐惺入的青竹，衬托出寓意男孩节的年轻武士的形象。另选应急食材皋月鳟鱼，烤好后将其盛入底部画有粉色大牡丹花及蝴蝶的大盘之中。这样，在轮流取菜时，盘底的牡丹和黄白色的蝴蝶会逐渐显露出来，给人一种新鲜感。拌菜的钵也使用在这个时节正值葱绿的青枫图案。京陶染付的颜色也令人感到凉意。

我们尽量使客人从料理和器皿中自然而然地感受到5月的新鲜气氛。

插花
美智子荷花

花瓶
绿交趾竹筒
永乐善五郎作

插花是美智子荷花。这是为纪念皇妃结婚而培育出的新品种，属大山莲华的一种。此花的叶与花的生长方向不协调，很难找到合适的花枝。这株花比大山莲华小很多，正适合这种小的茶室。
大山莲华及扇脉杓兰、风眼兰等风炉季节的花被誉为高贵之花，因此一般不使用花枝作陪衬，而是单插一枝。
花瓶高15厘米的绿交趾竹筒，正适合小茶室使用。这是当代（第十七代）永乐善五郎的作品。

米饭

汤 袱纱味噌酱汤配
小茄子、扁豆、山椒粉

向付
酒蒸鲍鱼、豌豆馅

器皿：青竹　乐惺入作
食谱：见第131页、第134页

初风炉茶事的怀石料理　表千家流

米饭

汤 袱纱味噌酱汤配
小茄子、扁豆、山椒粉

向付
酒蒸鲍鱼、豌豆馅

煮物碗
蛤蜊真薯、南禅寺麸、新莼菜、
土当归、香橙花

烧物
烤鳟鱼、绿紫苏叶

[预钵]

拼盘
淡竹、鲷鱼子昆布卷、
田中辣椒、树芽

[强肴]

拌菜
海苔末拌明虾和莲芋

箸洗
岩梨、山葵丝

八寸
南蛮酱腌六线鱼子、菜瓜

香物
腌萝卜、沉香款冬茎

汤斗

煮物碗

蛤蜊真薯、
南禅寺麸、
新莼菜、土当归、
香橙花

器皿：
富士绘泥金煮物碗

食谱：见第139页

烧物

烤鳟鱼、绿紫苏叶

器皿：牡丹大皿　道八作

食谱：见第143页

[预钵]

拼盘

淡竹、鲷鱼子昆布卷、田中辣椒、树芽

器皿：吴须赤绘夺珠狮子钵 永乐即全作

[强肴]

拌菜

海苔末拌明虾和莲芋

器皿：染付青枫钵

食谱：见第146页、第149页

箸洗

岩梨、山葵丝

器皿：朱松针小吸物碗

八寸

南蛮酱腌六线鱼子、菜瓜

食谱：

见第150页、第153页

香物

腌萝卜、沉香款冬茎

器皿：砧青瓷花形钵
加藤溪山作

汤斗

端午节的果子

时节逐渐步入初夏，到了树木青翠茂盛的季节。因此希望也能将果子做成显现出生命力的料理。另外，5月正值端午节，因此料理最好还能体现出象征男孩节的凛然、飒爽的感觉。

在食材方面，此时正值日本野菜上市，可以使用水菜、荚果蕨、土当归、刺五加等野菜充分表现出季节感。

另外，在此还准备了端午节的代表性食品——粽子，以代替米饭（见第82页）。粽子中是分别用明石鲷鱼和明石康吉鳗为食材的寿司。盛装粽子的器皿是枫叶形大皿，其比例制作得十分出色。在绿交趾上配有黄交趾的手柄，而背面是紫交趾，设计很大胆。鲜明的配色中透露出紧凑感，这是一个符合这一时节的器皿。

食谱：见第168页

插花
华紫兰

花瓶
刮漆桶

刮漆桶是用刮刀从漆树上刮集漆时使用的木桶。一般是将其夹在腋下作业。桶口边缘已经磨损，形成波状。从前曾有很多这样的刮漆桶，但因日本产漆的减少，现在已十分稀少。在此便是将其作为花瓶使用。刮漆桶有一种独特的乡土气息，与紫兰、菖蒲十分搭配。

先付

鲷鱼白子拌水菜和明虾、红蓼

器皿：祥瑞染付小皿

向付

霜降[1]六线鱼、带花黄瓜、
青芽、绿紫苏叶、山葵、
土佐酱油

器皿：浅黄交趾牡丹皿
丸长绘酒杯

取肴

瓢亭鸡蛋、牛蒡八幡卷[2]、
南蛮酱腌新六线鱼子、
香炖饭蛸子、树芽、
炸煮杜父鱼、糯米粉炸荚果蕨、
树芽味噌酱拌土当归

器皿：白木八桥八寸盘

① 霜降，也称霜造，顾名思义也就是对鱼皮下功夫的料理，可分为两种：汤霜造和烧霜造。这两种方式都是将鱼带皮处理，在加工时对鱼皮进行加热，然后再以极快的速度放入冰水之中使得鱼皮紧缩。 ② 以煮熟的牛蒡为芯，外面卷上康吉鳗、鳗鱼、牛肉后煮或烤制的料理。

煮物碗

鲷鱼卷虾、豌豆和木耳、
莼菜、刺五加、
树芽

器皿：竹泥金煮物碗

食谱：见第168页

代替米饭的主食

鲷鱼与康吉鳗的粽子寿司、
烤生海胆、槲树叶卷

器皿：青枫带柄大皿
永乐即全作

3月

煮物碗

木叶鲽若狭烧、艾蒿麸、荚果蕨、香橙皮丁

器皿：蝴蝶泥金煮物碗

食谱：见第138页

从春季到初夏的另一品

时值万物复苏、充满活力的季节。

田园里的菜花引来蝴蝶飞舞，各地的珍馐、野菜也相继送来。

这是树木迎来新绿的季节，青枝吐绿、焕然一新。

自然的景色与夏季新上市的食材一同给人们带来清爽的感觉。

5月

向付

鲷鱼松皮造、带花黄瓜、红蓼、山葵、淡味高汤

器皿：南京古染付鲍鱼形向付

食谱：见第135页

3月

向付

昆布腌木叶鲽夹墨鱼子、防风、山葵、淡味高汤

器皿：绿交趾菱形向付　永乐妙全作

食谱：见第134页

4月

八寸 表千家流
盐烤饭蛸子、
树芽味噌酱烤竹笋

食谱：见第153页

4月

烧物
烤鲷鱼

器皿：波绘浅黄交趾大皿
永乐即全作

食谱：见第143页

从春季到初夏的另一品

5月

煮物碗
糯米粉炸六线鱼、
楤树芽、蚕豆、
生姜泥

器皿：京野菜绘泥金碗

食谱：见第139页

夏越茶事

6月 水无月

“夏越祓”是每年6月30日在神社中举办的仪式，又称为“水无月祓”，是为祈盼下半年无病无灾。在这一天吃的“水无月”是在白色的米粉糕或糯米面上放上小豆，再切成三角形的果子。小豆含有辟邪的意义；三角的形状象征冰块，是消暑之意。据说从前在这一天会从冰库中挖出冰块送入宫中。而平民一般无法得到这些珍贵的冰，便以吃三角形的果子代替。

6月也进入了潮湿、令人郁闷的梅雨季节。但也有不少食材是只有在梅雨季节才能吃到的。比如，“麦蛸”是在麦子成熟时捕获的章鱼，它也因此而得名。另外还有味道清香、形状圆胖的青梅。刚收获的青梅颜色绿且硬，经常用于甜味炖煮的料理。待其变为黄色及红色时，就已经变得较软，香味也变得浓郁起来，经常用于制造梅干。

这个时节的怀石料理会结合食材营造出夏季的风情，很少制作白味噌酱汤。煮物碗为搭配“夏越祓”这一季节特色，在芝麻豆腐上放上小豆，制成了水无月豆腐。预钵是将夏季蔬菜和麦蛸等切碎放在一起，器皿也选用带有凉意的青瓷钵。这次我尽量制作出令人忘记梅雨的清爽的料理，并搭配上颜色鲜艳的器皿。

画轴
蛙图
西山翠嶂

插花
芦苇、八幡草、瞿麦、桔梗、风铃草、金丝梅、岩菲、蓟、额绣球花

花瓶
宗全笼花瓶

画轴是西山翠峰的作品《蛙图》。画中描绘的是两只青蛙撑着荷叶在雨中前行的情景，是一幅十分诙谐的作品。墨的浓淡搭配也十分出色，不禁引人一笑。
插花以芦苇为底座，分别放入了八幡草、瞿麦、桔梗、风铃草、金丝梅、岩菲、蓟，并以绣球花固定住根株。这株额绣球花是京都“美山庄”的上一代中东吉次先生赠送给我的花背山品种，其形状牢固。我尽量利用亭主这株绣球花使整体搭配得紧凑得当。

米饭

汤 袱纱味噌酱汤、
四季豆、莼菜、山椒粉

向付
明虾、干贝、调味醋拌毛豆、
红蓼

器皿：南京山水古染付带柄皿
食谱：见第132页、第135页

夏越茶事的怀石料理 里千家流

米饭

汤 袱纱味噌酱汤、
四季豆、莼菜、山椒粉

向付
明虾、干贝、调味醋拌毛豆、
红蓼

煮物碗
淡味葛粉汤、水无月豆腐、
软煮鲍鱼、田中辣椒、
生姜泥

烧物
香橙幽庵酱烤贺茂茄子

[预钵]
什锦拼盘

拼盘
明虾、麦蛸、南瓜、小芋头、
秋葵、香橙皮末

进肴
五条鱼咸鱼干

酒盗
香酒腌海胆和海蜇

箸洗
鱼软骨、梅肉

八寸
墨鱼子粉烤河虾、青梅

香物
蘘荷、毛马黄瓜

汤斗

煮物碗

淡味葛粉汤、水无月豆腐、软煮鲍鱼、田中辣椒、生姜泥

器皿：铁线泥金绘煮物碗

食谱：见第139页

烧物

香橙幽庵酱烤贺茂茄子

器皿：黄交趾彩纸皿　永乐即全

食谱：见第143页

酒盗

香酒腌海胆和海蜇

器皿：巴卡拉小钵

食谱：见第155页

[预钵]

什锦拼盘

拼盘

明虾、麦蛸、南瓜、小芋头、秋葵、香橙皮末

器皿：天龙寺青瓷反口钵
加藤溪山作

食谱：见第146页

进肴

五条鱼咸鱼干

器皿：备前贝形皿
北大路鲁山人作

食谱：见第155页

箸洗

鱼软骨、梅肉

器皿：仿道志朱涡绘小吸物碗

八寸

墨鱼子粉烤河虾、青梅

食谱：见第153页

香物

蘘荷、毛马黄瓜

器皿：绘唐津钵

汤斗

先付

蜜煮青梅

器皿：玻璃酒杯

果子盘

高汤鸡蛋卷、
田乐酱烤贺茂茄子、
海鳗木屋町[1]烧、
芋蛸南瓜串、树芽、
红薯、新莲藕、四季豆、
炸河虾、生姜饭、
奈良酱腌西瓜

器皿：蜡色八寸盘　吴须六瓢酒杯
宫川香云作

① 位于日本京都市中部，在二条至五条之间的高濑川东侧地区。

芒种的果子

芒种是二十四节气之一，指带有茅草的植物（稻科植物）开始播种的时节，或指插秧的时节，相当于现在阳历的6月5日前后。这是一个沉静的季节，在淅淅沥沥的雨中，嫩叶青青，插在水田中的幼苗呈现出赏心悦目的嫩绿色。据说"喝过梅雨季节的雨水的海鳗格外美味"，这个时节正是这种海鳗开始上市之时。实际上栖息在深海中的海鳗是喝不到梅雨的雨水的，这句话是指从这个时节捕获到的海鳗逐渐变得美味之意。

这个时节，日本政府让各个河流分别错开日子表解除捕获香鱼的禁令。期待已久的钓鱼爱好者们纷纷聚集在河边。有趣的是，不论是去日本任何地方，当地人都会自豪地说"我们家乡的香鱼最好"。在我们的客人之中，也有不少喜欢香鱼的人。在举办茶事时，我们有时会将稍小的盐烤香鱼分3次提供给他们 。一端出烤香鱼，茶事的气氛

插花
野花菖蒲

花瓶
宗全龙花瓶

这次的插花是野花菖蒲。这是我在大约40年前，在从京都通往若狭的鲭街道上采的一株，以此繁殖出来的。平时都是清秀、素雅地插两三枝，这次多选了几株，并随意地插上，以显出一些野趣。

煮物碗
水无月豆腐、秋葵、
新莼菜、茅圈形青橙皮
器皿：铁线泥金煮物碗
食谱：见第170页

便会松缓下来，话题也油然而生。在分取香鱼时，吃够了的客人便越过去，还想要吃的客人可以超出规定数量取食。烤香鱼会使茶事变得热闹起来。

这个季节，夏季的食材逐渐被端上餐桌，在器皿的使用上也渐渐开始让人感受到凉意。

烧物
盐烤香鱼、
甜醋腌山椒花
器皿：巴拉卡大皿

盛夏的朝茶事

7月 文月

进入7月，距梅雨结束还有一段时间。这个月从1日开始便是祇园祭的仪式。历年都是16日举行宵山①，17日举行山鉾②巡游。在此前后梅雨季结束，京都便开始进入盛夏，迎来京都盆地所特有的闷热天气。

对京都人来说，祇园祭与海鳗有着无法分割的关系。祇园祭甚至又被称为“海鳗祭”。从前日本每个家庭在招待客人时，通常是从附近的鲜鱼店或料理店买来喜欢的鱼。这个时节的鱼自然是海鳗。料理店会将鱼去骨，切好送来，即便是一盘菜、一人份也会配送。每个街道都会有一家这样的料理店，十分方便。

在盛夏时节举办的是朝茶事。其遵循利休七则中的“夏凉”，要避开白天和夜晚，在清晨能感到凉意的6点之前招待客人，至8点半，最迟9点之前结束。

怀石料理基本上是省去烧物的一汁二菜。汤中完全不放白味噌酱，而是使用赤味噌酱。食材也仅选蔬菜类，以营造出凉意。向付中没有生腥食材，而是使用略撒盐烤出的清淡料理。

亭主要动作麻利、准备迅速，以保证在太阳未升高之前结束茶事。这是朝茶事的一个要领和规矩。

插花
祇园守、水引草

花瓶
葫芦形竹花瓶

这次的插花是水引草和白色的木槿“祇园守”。祇园守是一种小花，在花的中心长有如小花瓣般的内瓣，衬显出花的品格。木槿是貌似祇园、八坂神社护符图案的花。种植在我家园中的木槿是从八坂神社的神官长处得到的真正的祇园守。10年前，它们还只有10厘米左右，现在已完全长大，开出很多花。
京都的7月因祇园祭而热闹非凡。祇园守十分符合这个时节，插花时最好能做得清秀、简洁。

① 日本在正式开始祭祀活动之前一天举办的活动。 ② 日本的一种祭神用的彩车。

米饭

汤 赤味噌酱汤、
豆腐四方烧、
竹篱牛蒡、山椒粉

向付
木叶鲽、紫苏花、
山葵、淡味高汤

器皿：南京古染付鲍鱼形向付
食谱：见第132页、第135页

盛夏朝茶事的怀石料理 表千家流

米饭

汤 赤味噌酱汤、
豆腐四方烧、竹篱牛蒡、
山椒粉

向付
木叶鲽、紫苏花、山葵、
淡味高汤

煮物碗
葛粉叩海鳗、番杏、冬瓜、
青橙皮

箸洗
紫苏籽、山葵丝

八寸
煮章鱼子、煮红薯

香物
腌萝卜、水茄子、黄瓜

汤斗

煮物碗

葛粉叩海鳗、
番杏、冬瓜、
青橙皮

器皿：竹叶泥金煮物碗
川端近左作

食谱：见第140页

饭器

器皿：觉觉斋好　网绘朱柄带饭勺
第三代中村宗哲作

在表千家流的朝茶事上，经常使用带柄的饭器和青铜制饭勺，其含有略进早饭之意。

箸洗

紫苏籽、山葵丝

器皿：刷纹远州好葫芦连图小吸物碗

八寸

煮章鱼子、煮红薯

食谱：见第150页、第153～154页

汤斗

器皿：青铜饭勺　第七代中川净益作

这是用青铜制成的无盖汤斗。放入饭勺后，以此状态端上。此外，此器皿有时还在轮流添汤时使用。

香物

腌萝卜、水茄子、黄瓜

器皿：胡枝子煎鸡蛋形带柄钵

插花　　　　　　　　**花瓶**
绯扇、球形绣球花　　**带耳竹花笼**

绯扇是祇园祭的花。在举办祭祀活动时，八坂神社正殿前的舞台四周会摆有很多绯扇花。绯扇花中也有比较茁壮的，但如图所示，我选的这株比较纤细，并配上了圆形的绣球花。

半夏生的果子

半夏生是七十二候之一，相当于从夏至数起的第11天，也就是阳历的7月1日。这是一个炎热的时节，在此介绍的是仅以膳出和代替米饭的冷面这两样构成的果子料理。这个时节的怀石料理也尽量制作得简洁。果子也是一样，要注意提供得比平时更简洁、迅速。

将冷面与冰块一同放入提桶形器皿中，再放入鸡蛋豆腐、葱花和生姜泥。碗盖上不要忘记掸上水，再配上冰镇过的蘸料，以表现出凉爽之感。

食谱：见第 172 页

先付

鱼冻、明虾、软煮章鱼、炸贺茂茄子、秋葵、生姜丝

器皿：有田六瓢小钵

向付

焯红鱼、绿紫苏叶、紫苏花穗、梅肉

器皿：金边玻璃向付

取肴

鲍鱼天妇罗、芦笋鸭肉卷、田中辣椒丝与岩梨、海鳗寿司卷

器皿：团扇形八寸盘

代替米饭的主食

冷面、鸡蛋豆腐、葱花、生姜泥、蘸料

器皿：蜡色提桶、研钵形小钵

晚夏的朝茶事

8月 叶月

8月是关西地区举办盂兰盆节的月份。虽说已经立秋，但每天仍然很热。因此，茶室的布置以及茶事道具等均要体现出凉爽的气氛。

8月16日是大文字送火之日[①]。京都的五大山被火光点亮，在我们店后面的水边可以从近处看到东山的“大”字。等到夜晚8点时，火炬从山的中腹开始陆陆续续地亮起。等到火烧旺的时候，大家双手合十，恭送祖先的灵魂，并在心中念道：“请您平安回去。明年也请再来”“感谢祖先们赐给我们现在所拥有的一切”。

这个时节的朝茶事也是“一汁二菜”的简洁料理。在向付中放入清淡的早餐，不提供刺身。我在此制作了素食的豆乳皮。

味噌酱汤使用了纳豆味噌酱汤上面澄清的部分。看上去如同酱油一般，没有沉淀物，但入口却是纳豆味噌酱的味道。第一次品尝的客人都会感到惊讶。

煮物碗是具有夏季风格的煮面。在京都有在炎热的夏天吃煮面的习惯。在热喷喷的煮面上，还加了表面炸得干脆的方头鱼，以及清爽的冬瓜片。里千家流在煮物碗及四碗[②]等涂漆器具的盖上一定会掸上水，以给人凉爽感。

朝茶事的料理要本着清爽的原则，最为关键的是要保证清爽的味道和口感。

插花
金水引、秋海棠、洞庭兰

花瓶
铊笼

8月也已过半，过了处暑后，早晚时分天气会逐渐变得凉快下来，余夏时节的花也竞相开放。这次的插花选择将金水引、秋海棠和洞庭兰放在了一起。这三种均是小型花，但每株都颜色鲜艳，搭配在一起十分可爱，且彰显气质。黑色的铊笼使用起来十分方便，与秋海棠的色彩也很搭配，可以很好地调整整体的形状。

① 在盂兰盆节的最后一天，为送走祖先之灵在门前燃起的火。 ② 指怀石料理上的饭碗、汤碗、煮物碗、小吸物碗这四道料理。

米饭

汤 纳豆味噌酱汤、
小芋头、豇豆、芥末

向付
腐竹皮、海苔丝、山葵、
土佐酱油

器皿：南京古染付向付

食谱：见第132页、第136页

晚夏朝茶事的怀石料理 里千家流

米饭

汤 纳豆味噌酱汤、
小芋头、豇豆、芥末

向付
腐竹皮、海苔丝、山葵、
土佐酱油

煮物碗
油炸方头鱼、
冬瓜、煮面、
香橙皮末

[预钵]

拼盘
茄子、鲱鱼、秋葵、生姜丝

箸洗
海藤花、山葵丝

八寸
腌海鳗、毛豆

香物
菜瓜、茄子、腌萝卜、柴渍[1]、
奈良酱瓜

汤斗

① 将茄子、黄瓜、姜等切成细片，与红紫苏叶用盐腌制的咸菜。

煮物碗

油炸方头鱼、冬瓜、煮面、香橙皮末

器皿：流水泥金煮物碗 平安像彦作

食谱：见第141页

[预钵]

拼盘

茄子、鲱鱼、秋葵、生姜丝

器皿：吴须赤绘钵 小峠丹山作

食谱：见第146页

箸洗

海藤花、山葵丝

器皿：仿正仓院小吸物碗

八寸

腌海鳗、毛豆

食谱：见第150页、第154～155页

香物

菜瓜、茄子、腌萝卜、柴渍、奈良酱瓜

器皿：糖釉钵

汤斗

大文字的果子

京都的8月表现出盆地独特的气候，湿度高且十分炎热。在这个季节举办茶会，客人们都是趁着清晨凉爽的时间前来参加。这种茶会上的果子一般不拖拖拉拉，而是做得迅速、简洁。在此介绍的也是内容十分简单的果子，仅有膳出以及代替米饭的海鳗寿司（见第104页）。这样，宴席也可以迅速进行。以气派的大盘装入大块的海鳗寿司供客人们分取，这样同样可以营造出气氛。

吸物是冰镇后的山药汤，其余是软煮鲍鱼和葛粉生海胆①。尝试在简单之中略带一点奢华感，做到松弛有度。

食谱：见第174页

取肴

瓢亭鸡蛋、烤香鱼、
甜煮杜父鱼、腌海鳗、毛豆

器皿：古染付鹿绘八寸皿

吸物

凉山药泥、软煮鲍鱼、
生海胆

器皿：金边玻璃碗

果子三段盒

上段

黑芝麻拌豇豆、山椒粉

中段

昆布腌沙钻鱼、紫苏芽、
什锦胖大海、山葵、淡味高汤

下段

长茄子风吕吹配香橙幽庵酱、
生腐竹、树芽、煮栗麸、
四季豆、枫麸

器皿：三段葫芦钵、巴卡拉酒杯

① 在海胆上裹上葛粉后煮熟。

果子三段盒

上段中装有黑芝麻拌豇豆；中段中装有昆布腌沙钻鱼；下端中装有长茄子风吕吹配香橙幽庵酱等拼盘。

代替米饭的主食

海鳗寿司、山椒

器皿：染付大皿
近藤悠三作

插花
芒草、地榆、铁线莲、瞿麦、桔梗、半边莲、秋海棠

花瓶
带柄花笼

这次在较大的带柄花笼中插入了符合夏季特色的七种花，考虑到颜色的搭配，制作得大气、清新。本图的插花是使用铁线莲、瞿麦、桔梗、半边莲、秋海棠等颜色丰富的花，与芒草和地榆搭配在一起，形成流畅、舒展的感觉。这里未使用特别鲜艳的花，而是将非常淡的色调搭配在一起，这样更体现出晚夏时节的气氛。

7月

向付

蒸鲍鱼、紫苏花、淡味高汤

器皿：金边玻璃小钵

食谱：见第135页

7月

向付

蒸葛粉鲈鱼、海藻、红蓼、淡味高汤

器皿：南京古染付盔钵

食谱：见第135页

夏季的另一品

在这个季节，以海鳗、鲍鱼、鲈鱼等在盛夏时节愈加美味的鱼类、贝类食材为主的清淡、简单的料理特别受欢迎。

这个季节同时也是经常举办朝茶事的季节，向付经常会制作成煮熟的料理。同时将玻璃器皿、素烧的器皿掸湿，以衬托出凉意。

7月

煮物碗

鳖肉汤、茶巾鳖肉丸、生庄内麸、葱丝、生姜泥

器皿：蜡色木纹煮物碗

食谱：见第140页

7月

煮物碗

肉汤、炸葛粉红鱼、烤葱、鸡蛋豆腐、山葵

器皿：三珍果泥金煮物碗

食谱：见第140页

① 日本山形县庄内市生产的麸。

6月

烧物

树芽味噌酱烤海鳗

器皿：古备前牡丹皿

食谱：见第143页

8月

烧物

油浇鲈鱼、绿紫苏叶碎

器皿：福字皿
北大路鲁山人作

食谱：见第143页

6月

八寸

五条鱼咸鱼干、秋葵

器皿：古备前牡丹皿

食谱：见第153页

8月

八寸　里千家流

油浇沙钻鱼结、烤栗形红薯

食谱：见第154页

器皿鉴赏 2

分取料理的大碟

这是在5月份怀石料理上使用的烧物器皿——道八作的大碟。碟中按客人数装有烧物料理，在客人轮流取菜时，藏在盘底的图案会一点点地显露出来。下图画在盘底的图案是两只蝴蝶绕着一大朵牡丹花飞舞的场面。这一匠心给人一种新奇的感觉。这一不经意间的惊喜是这种分取用的大盘才能营造出来的效果。

这个季节虽然尚有余热，但夏天的感觉已渐渐远去，偶尔还会感到秋季的风情。9月正好是从立春数起的第210天。古往今来，这个时节正是季节转变，气候急剧变化之际。实际上，在这个季节，日本经常遭遇台风。日本的农户认为这种天气为不吉利的日子，为防止受害，他们均提高警惕，做好万无一失的准备。

从《岁时记》来看，9月份有日本五大传统节日中的最后一个节日——“重阳节”(9月9日)。因这一天阳数(奇数)的9相重叠，故被称为重阳，或重九。此节原本是在中国的宫廷中举办宴席，招待群臣品尝菊花酒，祈盼长寿的一个喜庆的节日。在日本，人们也将菊花的花瓣撒在酒中，以祈盼长寿。因此，这个月的菜谱中会有以“菊花”为主题的料理。另外，9月还以中秋明月闻名，因此还会制作能够联想到月亮的料理。

到了中秋，合味噌酱汤中的白味噌酱也会偏多，给人一种“稍带茶色的白味噌酱汤”的感觉。用于料理的青芋茎的淡绿色与丝瓜的淡黄色的颜色搭配会使人感受到夏天已结束。

煮物碗的食材是将鳖肉剁碎与鸡蛋拌在一起的鳖肉豆腐(丸玉)，代表满月的形象。

为享受秋深夜长而举办的相互献酒的茶事也十分富有情调。

长夜茶事

9月 长月

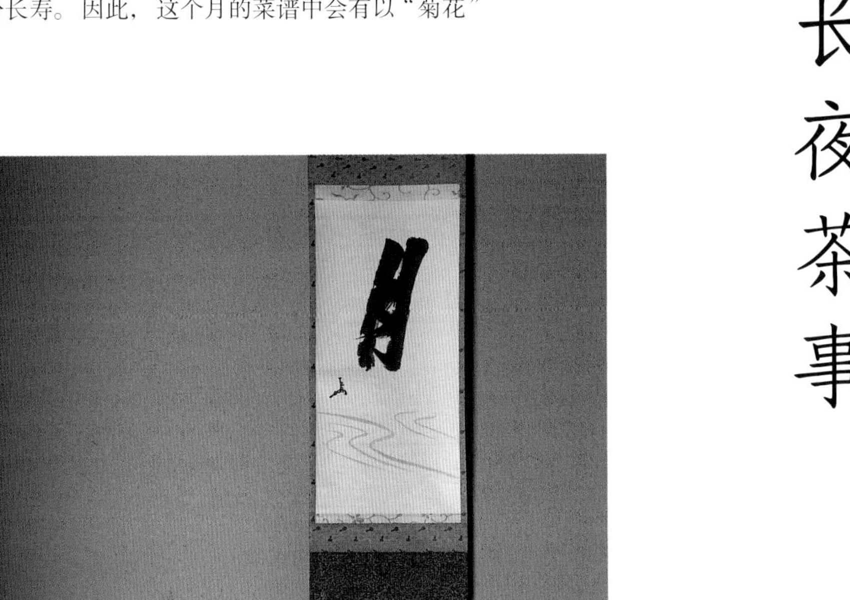

画轴
“明月流水”
即中斋书

插花
芒草、铁线莲、秋明菊、秋海棠百花、雁金草等

花瓶
带柄花笼

画轴是月字与流水。其出自表千家流(第十三代)掌门人即中斋之手。我在每年满月的时节都会挂这幅画。“月”字写得堂堂正正，且富有韵味，为茶室大厅带来恰到好处的紧张感与情趣。
这次的插花是在大网眼的花笼中随意地放入了符合月亮主题的芒草、铁线莲、粉红色的秋明菊、秋海棠百花、雁金草等七种花草。秋季的花卉种类繁多，但并没有布置得过于华丽，而是显得沉着、静怡，给人一种渗入心头的美。

米饭

汤　袱纱味噌酱汤、
青芋茎、丝瓜、山椒粉

向付
梅肉酱油拌焯红鱼、菊花

器皿：古九谷菊向付

食谱：见第132页、第136页

夜长茶事的怀石料理　表千家流

米饭

汤　袱纱味噌酱汤、
青芋茎、丝瓜、山椒粉

向付
梅肉酱油拌焯红鱼、菊花

煮物碗
肉汤、鳖肉豆腐、四季豆丝、
烤年糕、葱丝、生姜汁

烧物
香鱼肠酱烤明虾

［预钵］

拼盘
冬瓜、家鸡吉野煮[1]、生姜丝

［强肴］

拌菜
山葵风味菊花拌茼蒿、
大马哈鱼子

箸洗
南瓜子、生姜丝

八寸
香橙幽庵酱烤带子香鱼、
松针穿盐煎银杏

香物
黄瓜、红萝卜

汤斗

① 加入葛粉的煮菜。

煮物碗

肉汤、
鳖肉豆腐、
四季豆丝、
烤年糕、葱丝、
生姜汁

器皿：菊绘煮物碗
川端近左作

食谱：见第141页

烧物

香鱼肠酱烤明虾

器皿：薄蝗螂绘烧物皿　乐弘入作

食谱：见第143页

[预钵]

拼盘

冬瓜、家鸡吉野煮[1]、生姜丝

器皿：绿交趾菊唐草钵

永乐即全作

食谱：见第147页

[强肴]

拼盘

山葵风味菊花拌茼蒿、大马哈鱼子

器皿：
自笔吴须绘果子钵“瓜虫”
堂本印象作

食谱：见第149页

① 加入葛粉的煮菜。

箸洗

南瓜子、生姜丝

器皿：
若松夕月泥金朱小吸物碗

八寸

香橙幽庵酱烤带子香鱼、松针穿盐煎银杏

食谱：150页、154页

香物

黄瓜、红萝卜

器皿：备前小钵

汤斗

先付

酱油腌鲱鱼子

器皿：白瓷蛋卵形盒　永乐即全作

煮物碗

肉汤、鳗鱼、圆形年糕、烤葱、生姜丝

器皿：朱色菊花涂漆泥金吸物碗

果子盘

细高汤鸡蛋卷、烤五条鱼寿司、山椒、墨鱼子粉烤沙钻鱼结、生海胆松风①、甜煮带皮栗子、松针穿盐煎银杏、蓑衣小芋②、蘘荷毛豆拌饭、奈良酱腌西瓜

器皿：桃菊节彩绘盒
中村弘子作

① 肉松的状态。　②带皮煮熟的小芋头。

白露的果子

白露是二十四节气之一，时间为阳历的9月7日。正如书中所述“气象变冷，白露宿于野草”，是指秋意渐浓的时节。虽说暑热尚存，但在草木树叶上会出现夜露，不经意间便会感受到秋意。

此外，说起9月，自然少不了“菊花节”。果子料理中随处可见象征菊花的匠心。缘高是上一代的中村宗哲先生尚未继承掌门人之前的作品，是用彩漆描绘的菊花和桃花的绘盒。此缘高可以在菊花和桃花季节使用，一年之中可以使用2次，十分方便。

吸物碗的朱红色十分靓丽，小巧的形状也十分好看，并用泥金在碗内侧及碗盖上描绘了万寿菊的图案。

烧物（见第116页）的器皿也是打出[③]陶的菊花形菜盘，以此来渲染重阳节的气氛。

插花
芒草、结根、秋明菊

花瓶
黄交趾瓢形花瓶
永乐即全作

这次的插花选用了芒草、结根、秋明菊3种。这3种花十分容易搭配。永乐即全的瓢形花瓶是模仿葫芦花的花籽形状，给人一种幽默感。在花瓶轴部还画有叶子和白花，其做工之精细令人惊讶。

③ 日本兵库县芦屋市的地名。

烧物

香橙幽庵酱烤带子香鱼、醋渍莲藕

器皿：打出陶菊花形菜盘

收获的秋天到了。10月份是一个风和日丽的季节，同时也是在日本全国各地举行感谢丰收的庆祝活动的月份。在这个月份里经常举办茶事。特别是被称为“后月”的十三夜（阴历九月十三日的夜晚）前后，通常会在著名的赏月地点举办赏月茶会等茶事。“后月”与这之前的十五夜（阴历八月十五的晚上）一同被称为“二夜月”。在这两天的夜晚，人们都会出来赏月。通常说“众云簇月、清风拂花”，越是满月的夜晚往往越需要云来装点。但赏月茶会如果遇到下雨天则分外扫兴。但待雨过天晴，清凉的空气中月光明朗，更显月色之美。

10月还是茶道中的惜别之月。因为在上一年11月前后开封的茶壶中的茶叶已所剩不多，人们怀着惜别的心情品尝剩余的茶叶。

在这个季节里，有装点茶室的插花，以及放在夏天敞开的榻榻米旁生长得十分茁壮的二茬花。将这些令人产生怜爱之感的花一同放在花笼之中装点茶室，这也是只有在这个季节才会见到的风格。或者将即将裂开的花籽、被昆虫蚕食的树叶搭配在一起，形成凄凉寂寞之感也不失为一种好的选择。

在这个惜别的季节里，所有事物都流露出凄凉、寂寞之感。

这个月份中的器皿也有其特征。最具代表性的是向每位茶客分别提供不同向付的“寄向”。在通常的茶事上一般是准备相同的向付，但在惜别茶事上却将颜色、形状各异的陶器、瓷器，以及由不同制作者制作的器皿放在一起，分别提供给每位客人。

惜别茶事

10月 神无月

画轴
“阵雨过后，在紫色的柴门前放一小石子离去”
中村元斋画赞

插花
绯扇、白木草

花瓶
黄交趾带柄笼形花瓶
永乐即全作

画轴是一幅可爱的橡果的画，画赞是由上上代（第十一代）中村宗哲（中村元斋）所书。
插花选用的是绯扇和白木草。绯扇的花种即将裂开，叶片边缘也开始泛黄，再加上被蝗虫啃食的白木草的叶片，整体上形成一种凄凉寂寞之感，特别符合惜别时节的氛围。
花瓶是由当代（第十七代）永乐善五郎所作的黄交趾带柄笼形花瓶。其形状简单、稳定，并带有柔和感。

惜别茶事的怀石料理　里千家流

米饭

汤　袱纱味噌酱汤、
烤玉蕈、南瓜麸、芥末

向付
木叶鲽丝、菊花、黑皮菇、
山葵、调味醋

煮物碗
什锦海鳗、烤松菇、水菜、
香橙皮丝

烧物
方头鱼卷纤烧

[预钵]

拼盘
煮康吉鳗、小芜菁、茼蒿、香
橙皮末

[强肴]

拌菜
松菇、水菜

箸洗
滑菇、生姜丝

八寸
糯米粉炸菱蟹海苔卷、
栗子银杏茶巾卷

香物
小芜菁、柴渍[1]

汤斗

[1] 将茄子、黄瓜、姜等切成细片，与红紫苏叶用盐腌制的咸菜。

米饭

汤 袱纱味噌酱汤、
烤玉蕈、南瓜麸、芥末

向付
木叶鲽丝、菊花、黑皮菇、
山葵、调味醋

器皿：仿干山云锦镂瓷向付
永乐即全作

食谱：见第132页、第136页

煮物碗
什锦鳗鱼、烤松菇、
水菜、香橙皮丝

器皿：吉野碗
平安象彦作

食谱：见第141页

烧物
方头鱼卷纤烧

器皿：唐津南蛮钵
中里隆作

食谱：见第143页

[预钵]

拼盘

煮康吉鳗、小芜菁、茼蒿、香橙皮末

器皿：赤绘金襕手钵
永乐即全作

食谱：见第147页

[强肴]

拌菜

松菇、水菜

器皿：萩割山椒小钵

食谱：见第149页

箸洗

滑菇、生姜丝

器皿：皆朱高山寺绘小吸物碗

八寸

糯米粉炸菱蟹海苔卷、栗子银杏茶巾卷

食谱：见第150页、第154页

香物

小芜菁、柴渍

器皿：染付俵纹钵

清风与平作

汤

观菊月的果子

进入10月后，秋季的气息便骤然变浓。同时，在这个时节，各种菌类食材也汇聚一堂。这当中还要数松菇为菌类之首。幸好京都有丹波这一被称为可以采摘到日本最优质的松菇之地。丹波的松菇形状规整、香气十足。在制作料理时，尽量不损坏其外形，用简单的方法烹饪，从而使客人享用到松菇馥郁的香味。

在此介绍的是焙烙烧(见第124页)。在素烧的焙烙上撒上粗盐，压实，然后在上面盖上厚厚的松针，以温火加热。这样，松针会逐渐变为黄绿色，散发出独特的香味。之后将另行做好的香橙幽庵酱烤梭鱼和盐烤松菇放入盘中，盖上盖子，再以温火加热5分钟左右。端出前加入菊花形芜菁，提供给客人分取。

待正客掀开盖子的瞬间，席间一定会听到一阵惊讶的嘈杂声。之后，松针与松菇的气味相辅相成，不断在房间中扩散开来。客人们的话题也由此展开，宴席逐渐变得热闹起来。

食谱：见第 178 页

先付

淡味高汤拌焯松菇和水菜

器皿：赤绘华兔小皿
永乐和全作

先付

三宝盛香煮香菇、
甜煮烤栗子、松针穿炸银杏

果子

瓢亭鸡蛋、
鲷鱼与明虾的菊花寿司、
山椒、甜煮带子香鱼、
烤干贝夹生海胆、
松针穿炸零余子和烤玉蕈、
松菇饭、鸭儿芹茎
奈良酱腌西瓜

器皿：志野角红叶皿
北大路鲁山人作

煮物碗

淡味葛粉汤、
茶荞麦方头鱼卷、
糯米粉炸松菇、
水菜、生姜泥

器皿：柏绘果子皿

烧物

焙烙盛香橙幽庵酱烤梭鱼、
盐烤松菇、菊花芜菁

插花
秋明菊、嵯峨菊、白木草、伊吹麝香草、黄槿

花瓶
葫芦形花笼

这次插花的核心是一枝已形成红叶的黄槿。因黄槿树的各个部分依次逐渐变红，所以看到它便可以清楚地感受到初秋和晚秋。然后又插入了秋明菊、嵯峨菊、白木草、伊吹麝香草。花瓶是惜别时节的葫芦形花笼。风炉季节也是在这个月结束。

秋季的另一品

这个季节里有菊花节、中秋明月、赏红叶，是《岁时记》中不可或缺的季节。

松菇、栗子、带子香鱼、银鲳鱼也被端上餐桌，更加深了秋意。

在10月，人们重视以清净、寂寞为主的惜别之情。而进入11月则一下子变为茶人的正月，迎来了开炉仪式。料理及器皿上也体现出吉祥、喜庆的风格。

9月

向付

烤干贝、黄瓜、丝瓜、番茄冻、番茄丁

器皿：紫交趾菊花向付
永乐妙全作

食谱：见第136页

11月

向付

昆布腌带鱼片、黑皮菇、菊花、山葵、淡味高汤

器皿：黄交趾银杏鹤向付
兼翠园作

食谱：见第133页

9月

煮物碗

淡味葛粉汤、方头鱼、松菇、嫩水菜碎、菊花、青橙皮末

器皿：富士绘泥金煮物碗

食谱：见第141页

11月

煮物碗

蟹肉真薯、茼苣、
花瓣香菇、香橙皮丝

器皿：云锦吸物碗
平安象彦作

食谱：见第137页

10月

烧物

香橙幽庵酱烤带子香鱼

器皿：隐十字织部大皿
北大路鲁山人作

食谱：见第143页

10月

八寸 里千家流

软煮鲍鱼、煮带皮栗子

食谱：见第155页

器皿鉴赏 3

寄向

在10月的惜别茶事的怀石料理中，会向所有客人分别端上盛在不同器皿中的向付，称之为寄向。上图中的器皿是在我们店中经常使用的乐惺入所作的向付。提供给6位客人的器皿，其颜色及形状均完全不同。其制作十分素雅，非常符合惜别时节的风情。但每个盒中只装有6个器皿，如果来客多于6人的话，则使用其他的器皿加入。在本书2月的果子中，使用了这里的梅形向付。

茶事的料理

怀石料理与果子

料理食谱

凡例

●对于每月的怀石料理，按汤、向付等料理，以不同的顺序进行介绍。

●果子按彩页的顺序，对每月的果子进行介绍。

●食谱的顺序除个别部分外，大致分为“准备”和“完成”的步骤介绍。读者在安排料理的制作顺序时，可以将其作为参考。

●在此省略了香物的食谱。

●比例是指容量的比例。

●文中标记的分量基本上是便于准备、通俗易懂的数值，仅向读者提供一个参考的标准而已。

●调料汁、调味料等基本食材一并整理在第 180 页之后。

●仅写有“高汤”的地方是指“一道高汤”。

●“鱼肉泥”指用鱼身上的白肉制作的肉泥。

●“糯米粉”是将干烤的年糕磨碎后制作成的粉，分为精粉和粗粉。

●“白粗味噌酱”是将大豆、米麸、盐混合在一起粗略研磨后发酵制成的酱，通常用于腌制蔬菜。将制作白粗味噌酱的食材放入机器中捣成精细的糊状，便是白味噌酱。

基本的烹调术语

●加入追鲣：指在制作煮物、调味汤、调料汁等食材时，在高汤、料汤中再加入木鱼花借味。一般是将木鱼花包在纱布中煮制。

●捞起放置：指将焯煮后的食材捞出，放入笊篱中控水、放凉。

●改刀：指在食材的表面纵向、横向或斜向切入相同间隔的网格状刀痕。

●切成左右拉门状：指在食材表面从中央向左右切成左右拉门状。在使用肉身较厚的鱼肉或鸡肉时，使用此方法。

●擦盐：指在食材表面抹上盐擦拭，将盐冲洗掉以去除黏液和污垢。其代表性的例子是在处理鲍鱼时抹盐。

●浸入料汤：指将食材浸入烹调后的料汤中，使其入味。

●霜降：指将食材在开水中焯一下，仅使其表面变白。再将食材加热后立即放入冷水中冷却。

●上身肉：将鱼或鸡等身上不能食用的部分清理干净后，剩余的净肉部分。在本书中，多指从切成三份后的鱼肉片上去除细刺、腹骨后剩下的部分。

●醋洗：指将食材放入醋或兑入水的醋水中焯一下。

●刮鳞：指以水平方式用菜刀薄薄地刮掉鱼鳞的方法。这一方法多用于方头鱼或牙鲆、鲽鱼等鱼鳞很薄很细，且紧密重叠在一起的鱼。

●用淘米水焯：指将食材放入淘米水内，或用淘米水焯煮食材，用于处理竹笋、牛蒡等带有强烈苦涩味的食材。

●灰汁：指将木灰放入水中搅拌后静置，然后捞取出来的表面澄清部分的液体，此法用于去除山野菜等食材中的涩味。

●八方高汤：指在高汤中加入酒、调味酒等调制好的高汤，其用途很广。

●取节：指在切成三份后的鱼肉的背部淤血处下刀，将背部与腹部分开的方法。

●撒香橙皮末：指撒上研磨成末的香橙皮。

●切骨：指在制作细刺较多的鱼时，在细刺上轻轻下刀，以改善口感。这个技术适用于海鳗或六线鱼等仅留下一张皮的细身鱼。

●模子：将米饭制成想要的形状时使用的模具。

●两褄折：将鱼等肉片的两端折向内侧，穿成串。

●削成六方柱形：指将蔬菜（主要指芋头或慈姑）削成六方柱形。

汤

▶ 将汤的食材趁热放入事先加热好的碗中。青菜等也一定要等二道高汤加热后再放入汤中，做成一碗热乎乎的汤。一碗汤的量为70～80毫升。

▶ 将芥末放在食材的上方，尽量不要沾上汤汁，以便可以按个人的喜好放入所需的量。

11月

汤　白味噌酱汤配

小慈姑、红叶麸、芥末

（彩图：见第26页）

[准备]

1.将小慈姑去掉叶萼部分，削成六方柱形，用二道高汤煮制。

2.将红叶麸放入二道高汤中焯一下。

[完成]

在汤碗中盛入小慈姑、红叶麸，放入芥末，倒入白味噌酱汤。

12月

汤　白味噌酱汤配

白萝卜片、小豆、芥末

（彩图：见第34页）

[准备]

1.将白萝卜削皮，切成薄片，放入开水中焯一下。捞出，将其放入流水中浸泡后，用二道高汤加热。

2.将小豆放入水中浸泡1晚，泡软。点火加热，将小豆煮至软烂。

[完成]

将白萝卜折成半月形，每片萝卜片里包入5粒小豆。然后将其放入汤碗中，放入芥末。倒入白味噌酱汤。

※小豆是喜庆日子使用的食材。感谢神灵及祖先保佑我们又平安地度过了一年。

1月

汤　白味噌酱汤配

年糕、马尾藻、芥末

（彩图：见第42页）

[准备]

1.将年糕放入水中泡软。

2.将马尾藻（又名果囊马尾藻的盐渍水藻）放入水中去盐，用二道高汤略煮一下加热。

[完成]

将年糕、马尾藻盛入汤碗中，放入芥末，倒入白味噌酱汤。

2月

汤　白味噌酱汤配

海参干、小松菜、芥末

（彩图：见第50页）

[准备]

1.将海参干放入水中浸泡2～3天，将其泡软。用焙茶煮2天左右，煮软。在煮海参时，注意不要让水沸腾，慢火炖煮。（见162页下段）

将充分煮软的海参放入二道高汤中煮制。

2.将小松菜的根部剥开，略焯一下后，用二道高汤加热。

[完成]

将海参切分成适当大小的宽度后，与小松菜一同放入汤碗中。放入芥末，倒入白味噌酱汤。

3月

汤　白味噌酱汤配

桃麸、水前寺海苔、芥末

（彩图：见第60页）

[准备]

1.将桃麸切成适当的厚度后，用二道高汤加热。

2.将水前寺海苔浸入水中泡软，切成扇形，用二道高汤加热。

[完成]

将桃麸、水前寺海苔盛入汤碗中，放入芥末，倒入白味噌酱汤。

4月

汤　白味噌酱汤配

樱麸、马兰、芥末

（彩图：见第68页）

[准备]

1.将樱麸切成适当的厚度后，用二道高汤加热。

2.将马兰略焯一下后浸入二道高汤中。

[完成]

将樱麸、马兰盛入汤碗中，放入芥末，倒入白味噌酱汤。

5月

汤　袱纱味噌酱汤配

小茄子、扁豆、山椒粉

（彩图：见第76页）

[准备]

1.将小茄子的叶萼去掉、薄薄地削去外皮，纵向切成4份，焯过后放入水中。捞出，沥水，再用二道高汤煮。

2.将扁豆的叶萼和豆荚丝去掉，焯过后放入水中。捞出，沥水，用二道高汤煮。

[完成]

将小茄子和扁豆盛入汤碗中，倒入袱纱味噌酱汤，撒上山椒粉。

6月

汤 袱纱味噌酱汤、

四季豆、莼菜、山椒粉

（彩图：见第86页）

[准备]

1.将四季豆略焯一下后，放入水中，然后浸入二道高汤中。

2.将莼菜放入盆中，倒入开水，略搅一下后捞出，沥水。

[完成]

将四季豆、莼菜盛入汤碗中，倒入袱纱噌酱汤，撒上山椒粉。

7月

汤 赤味噌酱汤、

豆腐四方烧、竹篱牛蒡、山椒粉

（彩图：见第94页）

[准备]

1.将豆腐适当切开，将豆腐块每面烤出焦痕，然后将豆腐切成四方块，用二道高汤加热。

2.将牛蒡切成竹篱状，放入醋水中浸泡一段时间后，再用水冲洗。捞出，沥水，用二道高汤略煮。

[完成]

将豆腐、牛蒡盛入汤碗中，倒入赤味噌酱汤，撒上山椒粉。

8月

汤 纳豆味噌酱汤、

小芋头、豇豆、芥末

（彩图：见第100页）

[准备]

1.小芋头不要清洗，将其包上干布，用手剥去外皮。去掉叶萼，用淘米水焯。捞出，将芋头放入水中浸泡一段时间后，再将水煮沸，将芋头放入沸水中焯一下以去除米糠味。然后再将芋头放入水中。捞出，沥水，用八方高汤煮。其间放入糖、淡味酱油、调味酒、盐入味。

2.将豇豆焯过后，捞出，静置放凉。将其切分成2～3厘米的长度，在二道高汤中焯一下加热。

3.将纳豆味噌酱融入汤中。在筛网上铺上2张厨房纸，将纳豆味噌酱汤倒在筛网上过滤。

[完成]

将小芋头和豇豆盛入汤碗中，放入芥末，倒入纳豆味噌酱汤。

9月

汤 袱纱味噌酱汤、

青芋茎、丝瓜、山椒粉

（彩图：见第110页）

[准备]

1.将青芋茎削皮，切分成适当大小后，捆在一起。将其放入倒有少量醋的开水中，焯煮至略留有一点儿爽脆口感的程度。捞出，放入水中浸泡一段时间，然后放入二道高汤中煮。捞出，大致切开。

2.将丝瓜切分成4～5厘米厚的片，去掉叶萼，焯水。待其开始变为透明状时，放入冰水中，再将丝瓜切成细丝。沥水，切分成适当的长度后，再用二道高汤略煮一下。

[完成]

将青芋茎和丝瓜盛入汤碗中。倒入袱纱味噌酱汤，撒上山椒粉。

10月

汤 袱纱味噌酱汤

烤玉蕈、南瓜麸、芥末

（彩图：见第119页）

[准备]

1.将玉蕈略撒上盐后烤。然后用二道高汤加热。

2.将南瓜麸切分成适当的大小，用二道高汤加热。

[完成]

将玉蕈、南瓜麸盛入汤碗中，放入芥末，倒入袱纱味噌酱汤。

向付

▶ 将腌制的昆布用水略洗一下，拭干水。或以湿布擦一遍，使其变软后使用。

▶ 用于昆布腌制等食材的淡味高汤要在最后沿着器皿的内壁缓缓倒入，避免沾到鱼肉上（以1大勺=15毫升为准）。

▶ 将山葵放在食材距碗底0.5～1厘米处，以便客人可以根据喜好去掉多余的芥末（不要将芥末融入淡味高汤中）。

11月

向付

昆布腌带鱼片、黑皮菇、菊花、山葵、淡味高汤

（彩图：见第126页）

[准备]

1.将带鱼切成3份，清理上身肉，剥去鱼皮。在鱼肉上撒上盐，放置1小时左右后，将鱼肉切成鱼片，洒上用酒、淡味酱油、微量甜料酒调制的料汤。将鱼片夹入洗软了的昆布中，包上保鲜膜。压上重物，在冰箱中放置5～6小时。

2.将黑皮菇（盐渍）大致切开，浸入水中去盐。略焯一下后，沥水，再放入二道高汤中煮制。

3.将菊花的花瓣摘下来略焯一下，放入水中放置一段时间后，捞出，沥水，再浸入甜醋（配料用）中。

[完成]

将昆布腌带鱼片盛入碗中，放入沥过水的黑皮菇和菊花，加入山葵，倒入淡味高汤。

12月

向付

墨鱼子粉盖鲷鱼、芹菜芽、红蓼、山葵、淡味高汤

（彩图：见第34页）

[准备]

将鲷鱼切成3份，取节，剥去鱼皮，切成鱼片。在鱼肉上撒上盐放置1小时左右后，洒上用酒、淡味酱油、微量甜料酒调制的料汤。将鱼片夹入洗软了的昆布中，包上保鲜膜。压上重物，在冰箱中放置5～6小时。

[完成]

在鲷鱼上撒上墨鱼子粉（见第183页），盛入碗中。放入芹菜芽、红蓼、山葵，倒入淡味高汤。

1月

向付

牙鲆夹腌鱼子、甘草芽、岩菇、山葵、淡味高汤

（彩图：见第42页）

[准备]

1.将牙鲆切成5份，去掉缘鳍，剥掉鱼皮。在鱼肉两面涂上盐，放置1小时以上后，切成鱼片，洒上用酒、淡味酱油、微量甜料酒调制的料汤。将鱼片夹入洗软了的昆布中，包上保鲜膜。压上重物，在冰箱中放置5～6小时。

2.在用高汤、淡味酱油、浓味酱油、甜料酒调制的料汤中加入追鲣，将去盐后的腌鱼子放入料汤中，在冰箱中放置1天。

3.将甘草芽的根部处理好，放入盐水中焯一下。

4.将岩菇放入水中泡软，清理干净，去掉菌柄头。将岩菇焯过后，放入水中。捞出，沥水，再放入二道高汤中炖煮。

[完成]

将腌鱼子切成片，用牙鲆肉包上，盛入碗中。放入甘草芽、岩菇、山葵，倒入淡味高汤。

1月

小壶

胡萝卜片、白萝卜片拌柿子片

（彩图：见第42页）

[准备、制作]

1.将胡萝卜、白萝卜切成薄片，分别放入浓度为3%的盐水中浸泡2小时。然后用水洗一遍，去除盐分，将萝卜片放入布中用力挤压。最后将萝卜片浸入放有昆布碎片的甜醋（拌菜用）中。

2.将柿子干的叶萼部分去掉，掰开，取出籽，切成薄片。将柿子片放入甜醋（拌菜用）中浸泡一段时间，泡至变软。

3.将胡萝卜片、白萝卜片和柿子片拌在一起。

1月

向付

沙丁鱼撒卯花、红蓼、芥末醋味噌酱

（彩图：见第57页）

[准备]

1.将新鲜的沙丁鱼切开，取出中骨，清理上身肉。在鱼身两面涂上盐，放置1个多小时后，用醋水洗一遍，剥去鱼皮。

2.制作卯花：将豆腐渣放入筛网，在水中过滤。将滤出的水

再用布过滤，略挤干。将豆腐渣放入锅中，加入少量的高汤和糖。放入汤船[1]中加热，使用几根筷子煎至干松的程度。

[完成]

将豆腐渣撒在沙丁鱼上，盛盘。放入红蓼、芥末醋味噌酱。

2月

向付

龙虾、赤贝、淡味高汤冻、松菜、山葵

（彩图：见第50页）

[准备]

1.将龙虾肉从壳中取出，切分成便于入口的大小，薄薄地撒上一层盐。

2.将赤贝肉从壳中取出，去掉裙边。将贝肉切开，去掉砂囊。将贝肉略用盐揉洗一遍，沿着纤维的方向，隔2毫米左右细密地下刀，然后与纤维成直角方向，再切开2～3毫米宽的刀痕，形成唐草赤贝。

3.将松菜略焯一下后，放入水中。捞出，沥水。

4.制作淡味高汤冻。先制作煮明胶的汤料（在高汤中放入淡味酱油、浓味酱油，加入追鲣略煮一下），加入用水泡软的明胶，煮化。略冷却后，将其倒入淡味高汤中混合，最后倒入铁盆中冷却、凝固。

*直接将淡味高汤放在火上加热的话，汤中的柑橘类食材的香味会散去。因此，一般是事先将所需分量的明胶放入另行准备好的料汤中煮化，略冷却后，再放入淡味高汤中混合。

另外，煮明胶的料汤不宜过多，否则会影响淡味高汤的味道。

[完成]

将龙虾肉、赤贝盛入器皿中，用小勺在上面放上淡味高汤冻。最后放入松菜、山葵。

3月

向付

蛋黄粉撒小鳞鱼、马兰、山葵、淡味高汤

（彩图：见第60页）

[准备]

1.将小鳞鱼切成3份，清理上身肉，在鱼身的两面略撒上盐，放置1小时左右。剥掉鱼皮，将鱼肉切成鱼片。

2.将煮鸡蛋的蛋黄过筛后，放入铁盆中隔水加热，煎炒至干燥蓬松的程度。然后再次过滤。待充分冷却后，将其撒在小鳞鱼上。

3.将马兰焯过后放入流水中。捞出，沥水。

[完成]

将蛋黄粉撒小鳞鱼盛入器皿中，配上马兰，放入山葵，最后倒入淡味高汤。

3月

向付

昆布腌木叶鲽夹墨鱼子、防风、山葵、淡味高汤

（彩图：见第83页）

[准备]

1.用手将木叶鲽的鱼皮剥掉，切成5份，清理上身肉。在鱼身两侧略撒上盐，放置1小时以上，洒上用酒、淡味酱油、微量的甜料酒调制的料汤。将鱼肉包入泡软的昆布中，再用保鲜膜包裹，放上重物，在冰箱中放置5～6小时。

2.将墨鱼子剥去外皮，切分成适当长度的棒状，放在火上略烤一下。

3.将防风在沸水中焯一下，再浸入甜醋（配菜用）中。

[完成]

将木叶鲽切成片，包裹墨鱼子，盛盘。将防风系成结，摆放在盘中。放入山葵，倒入淡味高汤。

4月

向付

鲷鱼松皮造、带花黄瓜、紫苏芽、山葵、淡味高汤

（彩图：见第68页）

[准备]

将鲷鱼（这个时节的樱鲷）切成3份，取节，剥去鱼皮，切成鱼片。在鱼肉上撒上一层薄盐，放置1小时以上，然后倒入以酒、淡味酱油、微量的甜料酒调制的料汤混合。包入泡软的昆布中，包上保鲜膜，放上重物，在冰箱中放置5～6小时。

[完成]

将鲷鱼放入器皿中，放入带花黄瓜、紫苏芽、山葵，倒入淡味高汤。

5月

向付

酒蒸鲍鱼、豌豆馅

（彩图：见第76页）

[准备]

1.将鲍鱼用盐擦一遍，将鲍鱼肉从壳中取出，去掉裙边、鱼肝、

[1] 将器皿浮在热水上，间接加热的方法。

鱼嘴。切掉缘鳍，将鲍鱼切成片，摆入铁盘中，洒上少量酒，蒸2～3分钟。
2.制作豌豆馅。将豌豆从豆荚中取出，焯出颜色后，放入水中。将豆粒的外皮去掉，过滤豆馅。将豌豆馅放入锅中，倒入二道高汤、淡味酱油、盐、甜料酒，调节浓稠度和味道。

[完成]

将鲍鱼盛入器皿中，在其上放上豌豆馅。
*冷制、温制皆可。

5月

向付

鲷鱼松皮造、带花黄瓜、红蓼、山葵、淡味高汤

（彩图：见第83页）

[准备]

将鲷鱼切成3份，取节。将鱼皮一侧朝上、鱼尾朝向自己，放在倾斜的木板上，使木板高的一侧朝向自己放置。将浸湿后拧干的湿布盖在鲷鱼上，将湿布的两端绕向木板背面，用摁钉固定住。使用类似水壶等壶口尖的容器将鱼尾至鱼头全部浇上开水，将鱼皮烫熟。然后将鲷鱼立即放入冰水中，待冷却后捞出，放在布上，沥水。

[完成]

在鱼皮上纵向切开刀痕，将鱼肉片成片后盛盘。放入带花黄瓜、红蓼、山葵，倒入淡味高汤。

6月

向付

明虾、干贝、调味醋拌毛豆、红蓼

（彩图：见第86页）

[准备]

1.将明虾整只放入开水中，煮出鲜艳的颜色后，捞出，放入冰水中。将虾头、虾线去掉，剥掉虾壳，从背部切开。将明虾切成可以一次入口的大小，在冰水中略洗一下。
2.将干贝闭壳肌处较硬的部分去掉，在冰水中略洗一下，切成可以一次入口的大小。
3.将毛豆用盐水焯一下，将豆粒从豆荚中取出，剥掉薄皮。

[完成]

将明虾、干贝、毛豆盛盘，洒上调味醋，在上面放上红蓼。

7月

向付

木叶鲽、紫苏花、山葵、淡味高汤

（彩图：见第94页）

[准备]

1.将木叶鲽的鱼鳞和内脏去掉。在鱼身两侧撒上盐，放置1小时以上。待盐分渗入后，将鱼肉挂在户外晾1～2天，制成鱼干。
2.将鱼头和鱼尾切掉，剥掉两侧的鱼皮。从两侧的鱼鳍边缘的正反面切出刀痕，将鱼鳍切掉，再沿着正反面的背骨处笔直地切出刀痕。
3.将鱼肉穿成串烤，其间浇上2～3次酒。
4.将鱼肉从鱼骨上揭下，用手撕成可以一次入口的大小。

[完成]

将木叶鲽盛盘，倒入淡味高汤。放上山葵，撒上紫苏花。

7月

向付

蒸葛粉鲈鱼、海藻、红蓼、淡味高汤

（彩图：见第106页）

[准备]

1.将鲈鱼切成3份，取节，剥去鱼皮。在鱼肉两侧撒上一层薄盐，放置1小时以上。然后将鱼肉切成适当大小的鱼片，掸上葛粉蒸。蒸好后，关火放凉。
2.将海藻洗一遍去盐，清理干净。沥水，放入少量醋、淡味酱油、糖、盐，搅拌入味。

[完成]

将海藻盛入器皿中，在上面放上鲈鱼，用红蓼装饰，倒入淡味高汤。

7月

向付

蒸鲍鱼、紫苏花、淡味高汤

（彩图：见第106页）

[准备]

将鲍鱼用盐擦一遍，将鱼肉从壳中取出，去除内脏（裙边、鱼肝、鱼嘴）。切掉缘鳍，将鲍鱼切成片，摆入铁盘中。洒上酒，蒸2～3分钟。然后冷却。

[完成]

将鲍鱼放入器皿中，在上面放上紫苏花。拌入生姜汁，倒入淡味高汤。

8月

向付

腐竹皮、海苔丝、山葵、

土佐酱油

（彩图：见第100页）

[准备、完成]

将腐竹皮(用豆浆上方加热开始凝固的部分制作)盛入器皿中。在土佐酱油中倒入高汤，将味道调成可以饮用的清淡的程度，然后将高汤从腐竹皮的边缘倒入。在腐竹皮上面放上海苔丝和山葵。

9月

向付

梅肉酱油拌焯红鱼、菊花

（彩图：见第110页）

[准备]

1.将红鱼切成3份，清理上身肉，剥去鱼皮，切成鱼片。在开水中兑入少许凉水，将温度降至80℃左右。将红鱼放入水中焯一下，然后放入冰水中。

2.将鱼皮放入烧开的水中，煮至透明后捞出，再放入冰水中。将鱼皮切成适当的宽度。

[完成]

将沥过水的红鱼肉和鱼皮用梅肉酱油拌在一起，放入器皿中，最后在上面撒上菊花。

9月

向付

烤干贝、黄瓜、丝瓜、
番茄冻、番茄丁

（彩图：见第126页）

[准备]

1.将干贝撒上盐烤(用大火将表面烤熟，保持内部为生的状态)。每2～3片一组摆在一起。

2.将黄瓜用盐擦一遍，从顶部横着切成片。将黄瓜片放入浓度为3%的盐水中浸泡1小时以上，再用水洗一遍，放入布中用力挤干水后，再浸入甜醋(拌菜用)中。

3.将丝瓜切分成4～5厘米宽的片，取出丝瓜籽，焯水。焯至透明后，将丝瓜放入冰水中取出瓜肉，使之形成丝条状。充分沥水后，将丝瓜切成适当的长度。

在高汤中加入淡味酱油、盐、甜料酒调味，然后将丝瓜放入料汤中浸泡。

4.将番茄焯过后剥去外皮，连籽一同放入食品粉碎搅拌机中搅拌。然后将番茄放在厨房纸上长时间过滤(不要榨挤，而是使其自然滤出汁液)。

取少量滤出的汁液，放入用水泡软的明胶。略冷却后，重新将其放入原来的汤中搅拌，待冷却凝固后制成番茄冻。

5.将番茄焯过后剥去外皮，将果肉部分切成骰子状。

[完成]

将充分挤干水的黄瓜片夹在撒盐烤过的干贝肉中。将沥过水的丝瓜放入器皿中，放上干贝。撒上番茄冻和番茄丁。

10月

向付

木叶鲽丝、菊花、黑皮菇、
山葵、调味醋

[准备]

1.用手将木叶鲽的鱼皮撕掉，切成5份，清理上身肉，将其切成丝。

2.将菊花略焯一下后放入水中，挤干水后再浸入甜醋(配菜用)中。

3.将黑皮菇(盐渍)切成适当大小，浸入水中去盐。捞出，略焯过后，沥水，再放入二道高汤中煮制。

[完成]

将木叶鲽盛盘，放入菊花、黑皮菇、山葵，倒入调味醋。

煮物碗

▶ 煮物碗的食材均需热透，并盛入事先加热好的碗中。青菜也要用二道高汤等加热后再倒入。供1人食用的食材，真薯在40克左右，鱼肉在40～50克。供1人食用的汤的量在120～130毫升为好。

11月

煮物碗 淡味葛粉汤配
云子豆腐、青萝卜、
生姜丝

[准备]

1.将鳕鱼精巢放入水中浸泡一段时间后，再放入浓度为3%的盐水中浸泡1小时左右。

取一半鳕鱼精巢，过筛后放入锅中，加入以高汤化开的吉野葛粉，开中火搅拌加热。待开始凝固后，调至小火，再搅拌加热20分钟左右。

待快要煮好之时，放入略切碎的剩余的一半精巢。待鳕鱼精巢煮熟后，将其倒入洗物槽中，冷却凝固，切分成适当的大小。

2.将青萝卜多余的叶子去掉，从根部纵向切入5厘米左右的刀痕，以便容易煮熟。将青萝卜整个放入水中焯过后，再放入冰水中浸泡。捞出，沥水。

[完成]

将云子豆腐盛入碗中，在上面放上青萝卜。添入生姜丝，倒入淡味葛粉汤。

11月

煮物碗
蟹肉真薯、莴苣、花瓣香菇、
香橙皮丝

（彩图：见第127页）

[准备]

1.将鱼肉泥放入研磨钵中充分研磨。加入高汤、淡味酱油、盐、甜料酒和用高汤化开的吉野葛粉，调节浓稠度和味道。加入菱蟹肉（将腹部的蟹壳摘掉，填入盐，然后腹部朝上蒸后得到的蟹肉）混合。将其团成团，放到铺有厨房纸的铁盘中，再放入蒸器中蒸。

2.将莴苣削成圆形，焯水。然后放入冰水中浸泡一段时间，捞出，沥水。

3.将花瓣香菇的菌柄头去掉，烤过后撕成适当的大小。将其放入二道高汤中煮。

[完成]

将蟹肉真薯盛入碗中，放入莴苣、花瓣香菇，在顶部放上香橙皮丝，最后倒入汤。

12月

煮物碗
鸭肉真薯、鸭肉片、胡萝卜、
小松菜、香橙皮丝

[准备]

1.将鸭肉馅与鱼肉泥放入研磨钵中，研磨至润滑的程度。加入浓味酱油、甜料酒、用高汤化开的吉野葛粉汤、蛋清，研磨，混合，调节浓稠度和味道。将其团成团，放到铺有厨房纸的铁盘中，再放入蒸器中蒸熟。

2.在鸭胸肉的皮上切入细密的刀痕。将鸭皮一侧朝下，放入平底锅中煎，去除油脂，煎至焦黄色。趁内部尚未煎熟时取出，将其片成片，薄薄地撒上一层盐，放置10分钟左右。

3.将胡萝卜切成稍厚的片状，焯过水后放入凉水中。捞出，沥水，再放入二道高汤中煮制。

4.将小松菜整理好形状后焯水。然后放入冷水中浸泡一段时间。捞出，沥水。

[完成]

将鸭肉真薯、鸭肉片、胡萝卜、小松菜盛入碗中，放入香橙皮丝，倒入汤。

1月

煮物碗
海胆虾肉真薯、新竹笋、
胡萝卜丝、小松菜、香橙皮丝

（彩图：见第43页）

[准备]

1.将干贝与鱼肉泥放入研磨钵中充分捣碎、研磨。加入一半量的明虾肉，继续研磨。加入用高汤化开的吉野葛粉、蛋清、盐、少量的淡味酱油和甜料酒，调节浓稠度和味道。混合好后，将剩下的一半虾肉切成5立方毫米的肉丁，加入混合物中。

2.将生海胆放入装海胆的箱子中，撒上盐摇晃。待盐分渗入后，将箱子上长的边板揭下（如果取短边的话，在烤箱中，长边的木板会受热卷起来，留在海胆中）。将海胆直接放入烤箱中，以250℃～300℃的温度烤5分钟左右。取出，立即在木板和海胆之间下刀，将海胆取出，用手掰开。将海胆放入上述制好的混合物中，用塑料铲搅拌。

3.将海胆调整成1人份大小，放在铺有厨房纸的铁盘中，放入蒸器中蒸熟。

4.将竹笋用淘米水焯一下。将新竹笋的前端斜着切掉，在断面上纵向切开1条刀痕。在锅中倒入水，撒入米糠，盖上纸盖，焯2～3分钟。煮至竹笋可以顺利被插入竹签的程度后，关火，放置，冷却。

5.将竹笋放入冰箱中保存，使用时只取出所需的量，剥去外皮，用流水冲洗。然后切成所需大小，再次焯水，去除米糠味。

6.在二道高汤中加入淡味酱油和甜料酒，调制成料汤，将处理好的竹笋放入料汤中煮制。

7.将胡萝卜削皮，切丝，略焯一下后，放入二道高汤中煮制。

8.将小松菜整理好，焯过后放入冷水中浸泡一段时间。捞出，沥水。

[完成]

将海胆虾肉真薯、新竹笋、胡萝卜、小松菜盛入碗中，放入香橙皮丝，倒入汤。

海胆虾肉真薯的食材分量（20～25人份）

鱼肉泥……300克

干贝……150克

明虾……300克

生海胆……200克

用高汤化开的吉野葛粉……80毫升

蛋清……适量

盐……适量

淡味酱油……适量

甜料酒……少量

*上述分量仅供参考。根据各自的预算及喜好可自行调整。

1月

煮物碗　淡味葛粉汤、

烤河豚白子、糯米粉炸银鱼、

葱花、生姜丝

（彩图：见第57页）

[准备]

1.将河豚的白子放入浓度为3%的盐水中，浸泡1小时左右。将其取出，切成供1人食用的大小，并穿成串，撒上盐烤。

2.将新鲜银鱼洗净，拭去水。在银鱼两面撒上盐，放置约1小时后，将银鱼一条一条仔细地涂上糯米粉，放入油中炸。

3.将葱切成葱花，放入水中浸泡一段时间后，取出，挤干水。

[完成]

将烤过的河豚白子、糯米粉炸银鱼盛入碗中，加入葱花、生姜丝，倒入淡味葛粉汤。

2月

煮物碗　淡味葛粉汤、

木叶鲽若狭烧、艾蒿麸、

蕨菜、香橙皮丁

（彩图：见第51页）

[准备]

1.将木叶鲽的内脏去除，用铁钎在整个鱼皮表面扎上细孔。在鱼肉两面涂上盐，放置1～2小时后，日晒风干至鱼皮变为干。使用时用手剥掉鱼皮，切成3份。将鱼身卷起来穿成串烤。其间洒上2～3次酒，直至烤好。

2.将艾蒿麸切分成适当大小，放入二道高汤中加热。

3.在开水中放入少量木灰，将蕨菜焯水，然后放入水中浸泡一段时间。捞出，将蕨菜清理干净后，用牙签取出细毛，放入二道高汤中略煮一下。

[完成]

将木叶鲽若狭烧、艾蒿麸、蕨菜盛入碗中，倒入淡味葛粉汤，撒上香橙皮丁。

3月

煮物碗　淡味葛粉汤、

鲷鱼白子腐竹卷、墨鱼子、

油菜花、鸭儿芹碎、香橙皮末

（彩图：见第61页）

[准备]

1.将鲷鱼白子放入水中浸泡后，再放入浓度为3%的盐水中浸泡1小时左右。取出，沥水，将其切分成可以一次入口的大小，穿成串。撒上盐，用大火烤出焦痕。然后将其包入生腐竹中。

2.将油菜花焯过后再放入水中浸泡。捞出，用力挤干水。

3.将墨鱼子剥去外皮，切分成适当厚度的片。在上菜时先用大火烤一遍。

[完成]

将鲷鱼白子腐竹卷放入另行准备的料汤中加热，直至煮透。然后将其盛入碗中，放入油菜花、墨鱼子。在淡味葛粉汤中放入切成丁的鸭儿芹，略拌在一起，趁热倒入碗中。最后撒上研磨好的香橙皮末。

3月

煮物碗

木叶鲽若狭烧、艾蒿麸、

荚果蕨、香橙皮丁

（彩图：见第83页）

[准备]

1.将木叶鲽的内脏清除，用铁钎在鱼皮表面扎上细孔。在鱼身两面涂上盐，放置1～2小时后，日晒风干至鱼皮变为干。

使用时用手剥掉鱼皮，切成3份。将鱼身卷起来穿成串，浇上高温（190℃）的油，加热至表面略出现焦黄色。最后再用炭火烤一遍去油。

2.将艾蒿麸烤出焦痕，放入略沸腾的开水中煮软。

3.将荚果蕨上坚硬的部分切掉，放入盐水中焯过后，放入水中。捞出，沥水，再放入二道高汤中略煮一下。

[完成]

将木叶鲽若狭烧、艾蒿麸、荚果蕨盛入碗中，加入香橙皮丁，倒入汤。

4月

煮物碗　淡味葛粉汤、

六线鱼、炸银鱼、蕨菜、

鸭儿芹碎、生姜泥

（彩图：见第69页）

[准备]

1.将六线鱼切成3份，清理上身肉，剥去鱼皮。用切鱼骨的要领斜着切入间隔为3毫米左右宽的刀痕。然后将鱼肉切分成适当的大小。

2.往鱼肉上撒少量盐，用毛刷在整个鱼身上掸上葛粉，放入水中煮制（盐、葛粉均要仔细地涂至刀痕之中）。

3.将新鲜银鱼洗净，然后拭干水。在鱼身两面涂上少量盐，放置约1小时后，将银鱼一条一条地仔细地涂上葛粉，放入油中炸制。

4.在沸水中放入少量木灰，在蕨菜放入水中焯一下。然后将蕨菜放入水中浸泡一段时间。捞出，清理干净后，用牙签取出细毛，放入二道高汤中略煮一下。

[完成]

将六线鱼、银鱼、蕨菜盛入碗中。加入鸭儿芹碎，倒入淡味葛粉汤，放入生姜泥。

5月

煮物碗

蛤蜊真薯、南禅寺麸、

新莼菜、土当归、香橙花

（彩图：见第77页）

[准备]

1.将蛤蜊煮过后，将蛤蜊肉从壳中取出，将煮汤也过滤一遍备用。将盐渍裙带菜放入流水中去盐。将裙带菜的茎部去掉，将较软的部分切碎。

将泡好的干贝肉放入研磨钵中，捣碎。加入鱼肉泥继续研磨。其间依次加入煮蛤蜊的汤汁、用高汤化开的吉野葛粉、淡味酱油、甜料酒、蛋黄，制作成较软的真薯。

最后放入蛤蜊肉和裙带菜，充分混合在一起，团成团。将其摆入铺有厨房纸的铁盘中，放入蒸器中蒸。

2.将南禅寺麸（在制作生麸的过程中，放入豆腐制成的麸。这样做出来其比普通的生麸更加细腻、润滑、柔软）切成适当的大小，放入二道高汤中煮制。

3.将新莼菜放入铁盆中，倒入开水，轻轻搅拌后，将其放入笊篱中，沥水。

4.将土当归切成短木片状，在放入少量醋的开水中焯一下后，再放入水中浸泡。捞出，将其放入二道高汤中煮制。

[完成]

将蛤蜊真薯、南禅寺麸、新莼菜、土当归盛入碗中，添入香橙花，倒入高汤。

5月

煮物碗

糯米粉炸六线鱼、楤树芽、

蚕豆、生姜泥

（彩图：见第84页）

[准备]

1.将六线鱼切成3份，清理上身肉。用切鱼骨的要领斜着切入间隔为3毫米左右宽的刀痕。然后将鱼肉切分成适当的大小。在整个鱼身包括刀痕中撒上盐，放置一段时间后，涂上糯米粉炸。

2.将蚕豆从豆荚中取出，用盐水焯过后，剥去外皮。

3.将楤树芽焯过后，放入流水中浸泡。捞出，沥水。

[完成]

将糯米粉炸六线鱼、蚕豆、楤树芽盛入碗中，加入生姜泥，倒入汤。

6月

煮物碗　淡味葛粉汤、

水无月豆腐、软煮鲍鱼、

田中辣椒、生姜泥

（彩图：见第87页）

[准备]

1.制作水无月豆腐。将充分研磨的白芝麻、吉野葛粉（优质和普通）、蕨粉、豆浆、二道高汤混合在一起，过滤。
将过滤后的底汤倒入锅中，用中火加热，一边搅拌一边加热。加热至开始形成糊状时，调至小火，再继续搅拌加热20分钟。倒入洗物槽中，撒上煮软的小豆。为防止其干燥，将保鲜膜盖在其表面，轻轻压平整，使小豆进入底料之中。浇上冰水冷却。取出，将其切成三角形。
2.制作软煮鲍鱼。将鲍鱼用盐擦一遍后，将鲍鱼肉从壳中取出，清理内脏(裙边、鱼肝、鱼嘴)。在锅中倒入足够量的水，将鲍鱼肉与白萝卜片一同放入锅中。煮3～4小时，并不断清除浮沫。煮软后，将鲍鱼捞出，沥水，放入另一个锅中，用八方高汤煮。其间加入糖、淡味酱油、浓味酱油、盐、甜料酒。
将鲍鱼的边缘部分切掉，切成5毫米左右的厚片。在切面上切入细密的刀痕(两面相互错开斜着切入刀痕)。
3.将田中辣椒的叶萼部分切掉，清除辣椒籽，将辣椒烤过后剁碎，用二道高汤加热。
[完成]
将水无月豆腐、软煮鲍鱼、田中辣椒盛入碗中，加入生姜泥、倒入淡味葛粉汤。

制作水无月豆腐的食材分量
白芝麻末……220克
吉野葛粉(优质葛粉)……30克
吉野葛粉(普通葛粉)……50克
蕨粉……40克
豆浆……650毫升
二道高汤……650毫升
小豆……适量

7月

煮物碗
葛粉叩海鳗、番杏、冬瓜、青橙皮
(彩图：见第95页)
[准备]
1.将海鳗切开，清理上身肉，切断鱼骨。在鱼皮上撒上少量盐。用毛刷在鱼身两面涂上葛粉(切断鱼骨的刀痕中也要涂上)，将其放入水中焯烫。
2.将番杏的叶子部分摘下来略焯一下后备用。
3.将冬瓜切成适当大小，薄薄地削去外皮。在削去外皮的冬瓜表面细密地切出5毫米左右深的网状刀痕，然后从顶部开始切成5毫米左右厚的瓜片。焯过后放入水中浸泡。将冬瓜片捞出，沥水，然后再放入二道高汤中略煮一下。
[完成]
将葛粉炸海鳗、冬瓜、番杏盛入碗中，放入切成丝的青橙皮，倒入汤。

7月

煮物碗 鳖肉汤、
茶巾鳖肉丸、生庄内麸、葱丝、生姜泥
(彩图：见第106页)
[准备]
1.先炖煮鳖肉。将切成4份左右的鳖肉用霜降法处理，并剥去外皮。倒入足量的酒和水(相同比例)炖煮约30分钟左右。趁热将骨头去掉，将鳖肉分散。煮鳖肉的汤过滤后作为鳖汤使用。
2.在茶碗中铺上纸，放入切碎的鳖肉、裙边、鳖肝，倒入肉丸高汤。将鳖肉用茶巾挤干后，放入蒸器中蒸，制成茶巾鳖肉丸。
3.将生庄内麸[①]切分成适当大小，用二道高汤煮制。
将葱叶及葱白切成丝备用。
*肉丸高汤的食材比例为：1个鸡蛋兑80毫升的高汤和20毫升的鳖汤，并用淡味酱油调味。
[完成]
将茶巾鳖肉丸和生庄内麸盛入碗中，放上切好的葱丝，放入生姜泥，倒入鳖肉汤。
*鳖肉汤的食材比例为：60%的一道高汤兑20%的鳖汤和10%的酒，并用淡味酱油、浓味酱油、盐调味。

7月

煮物碗 肉汤、
炸葛粉红鱼、烤葱、鸡蛋豆腐、山葵
(彩图：见第106页)
[准备]
1.将红鱼切成3份，清理上身肉，按照切鱼骨的要领斜着切入间隔为3～5毫米的刀痕，然后将鱼肉切分成适当大小的鱼片。在整个鱼身包括刀痕中撒上少量的盐，放置一段时间后，用毛刷涂上葛粉，放入油中炸。
2.将葱白切分成适当的长度，用炭火烤过后，用二道高汤略煮一下。
3.将制作鸡蛋豆腐的食材倒入洗物槽中，放入蒸器中蒸熟后，切分成长方形。
*鸡蛋豆腐的食材比例为：10%的鸡蛋加20%高汤，并用

① 将优质小麦粉及小麦麸素加水混合，拉成扁平状后，再缠在木棒上直接用火烤好的板状麸。

淡味酱油调味。

[完成]

将红鱼、烤葱、鸡蛋豆腐盛入碗中，放入山葵，倒入肉丸高汤(见第140页)。

8月

煮物碗

油炸方头鱼、冬瓜、煮面、香橙皮末

(彩图：见第101页)

[准备]

1.将方头鱼的鱼鳞刮掉，切成3份，清理上身肉。在鱼身两面涂上盐，放置1小时以上。

将鱼肉切成适当大小的鱼片，用铁钎穿好，反复浇上加热至190℃的油，将表面烧至焦黄色。将鱼身翻过来，用同样的方法浇5次左右的油。最后用炭火烤一下去油。

2.将挂面煮至稍硬的状态。将挂面放入水中充分清洗。上菜前再用二道高汤加热一下。

3.将冬瓜切分成适当的大小，削皮。在削去外皮的冬瓜表面细密地切出5毫米左右深的网状刀痕，然后将冬瓜切分成5毫米左右厚的菱形瓜片。将冬瓜片焯过后放入冷水中。捞出，沥水。上菜前再用二道高汤略煮，加热。

[完成]

将方头鱼、煮面、冬瓜盛入碗中，倒入汤，撒上香橙皮末。

9月

煮物碗　肉汤、

鳖肉豆腐、四季豆丝、

烤年糕、葱丝、生姜汁

(彩图：见第111页)

[准备]

1.炖煮鳖肉(见第140页)。将鳖肉从骨头上揭下，切成块。

2.在茶碗中铺上纸，放入切碎的鳖肉、裙边、鳖肝，倒入肉丸高汤。鳖卵也一同放入，再倒入鳖肉丸的食材(见第140页)，放入蒸器中蒸。

若事先在茶碗中倒入稍浓的琼脂，使其附着在茶碗内壁上，待鳖肉蒸好后可以很容易地将其取出。

3.将四季豆的豆荚尖部切丝，切成芒草状。将四季豆丝焯过后放入冷水中。捞出，沥水，再浸入二道高汤中。

4.将烤年糕煮一下。

5.切葱丝。

[完成]

将鳖肉豆腐盛入器皿中，放入烤年糕、四季豆丝，在上面放上葱丝。倒入肉汤，滴入足量的生姜汁。

9月

煮物碗　淡味葛粉汤、

方头鱼、松菇、嫩水菜碎、

菊花、青橙皮末

(彩图：见第126页)

[准备]

1.将方头鱼切成3份，清理上身肉，剥去鱼皮。在鱼身两面涂上盐，放置1个多小时。将鱼肉先切出刀痕，然后切分成鱼片。

2.将松菇去掉菌柄头，纵向适当切分成相同大小。

3.将方头鱼的鱼皮一侧朝下，展开，取几根撕成条的松菇放在鱼片中央，并将其卷起来，放入蒸器中蒸。

4.将嫩水菜焯过后，剁碎。

[完成]

在高汤中加入淡味酱油、用盐调味，撒入菊花瓣。加入用高汤化开的吉野葛粉，制成芡汁。

将方头鱼片卷松菇盛入碗中，放上嫩水菜碎。倒入淡味葛粉汤，撒上青橙皮末。

10月

煮物碗

什锦海鳗、烤松菇、水菜、香橙皮丝

(彩图：见第119页)

[准备]

1.将海鳗切开，清理上身肉，切断鱼骨，切成鱼片，在每片鱼片上切出两条刀痕。在鱼肉上涂上盐，包括刀痕里面也要仔细地涂进去。将鱼肉放置15分钟左右。

将海鳗泥放入研磨钵中，加入蛋清、用高汤化开的吉野葛粉，研磨，混合。加入少量的淡味酱油和盐调味。

将涂上盐的海鳗片用海鳗泥团在一起，制成供1人食用的分量，放入蒸器中蒸。

2.将水菜略焯一下，放入水中浸泡。捞出，沥水，再浸入二道高汤中。

3.将松菇烤过后，切成一半，放入汤中，作为香味。

[完成]

将什锦海鳗、水菜、烤松菇盛入碗中，放入香橙皮丝，倒入汤。

烧物

11月

烧物

味噌香橙酱烤银鲳鱼

（彩图：见第27页）

[准备]

将银鲳鱼切成3份，清理上身肉，切分成适当大小的鱼片。然后将鱼片放入味噌香橙酱中浸泡1～2晚。

[完成]

将银鲳鱼片从味噌香橙酱中取出，不必拭去酱料，直接穿成串烤。

12月

烧物

香橙幽庵酱烤马鲛鱼

（彩图：见第35页）

[准备]

将马鲛鱼切成3份，清理上身肉，切分成适当大小的鱼片。然后将鱼片放入味噌香橙酱中浸泡1～2晚。

[完成]

将马鲛鱼片从味噌香橙酱中取出，不必拭去酱料，直接穿成串烤。

12月

烧物

山椒烤虎鱼

（彩图：见第57页）

[准备、完成]

将虎鱼切成3份，清理上身肉。按照切鱼骨的要领切出刀痕。将鱼肉切成适当大小的鱼片，穿成串干烤后，蘸上佐料汁（近海食材用）再烤。快烤好时撒上山椒粉。

1月

烧物

墨鱼子粉烤龙虾

（彩图：见第43页）

[准备、完成]

将龙虾肉从虾壳中取出，切分成供1人食用的大小。将龙虾肉穿成串，在其两面撒上少量盐烤。快烤好时用毛刷在龙虾表面涂上蛋清，撒上墨鱼子粉（见第183页），然后用火烤干既可。

2月

烧物

山椒粉烤五条鱼

（彩图：见第51页）

[准备、完成]

将五条鱼切成鱼片，穿成串烤。烤至七分熟后，浇上佐料汁（近海食材用）再烤。重复这个步骤3～4次，直至烤好。最后撒上山椒粉。

2月

烧物

生海参子烤银鲳鱼

（彩图：见第58页）

[准备、完成]

将银鲳鱼切成3份，清理上身肉，将鱼肉切分成适当大小的鱼片。将鱼片穿成串，在鱼皮一侧切出刀痕，撒上微量的盐烤制。将生海参子（海参的卵巢）剁碎，加入酒稍稍稀释，然后用毛刷将其涂在撒盐烤过的银鲳鱼的表面，再次火烤。重复这个步骤2～3次，直至烤好。

3月

烧物

山椒粉烤带子石斑鱼

（彩图：见第61页）

[准备]

带子石斑鱼到货后应立刻穿成串干烤（因为石斑鱼的腹部较软，稍稍放置，皮就会破裂，导致内脏流出来）。然后趁热将其从串上揭下。

[完成]

将干烤后的带子石斑鱼取所需数量穿成串，涂上佐料汁烤（涂上河产品用的佐料汁烤，重复2～3次）。最后撒上山椒粉。按1人3条的分量盛盘，尽量摆放得便于夹取。

*个头大的石斑鱼骨头较硬，对于这样的石斑鱼在烤好后要从背部将其切开，取出中骨。

4月

烧物

盐烤鲷鱼白子

（彩图：见第69页）

[准备]

将鲷鱼白子放入水中浸泡一段时间后，浸入浓度约为3%的盐水中，在冰箱中放置1天左右。

[完成]

将鲷鱼白子穿成串，撒上少量盐，烤成焦黄色。将鲷鱼白子切分成便于食用的大小，盛盘。

4月

烧物

烤鲷鱼

（彩图：见第84页）

[准备、完成]

将鲷鱼切成3份，清理上身肉，将鱼肉切成适当大小的鱼片。撒上盐放置1小时以上，穿成串烤。

快烤好时，用毛刷在鲷鱼表面涂上蛋清，撒上过滤成粉状的蛋黄和碾碎的海苔末，放入烤箱中烤。

5月

烧物

烤鳟鱼、绿紫苏叶

（彩图：见第77页）

[准备、完成]

将鳟鱼切成3份，清理上身肉，将鱼肉切成适当大小的鱼片，穿成串烤。烤至七分熟时，浇上佐料汁（近海食材用）再烤。重复此步骤3～4次，直至烤好。撒上切碎的绿紫苏叶，盛盘。

6月

烧物

香橙幽庵酱烤贺茂茄子

（彩图：见第87页）

[准备]

将贺茂茄子的头尾切掉，削皮。将茄子横向切成2份，再分别纵向切成2份，制成半月形。用铁钎在茄子两面插入细孔，涂上足量的油烤。

[完成]

将烤好的茄子穿成串，涂上香橙幽庵酱，烤成焦黄色。

6月

烧物

树芽味噌酱烤海鳗

（彩图：见第107页）

[准备、完成]

将海鳗切开，清理上身肉，切断鱼骨。将鱼肉穿成串，在鱼皮一侧撒上少量盐烤。快烤好时在鱼肉一侧涂上树芽味噌酱烤制。

8月

烧物

油浇鲈鱼、绿紫苏叶碎

（彩图：见第107页）

[准备、完成]

将鲈鱼切成3份，清理上身肉。将鱼肉切成适当大小的鱼片，撒上少量盐放置1个多小时后，将鱼肉穿成串，浇上温度为100℃左右的油，烫熟。然后再用炭火烤一下去油。最后撒上盐，在鱼肉上撒上绿紫苏叶碎。

9月

烧物

香鱼肠酱烤明虾

（彩图：见第111页）

[准备、完成]

去掉明虾的虾头、虾线、虾壳、虾尾。从背部将明虾切开，将其穿在铁钎上。在虾肉表面撒上少量盐，略烤一下。

将腌香鱼肠用菜刀剁碎，加入酒稀释。用毛刷将其涂在明虾切开的一侧，然后放在火上烤这一侧。重复这个步骤3次。要确保不留有腥臭味，同时不要烤过头。

10月

烧物

方头鱼卷纤烧

（彩图：见第119页）

[准备]

1.将方头鱼刮掉鱼鳞，切成3份，清理上身肉。在鱼肉两面撒上盐，放置1小时左右。

2.将鸡蛋打碎，放入锅中，再放入木耳（用水泡软后大致切开）、胡萝卜（切成片状并用二道高汤略焯一遍）、百合根（散开后用盐水略焯一遍），拌在一起。

用糖、淡味酱油、甜料酒调味，用小火熬煮，熬制成稍软的糨糊状，作为卷纤料使用。

[完成]

将卷纤料放在方头鱼的鱼皮一侧，将鱼卷整理一下，然后放入烤箱中烤成焦黄色。

10月

烧物

香橙幽庵酱烤带子香鱼

（彩图：见第127页）

[准备]

在带子香鱼的腹部切出刀痕，将香鱼浸入香橙幽庵酱中，在冰箱中放置1晚。

[完成]

将香鱼取出，穿成串，烤成焦黄色。将鱼头和鱼尾切掉，用镊子从鱼头一侧夹出中骨，留下内脏。

预钵（拼盘）

11月

拼盘

海老芋、

鸭肉吉野煮、九条葱、

山椒粉、香橙皮丝

（彩图：见第28页）

[准备]

1.将海老芋削皮，放入淘米水中煮至勉强可以穿入竹签的程度。将海老芋放入流水中浸泡一段时间后，取出，再次放入开水中焯一下，以去除米糠味。捞出，沥水。

将海老芋纵向对半切开，在锅中放入1片昆布，将海老芋放进去，倒入刚好没过海老芋的八方高汤，开火煮制。其间加入糖、淡味酱油、盐、少量的甜料酒调味。

2.在鸭胸肉的皮上斜着切出细密的刀痕。用平底锅仅煎鸭皮一侧，煎至焦黄色，同时去除油脂。将鸭胸肉切成片，撒上葛粉。

煮酒，加入糖、浓味酱油煮沸。然后将撒上葛粉的鸭肉片一片一片地放进去，不要使其互相重叠，大火将鸭肉片迅速煮熟。

3.将九条葱切丝，将葱丝放入用八方高汤、淡味酱油、浓味酱油、甜料酒调制的底汤中焯一下，着色。

[完成]

将海老芋、鸭肉吉野煮、九条葱盛盘，在鸭肉上撒上山椒粉，在海老芋上放上香橙皮丝。

鸭肉吉野煮的分量

酒……200毫升

糖……20克

浓味酱油……50毫升

12月

拼盘

圣护院芜菁、明太子金锷、

茼蒿、香橙皮末

（彩图：见第36页）

[准备]

1.将圣护院芜菁切成扇形，将米和芜菁一同焯过后，放入水中。在锅中放入1片昆布，放入沥过水的芜菁。倒入刚好没过芜菁的八方高汤，加入追鲣煮。用淡味酱油、盐、甜料酒调味。

2.将明太子切成可以一次入口的大小，将内侧翻出来。在锅中倒入足量的水，放入明太子焯过后，放入流水中浸泡一段时间。捞出，沥水。

在锅中倒入没过明太子的八方高汤，小火煮。其间放入糖、淡味酱油、盐、甜料酒调味。

将明太子表面拭干，用毛刷涂上面粉，蘸上蛋黄，放入油中炸。

3.将茼蒿的叶子择下，只使用叶子部分。将茼蒿焯过后放入水中浸泡一段时间。捞出，用力挤干水，将茼蒿切成便于食用的大小。将茼蒿放入锅中，倒入八方高汤，放入淡味酱油、浓味酱油、甜料酒，大火迅速煮好。

[完成]

将圣护院芜菁、明太子金锷和茼蒿盛盘，倒入少量煮芜菁的汤。撒上香橙皮末。

1月

拼盘

圣护院白萝卜、鹌鹑吉野煮、

豌豆荚、香橙皮丁

（彩图：见第44页）

[准备]

1.将圣护院白萝卜切成扇形，去掉边角后焯水。焯至勉强可以插入竹签的程度后，捞出，放入水中。

在锅中铺入1片昆布，放入圣护院白萝卜，倒入刚好没过芜菁的八方高汤，加入追鲣煮。用淡味酱油、盐、甜料酒调味。

2.将鹌鹑清理好，去掉骨头，切成可以一次入口的大小，涂上葛粉。

在锅中倒入酒、糖、甜料酒、八方高汤煮沸，稍炖一段时间。将鹌鹑肉一片一片地放入锅中煮，不要让葛粉成块。

3.将豌豆荚去掉豆荚丝，用盐水焯过后放入水中浸泡一段时间。捞出，沥水。

在二道高汤中放入用糖、盐、微量的淡味酱油调制的料汤，煮沸。放入豌豆荚煮熟后，连锅一同放入冰水中浸泡，以使豌豆荚保持翠绿的颜色。

[完成]

将圣护院白萝卜、鹌鹑吉野煮、豌豆荚盛盘，在鹌鹑上撒上山椒粉，然后整体撒上香橙皮丁。

2月

拼盘

鹌鹑肉丸、康吉鳗尾州卷、

芹菜、生姜丝

（彩图：见第52页）

[准备]

1.将鹌鹑清理好，连皮一同绞成肉馅。将头部、颈部、背部等处的软骨也放入搅拌机中绞3次。将绞好的肉馅放入研磨钵中，加入鱼肉泥一同研磨。一点点地加入打散的鸡蛋、浓味酱油、用高汤化开的吉野葛粉等食材，继续研磨。

将鹌鹑馅团成适当大小的肉丸，放入煮沸的二道高汤中煮熟。

将鹌鹑肉丸从汤中捞出，放入另行准备的锅中，倒入刚好没过鹌鹑的酒和高汤（同等比例）煮制。其间放入糖、浓味酱油、甜料酒调味，煮至浓稠状态。

2.将康吉鳗切开，用霜降的方式处理，放入水中浸泡一段时间。捞出，用刀背将鱼皮上的黏液刮掉。干烤后，将其纵向切成4份。将白萝卜削成薄片状，略焯过后放入水中浸泡一段时间。捞出，沥水。

将康吉鳗放在中间，用白萝卜片卷成适当粗细的卷。用竹皮扎上。

将康吉鳗白萝卜卷放入锅中，倒入刚好没过萝卜卷的八方高汤，点火煮制。其间加入淡味酱油、浓味酱油、甜料酒，温火炖煮。煮好后取出，将竹皮揭下，将康吉鳗尾州卷切成便于食用的大小。

3.将芹菜的根部去掉，清洗后略焯一下，然后放入水中浸泡。捞出，切分成3厘米左右的长段，放入锅中，倒入八方高汤煮制。煮沸后加入淡味酱油、浓味酱油、甜料酒，大火迅速煮好。

[完成]

将撒上山椒粉的鹌鹑肉丸、康吉鳗尾州卷、芹菜盛盘，再在上面放上生姜丝。

3月

拼盘

蚬肉鸡蛋滑、饭蛸、蕨菜、树芽

（彩图：见第62页）

[准备]

1.将蚬肉放入淡味酱油、浓味酱油、甜料酒、盐，煮成稍淡的甜辣味。然后将打散的鸡蛋和蚬肉混合在一起。

2.将饭蛸的眼部、墨袋、嘴部去掉，用盐擦一遍后洗掉。用霜降法处理，放入水中浸泡。捞出，沥水，将足部和胴体切断。

在锅中倒入以高汤、酒、糖、淡味酱油、浓味酱油、甜料酒调制的汤，煮沸。放入饭蛸的胴体部分。待饭蛸完全煮熟后，再加入足部煮。盖上纸盖，煮沸后立即关火，以余热将饭蛸煮熟。然后将饭蛸取出，切分成便于食用的大小。

3.在锅中放入少量木灰，放入蕨菜焯一下后，放入水中。

使用时用牙签将蕨菜上的细毛一根一根地清除掉。切断较硬的根部，长短一致。

放入用高汤、糖、淡味酱油、浓味酱油、盐、甜料酒调制的汤中，煮成稍淡的甜辣味。

[完成]

用勺子将蚬肉鸡蛋滑分别取出供每人食用的分量，盛入器皿中。将饭蛸、蕨菜盛盘，在上面放上足量的树芽。

*蚬肉要购买焯过的蚬肉。供1人食用的分量为20～30克。每3人分量的蚬肉用2个鸡蛋混合。

4月

拼盘

竹笋、鲷鱼子金锷煮、豌豆豆腐、树芽

（彩图：见第70页）

[准备]

1.将竹笋用淘米水焯一下（见第138页）。仅取所需部分削皮，将竹笋切分成适当的大小，放入热水中再焯一遍，以去除米糠味。在竹笋背面切出刀痕，使其能够切分成可以一次入口的大小。

在锅中放入1片昆布，竹笋，倒入刚好没过竹笋的八方高汤煮制。其间加入淡味酱油、甜料酒、盐调味。

2.将鲷鱼子切分成可以一次入口的大小，将内侧翻出来，使鱼子从卵巢袋中露出来，然后放入水中煮。待完全煮熟后，取出，放入水中浸泡一段时间。捞出，沥水。

将鲷鱼子放入锅中，倒入刚好没过鲷鱼子的八方高汤。用糖、淡味酱油、浓味酱油、盐、甜料酒调味。煮好后，放置1晚。

使用时取出，沥水，用毛刷涂上面粉。将鲷鱼子蘸上鸡蛋黄，放入油中炸，制成鲷鱼子金锷煮。

3.将豌豆从豆荚中取出，焯一下后放入水中浸泡一段时间。捞出，沥水。

将豌豆放入用八方高汤和二道高汤调制的汤中煮。其间加入糖、盐、少量淡味酱油调味。加入用高汤化开的吉野葛粉，制成豆腐状。

[完成]

将竹笋、鲷鱼子金锷煮、豌豆豆腐盛盘，在上面放上树芽。

5月

拼盘

淡竹、鲷鱼子昆布卷、
田中辣椒、树芽

（彩图：见第78页）

[准备]

1.将淡竹用淘米水焯一下。剥皮，切成所需大小。将淡竹放入沸水中再焯一下，以去除米糠味。煮沸即刻捞出，放入水中浸泡。

捞出，沥水，将淡竹放入锅中，倒入刚好没过淡竹的八方高汤，加入追鲣煮。

其间加入淡味酱油、甜料酒、盐调味。

2.将成对连在一起的鲷鱼子上的筋切掉，将每个卵巢对半切开，放入水中浸泡。

用剪成与鲷鱼子相同长度的薄木片将鲷鱼子挨个卷上（如果鲷鱼子稍小，就取2个卷在一起），用竹皮扎好，放入水中焯烫。煮熟后揭下薄木片，将鲷鱼子放入水中浸泡。

将日高昆布（煮昆布）放入水中泡软，切成鲷鱼子的长度。用昆布将事先焯过的鲷鱼子卷起来，用竹皮扎上。将鲷鱼子昆布卷摆在宽底锅中，互相不要重叠，然后倒入泡昆布的水和八方高汤，点火煮制。充分煮软后，放入糖、淡味酱油、浓味酱油、甜料酒炖煮。

3.将田中辣椒的叶萼切掉。在锅中倒入少量油，放入辣椒稍炒一下后，倒入八方高汤，再加入淡味酱油、浓味酱油、甜料酒煮好。

[完成]

将鲷鱼子昆布卷上的薄木片揭下，切成适当宽度，与淡竹、田中辣椒一同盛盘，最后在上面放上足量的树芽。

6月

拼盘　什锦拼盘

明虾、麦蛸、南瓜、
小芋头、秋葵、香橙皮末

（彩图：见第88页）

[准备]

1.将明虾的虾头和虾线去掉。将明虾连壳一同穿成串（从腹部的壳与虾肉之间穿过），使虾身笔直。在锅中倒入用酒、高汤、淡味酱油、盐、甜料酒调制的汤，煮沸。放入虾略焯一下，捞出。将虾与汤分别放置，冷却后再将虾放回汤中。

2.将麦蛸用盐擦一遍，去除黏液，然后清洗干净。用霜降法处理麦蛸，将麦蛸躯干与足部切开，再将足部一根根分别切开。在锅中倒入相同比例的酒和高汤，用糖、浓味酱油、甜料酒调味，煮沸。然后放入麦蛸腿，略煮一下后关火，用余热煮熟（不使用麦蛸的躯干）。

3.将南瓜切分成骰子状，大致削皮，可以留下少许皮。削去棱角后，焯一下。将南瓜稍稍变软后放入水中浸泡一段时间。捞出，沥水。

在锅中铺入1片昆布，摆放南瓜块，倒入刚好没过南瓜的八方高汤，用糖、淡味酱油、微量的浓味酱油、盐、甜料酒调味，炖煮。

4.小芋头在洗之前用干布包上，将外皮擦掉，去掉叶萼部分，用淘米水焯烫。芋头煮至稍稍变软后，放入水中浸泡。再次将芋头放入沸水中焯一下，以去除米糠味。煮沸即刻捞出，放入水中浸泡一段时间。捞出，沥水。

在锅中放入1片昆布、小芋头，倒入刚好没过芋头的八方高汤，点火煮制。其间放入糖、淡味酱油、盐、甜料酒调味，再加入追鲣炖煮。

5.将秋葵用盐擦一遍，清除表面的细毛，洗净。将叶萼四周削整好形状，略焯过后，放入用高汤、糖、少量的淡味酱油、盐调制的汤中煮至上色。

[完成]

将明虾的外壳剥掉，切分成适当大小。将麦蛸大致切分，与虾肉、南瓜块、小芋头、秋葵一同盛盘，撒上香橙皮末。

*冷制、温制均可。

8月

拼盘

茄子、鲱鱼、秋葵、生姜丝

（彩图：见第101页）

[准备]

1.将茄子烤一遍，浸入水中剥皮。在高汤中加入淡味酱油、浓味酱油、甜料酒、盐，调制成高汤，煮沸。将茄子趁热放入热高汤中浸泡，然后放置冷却。

2.将鲱鱼干用淘米水焯一下，

使其变软。将鲱鱼干放入水中，将表面洗净。将其放入锅中，倒入足量的酒和高汤（相同比例），煮1小时左右。放入糖，再煮一会儿。加入浓味酱油、甜料酒，煮至汤蒸发殆尽时关火。将鲱鱼干捞出，切分成适当的大小。

3.将秋葵用盐擦一遍，清除表面的细毛，洗净。将叶萼四周削整好形状，放入淡盐水中焯一下，再放入冷水中浸泡一段时间。捞出，沥水，将秋葵浸入料汤（在高汤中放入少量糖、盐调味制成的汤）中。

[完成]

将茄子、鲱鱼、秋葵盛盘，在上面放上生姜丝。

*冷制、温制均可。

9月

拼盘

冬瓜、家鸡吉野煮、生姜丝

（彩图：见第112页）

[准备]

1.将冬瓜适当切开，剥掉外皮。在剥掉皮的冬瓜表面切出格纹刀痕（5毫米深的程度）。将冬瓜放入盐水中焯，焯至勉强可以穿入竹签的程度后，再放入水中。捞出，沥水。在锅中铺入1片昆布，放入冬瓜，倒入刚好没过冬瓜的八方高汤，炖煮。煮至冬瓜略熟后，放入淡味酱油、浓味酱油、甜料酒、盐调味，继续炖煮。

2.将家鸡的鸡腿切成可以一次入口的大小，涂上葛粉。将用高汤、糖、淡味酱油、浓味酱油、甜料酒调制的料汤倒入锅中，煮沸，然后放入鸡肉煮熟。

[完成]

将冬瓜和家鸡肉盛盘，在上面放上生姜丝。倒入少量煮冬瓜的汤。

10月

拼盘

煮康吉鳗、小芜菁、茼蒿、香橙皮末

（彩图：见第120页）

[准备]

1.将康吉鳗切开，清理上身肉，在开水中焯一下，用霜降法处理。将康吉鳗放入流水中浸泡一段时间取出，用刀背将表面的黏液刮掉。在锅中倒入酒、八方高汤、糖、淡味酱油、浓味酱油，煮沸制成料汤。放入康吉鳗煮制。

2.将小芜菁的头尾切掉，削皮，放入少量米粒一起焯一下后，将芜菁放入水中浸泡。捞出，沥水，在锅中倒满八方高汤，放入芜菁煮一会儿。其间加入淡味酱油、甜料酒、盐调味，煮熟。

3.将茼蒿的叶子择下，焯一下，挤干水，切成便于食用的大小。将茼蒿放入八方高汤中煮。用浓味酱油、淡味酱油、甜料酒调味。大火迅速煮熟。

[完成]

将小芜菁、康吉鳗、茼蒿盛盘，撒上香橙皮末。

强肴（拌菜）

11月

拌菜

蛤蜊、生海胆、芜菁、
胡萝卜、鸭儿芹

（彩图：见第28页）

[准备]

1.将蛤蜊洗净，在锅中倒满水焯。然后将蛤蜊肉从壳中取出。

2.将装生海胆的箱子打开，在海胆上撒上盐。将箱子上长的边板揭下（如果取短边的话，在烤时长边的木板会卷起来留在海胆中），将海胆直接放入烤箱中，以250℃～300℃的温度烤3～5分钟。将海胆取出，立即在木板和海胆之间下刀，将海胆揭下，用手掰开。

3.将芜菁削皮，切成短木片状，放入浓度为3%的盐水中浸泡约1小时。捞出，再浸入水中去盐，然后用布将芜菁包上，挤干水。将其浸入拌菜用的甜醋中。胡萝卜也按芜菁的方法处理。

4.将鸭儿芹的根部切掉，洗净，捆在一起放入水中焯。挤干水，将鸭儿芹切成2厘米左右的长段。

[完成]

在上菜之前，用淡味高汤将蛤蜊、海胆、芜菁、胡萝卜、鸭儿芹拌在一起。

12月

拌菜

黑芝麻拌鹌鹑、
芋芽和鸭儿芹、山椒粉

（彩图：见第36页）

[准备]

1.清理鹌鹑的内脏，使其连成一张，清理上身肉，撒盐烤。用手将肉撕碎，将皮切碎。

2.将芋芽较硬的部分切丝，放入倒有醋的开水中焯一下。捞出，冷却。将芋芽整体切成丝后，切成2厘米左右的长段，放入二道高汤中煮。

3.将鸭儿芹的叶子择掉，仅使用茎部。将鸭儿芹焯一下后放入水中浸泡一段时间。捞出，沥水，切成2厘米左右的长段。

4.将黑芝麻放入研磨钵中，倒入高汤稀释。用淡味酱油、浓味酱油调味，制成拌料。

[完成]

用黑芝麻拌料将鹌鹑、芋芽、鸭儿芹拌在一起。最后撒上山椒粉搅拌。

1月

拌菜

芥末醋味噌酱、牙鲆鳍、
石龙芮

（彩图：见第44页）

[准备]

1.在剥了皮的牙鲆的缘鳍上撒上盐，放置1小时以上，使盐充分渗入。然后将牙鲆鳍切分成适当的大小。

2.将石龙芮焯一下后，放入水中浸泡一段时间。捞出，切分成2厘米左右的长段，挤干水。

将石龙芮浸入用淡味酱油略调味的二道高汤中。

[完成]

用芥末醋味噌酱将牙鲆鳍和石龙芮拌在一起。

2月

拌菜

芥末拌烟菜、炸豆腐片、
百合根叶

（彩图：见第52页）

[准备]

1.将烟菜的根部切掉，洗净后焯一下，放入水中浸泡一段时间。将烟菜捞出，挤干水，切成适当长短。将烟菜浸入以淡味酱油略调味的二道高汤中。

2.将炸豆腐片两面煎一下后，切成适当大小。

3.将百合根的叶片一片一片择下。如果叶片稍大，将其大致切开，然后放入水中焯一下。

[完成]

将烟菜挤干水，与煎过的炸豆腐片、百合根叶一同放入盆中。倒入八方高汤、淡味酱油、浓味酱油，拌在一起。调好味后，加入用料汤稀释的芥末，混合在一起。

3月

拌菜

拌鲷鱼子、鲷鱼肝、江珧、
芹菜

（彩图：见第62页）

[准备]

1.将鲷鱼的卵巢切成可以一次入口的大小，将鲷鱼子从内侧翻出来。将鲷鱼子放入水中浸泡后，煮熟，然后再放入水中浸泡。捞出，沥水，再用八方高汤煮。其间加入淡味酱油、浓味酱油、盐、甜料酒，炖煮成稍淡的味道。然后放凉。

2.将鲷鱼肝放入水中浸泡后，整

体撒上盐，放置1小时以上后，放入蒸器中蒸。冷却后，将鲷鱼肝切成适当大小。

3.将江珧的闭壳肌切断，在两面略涂上盐，放置1小时以上，使盐充分渗入。然后将江珧切成5毫米左右厚的片，再切分成可以一次入口的大小。

4.将芹菜的根部切下来，洗净，捆在一起焯。再将其入流水中浸泡一段时间。取出，挤干水，将其切分成1.5厘米左右的长段，然后再浸入用二道高汤、少量淡味酱油、甜料酒调制的料汤中浸泡。

[完成]

用调味醋将鲷鱼子、鲷鱼肝、江珧、芹菜（沥干料汤）拌在一起，盛盘。

4月

拌菜

树芽味噌酱拌土当归、荚果蕨和款冬

（彩图：见第70页）

[准备]

1.将土当归削皮，剁碎，浸入醋水中。将土当归捞出，沥水，放入用二道高汤、淡味酱油、盐调制的料汤中，淡味炖煮。

2.将荚果蕨切分成便于食用的大小，焯烫一下然后放入水中浸泡，捞出，沥水，再浸入料汤中（料汤是在二道高汤中放入淡味酱油、甜料酒调制而成）。

3.将款冬放入放有少量木灰的开水中焯一下，再放入水中浸泡后，削皮。

将款冬纵向切分成4份，捆在一起，放入用二道高汤、糖、盐、少量淡味酱油调制的料汤中煮。煮好后将其切分成适当大小。

[完成]

用树芽味噌酱将土当归、荚果蕨、款冬拌在一起，盛入器皿中。

5月

拌菜

海苔末拌明虾和莲芋

（彩图：见第78页）

[准备]

1.将莲芋（芋头的叶柄专用品种）削皮，纵向切分成粗细均匀的丝。将其捆起来在放入少量盐的开水中焯一下，然后放入水中浸泡。捞出，挤干水，将莲芋切分成2厘米左右的长段，再用二道高汤煮一下。

2.将明虾去掉虾头、虾线、虾壳、虾尾，穿成串，撒上盐烤。在快烤好前，在两面涂上色拉油，再继续烤。重复此步骤2次，直至烤好。冷却后，将明虾撕成丝。

[完成]

将挤干水的莲芋、明虾放入盆中，倒入高汤，加入淡味酱油、浓味酱油调味。最后撒上火燎后揉碎了的海苔末。

9月

拌菜

山葵风味菊花拌茼蒿、大马哈鱼子

（彩图：见第112页）

[准备]

1.将茼蒿仅择下叶子，略焯一下后放入水中浸泡。将茼蒿捞出，挤干水，切成便于食用的大小，然后再放入用二道高汤、少量淡味酱油、甜料酒调制的料汤中浸泡。

2.将生大马哈鱼的卵巢切开，放入大盆中。在盆中倒满开水，略搅拌一下后，放入冷水中浸泡。将鱼子一颗一颗地分开，放入浓度为2%的盐水中（浸泡至泛白的鱼子呈透明状态）。将鱼子放入笊篱中，沥出盐水，再次放入盆中，撒上占鱼子重量2%的浓味酱油，以及占鱼子重量1%的淡味酱油，腌制。

3.将茼蒿的花瓣摘下，用醋水略焯一下后，放入水中浸泡，捞出，挤干水。

[完成]

将研磨成泥的山葵、淡味酱油、浓味酱油放入盆中混合，再加入茼蒿拌在一起。调好味道后，加入大马哈鱼子、菊花拌匀。

10月

拌菜

松菇、水菜

（彩图：见第120页）

[准备]

1.将松菇的菌柄头去掉，洗净。拭去水，将菌盖从菌柄的根部切断，分别烤一下（这里最好使用菌盖张开的松菇）。烤好后，将菌盖切成片，用手将菌柄撕开。

2.将水菜略焯一下后，放入水中浸泡。将水菜捞出，挤干水，再浸入二道高汤中。

[完成]

在一道高汤中放入淡味酱油、浓味酱油、柑橘类榨汁（酸橘或酸橘和香橙）混合，调味。用此料汤将松菇和水菜大致拌一下。盛盘。

箸洗

▶ 用非常淡的昆布高汤加入非常淡的盐味酱制作成汤。在盛入食材的小吸物碗中按1人40～50毫升的量倒入制好的汤。

11月

箸洗

水前寺海苔、梅肉

（彩图：见第32页）

将水前寺海苔放入水中浸泡1晚，泡软后切成适当大小。

梅干带皮使用，取少量放入碗中。

12月

箸洗

慈姑芽、梅肉

（彩图：见第32、37页）

将慈姑的新芽部分切分成1厘米左右的大小，略焯一下后使用。

梅干带皮使用，取少量放入碗中。

1月

箸洗

款冬茎、梅肉

（彩图：见第32页、45页）

将款冬茎一片一片地择下，纵向切分成适当的大小。

梅干带皮使用，取少量放入碗中。

2月

箸洗

问荆、山葵丝

（彩图：见第32页、53页）

在锅中放入少量木灰，放入问荆焯过后，放入流水中。去掉叶萼部分，用二道高汤加热。这里只使用问荆的穗芒部分。

制作山葵丝。将山葵清洗干净，将外侧绿色部分削成纸片状，再切成1厘米左右长的丝，放入水中浸泡，以获得爽脆的口感。

3月

箸洗

防风、生姜丝

（彩图：见第32页、63页）

将防风略焯一下。

将生姜切丝，在水中洗一下后，沥水。

4月

箸洗

土当归芽、梅肉

（彩图：见第32页、71页）

使用土当归前端的小芽，在开水中焯一下使用。

将梅干的皮和核去掉后使用。

5月

箸洗

岩梨、山葵丝

（彩图：见第32页、79页）

用牙签等将岩梨的外皮剥掉，将岩梨浸入放有冰糖的烧酒中。使用时将岩梨在开水中焯一下（1人2颗左右）。

山葵丝的做法见2月的内容。

6月

箸洗

鱼软骨、梅肉

（彩图：见第32页、89页）

将鱼软骨泡软使用。

梅干带皮使用，取少量放入碗中。

7月

箸洗

紫苏籽、山葵丝

（彩图：见第32页、96页）

紫苏籽是紫苏花的花籽。

山葵丝的做法见2月的内容。

8月

箸洗

海藤花、山葵丝

（彩图：见第32页、102页）

将海藤花（盐渍章鱼子）放入沸水中，去除盐味，然后放入流水中浸泡。将海藤花捞出，沥水后使用。

山葵丝的做法见2月的内容。

9月

箸洗

南瓜子、生姜丝

（彩图：见第32页、113页）

将南瓜子放入砂锅中，用盐煎炒一下后，取出南瓜子仁使用。

将生姜切丝，用水洗过后，沥水。

10月

箸洗

滑菇、生姜丝

（彩图：见第32页、121页）

将滑菇切成适当大小，放入开水中焯一下后，放入笊篱中冷却。

将生姜切丝，用流水洗过后，沥水。

八寸

▶ 盛装山珍海味的位置根据流派的不同各异，需要事先确认(见第238页)。

▶ 将杉木材质的八寸盘在使用前略掸上水浸湿，然后拭去水后使用。

11月

八寸

（彩图：见第29页）

墨鱼子

[准备]

将墨鱼子从中央对半切开，剥下前端的肉筋部分。在截面中央纵向切开一条浅的刀痕，用手从刀缝处将皮剥掉，将里面的杂质也清除干净。将墨鱼子包上保鲜膜，以防止干燥。

[完成]

将墨鱼子切成适当厚度的片，切一次用湿布擦一次刀身。

味噌酱腌莴苣

[准备]

将莴苣切分成均匀的长段，削皮，焯出颜色后，捞出，迅速冷却。在白味噌的腌床中铺上纱布(浸湿后拧干)，将莴苣摆在纱布上，然后再盖上一层纱布，倒上用白味噌酱，在冰箱中放置1晚。

[完成]

将莴苣取出，切出刀痕，互相错开摆入盘中。

*墨鱼子和莴苣是开炉茶事和开封茶事上必不可少的料理，两者放在一起代表喜庆。

12月

八寸

（彩图：见第37页）

奈良酱瓜夹老头鱼肝、

百合根、海苔粉

[准备]

将老头鱼肝的血管、筋等清除，放入流水中浸泡后，放入浓度为1%左右的盐水中浸泡2小时左右。用纱布将鱼肝包上，整理好形状，将两端扎上。将其放入用酒、糖、浓味酱油、甜料酒调制的料汤中煮1小时左右。再蒸至20分钟左右，待形状固定后，揭下纱布，直接放入料汤中继续煮40分钟。然后关火冷却。

[完成]

将老头鱼肝切成适当的大小，将奈良酱瓜切成薄片，夹入鱼肝。

百合根、海苔粉

[准备]

使用百合根外侧的大叶片。将百合根清洗干净后，整理好形状，略蒸一下。将百合根放入盆中，趁热倒入热糖浆。盖上白纸，待其冷却，入味。

*糖浆的做法是：将水与糖以1:0.8的比例混合在一起，点火煮沸后，关火冷却即可。

[完成]

沥水，撒上海苔粉盛盘。

煮老头鱼肝的料汤的食材

酒……1.5升

糖……30克

浓味酱油……500毫升

甜料酒……500毫升

12月

八寸

（彩图：见第58页）

什锦鲷鱼子

[准备、完成]

将鲷鱼子从中央切开，然后直接放入水中浸泡近1小时左右。将鲷鱼子捞出，点火，待其充分煮熟后，放入水中浸泡，捞出，沥水。

用粗网筛将鲷鱼子过滤后，放入锅中，倒满高汤，加入生姜丝煮。其间加入淡味酱油、浓味酱油、糖、甜料酒、盐调味。用筛网略滤出底汤后，放入盆中。

另取一个盆将鸡蛋打散，放入纱布中过滤。然后将其倒入鲷鱼子中混合。将混合物倒入洗物槽中蒸，冷却后，切分成块。

味噌酱腌青萝卜

[准备、完成]

将青萝卜清洗干净，整理好长度和形状，从根部到茎部附近纵向切开1～2条刀痕。先煮根部，待煮熟后，将整体放入锅中煮。将其放入水中浸泡后，拭干水，包上纱布，放入白味噌酱中腌制1晚。

1月

八寸

（彩图：见第45页）

米糠渍墨鱼子乌贼卷、

百合根花、梅肉

[准备]

1.将墨鱼子剥皮，切成棒状。

2.将长鳍乌贼的上身肉清理干

净，剥皮。在表面纵向切出细密的刀痕。在两面略撒上盐，放置1小时。
待盐渗入进去后，以墨鱼子为中心，卷上乌贼，再缠上纱布，将两端扎紧。将其放入米糠腌床（甜料酒米糠）中腌制1个月以上。
[完成]
将纱布去掉，从顶部切开，盛盘。

百合根花、梅肉
[准备]
将百合根清理干净，切成适当的大小，制成花形。
将百合根蒸过后放入盆中，趁热倒入热糖浆。盖上白纸，放置冷却，使其入味。
[完成]
将百合根沥水，在中央放上梅肉盛盘。
＊糖浆的做法是：将水与糖以1:0.8的比例混合在一起，点火煮沸后，关火冷却即可。

2月

八寸

（彩图：见第53页）

墨鱼子粉烤银鱼片
[准备、完成]
将银鱼放入浓度为3%的盐水中浸泡约2小时。
用削细的竹签穿入银鱼的眼珠，以5条为一组穿好。在鱼身中央左右的位置也穿入一根竹签。
在烤架上横着放上4根铁钎，将铁钎的两端插入白萝卜块中固定。将银鱼串横着放在上面。
先烤鱼片背面。待烤好后，涂上2个蛋清，撒上墨鱼子粉，将铁钎翻过来，略烤一下正面即可完成（背面烤熟后，银鱼会粘到铁钎上，这样才能手持白萝卜将其翻身，再烤正面。待两面都烤好后，将铁钎旋转一下，揭下银鱼）。
趁热拔出竹签。

炸煮款冬茎
[准备、完成]
将款冬茎略炸一下后，浇上开水去油。
将用高汤、淡味酱油、浓味酱油、甜料酒调制的料汤煮沸。放入款冬茎。
煮至料汤蒸发殆尽，搅拌，使其裹在款冬茎上。

2月

八寸

（彩图：见第58页）

南蛮酱腌蛤蜊
[准备、完成]
将蛤蜊焯过后，取出蛤蜊肉，摆在铁盘上。将南蛮酱的食材混合在一起，略煮沸后，关火冷却。将南蛮酱满满地倒入放有蛤蜊的铁盘中，放入烤葱、辣椒干（切出刀痕，取出辣椒籽），放入冰箱中腌制1晚。

款冬茎天妇罗
[准备、完成]
款冬茎在炸之前，稍稍掰开花蕾，涂上面粉，然后蘸上天妇罗面衣（蛋黄水与面粉混合在一起的料），放入油中炸。炸好后撒上盐。

3月

八寸

（彩图：见第63页）

生海参子烤荧光乌贼
[准备、完成]
将荧乌光贼的眼睛、嘴、壳去除，用铁钎戳出小孔。撒上微量的盐烤。
将生海参子（海参的卵巢）用刀剁碎，倒入酒兑稀。然后用毛刷将生海参子涂在荧光乌贼上反复烤2～3次，直至烤好。

甜醋腌桃山笔生姜
[准备、完成]
将笔生姜切成2.5厘米左右的长段，在开水中略焯一下后，放入笊篱中，撒上盐。放置至冷却，然后将其浸入拌菜用甜醋中。

4月

八寸

（彩图：见第71页）

海参子烤小鳞鱼
[准备]
将小鳞鱼切成3份，清理上身肉。在鱼肉两面略涂上盐，放置1小时以上。待盐溶解、渗入鱼肉中后，日晒，制成咸鱼干。
[完成]
将海参子（将海参的卵巢干燥后制成的珍馐）切分成骰子状。
将用小鳞鱼做成的咸鱼干穿成串，用铁钎在表面戳出小孔烤制。烤至五分熟后，在鱼肉上涂上蛋清，撒上海参子再烤。最后切好盛盘。

楤树芽蘸芝麻

[准备]

将楤树芽的根部清理干净，略焯一下。放入锅中，倒入刚好没过楤树芽的二道高汤。加入淡味酱油、甜料酒、盐，淡味炖煮。

将白色的炒芝麻制成浆糊状，用高汤、淡味酱油、糖调味，调节成稍稀的状态，作芝麻料使用。

[完成]

在楤树芽的根部倒上芝麻料盛盘。

4月

八寸

（彩图：见第84页）

盐烤饭蛸子

[准备、完成]

将饭蛸的卵巢取出，略焯一下后，沥水。将饭蛸子穿成串，撒上盐烤制(这里只使用饭蛸子)。

树芽味噌酱烤竹笋

[准备、完成]

将竹笋用淘米水焯过后，剥皮，切成适当大小，再放入沸水中焯一下，以去除米糠味。然后将其煮成稍淡的甜辣味(见第145页)。在竹笋表面切出细密的刀痕，穿成串烤。快烤好前，在竹笋上涂上树芽味噌酱，然后烤出焦痕。

5月

八寸

（彩图：见第79页）

南蛮酱腌六线鱼子

[准备、完成]

将六线鱼的新鱼子用油炸过后，放入笊篱中，浇上开水去油，摆入铁盘中。将南蛮酱的食材混合在一起，略煮沸后，关火冷却。将南蛮酱满满地倒入放有六线鱼子的铁盘中，放入烤葱、辣椒干(切出刀痕，取出辣椒籽)，放入冰箱中腌制1晚。

菜瓜

[准备]

将菜瓜表面涂上盐，轻轻擦拭，注意不要损坏表皮。将两端切掉，取出菜瓜瓤，放入浓度为3%的盐水中浸泡3小时左右。

沥水，将1厘米左右宽的昆布，插入菜瓜瓤中，再包上泡软的昆布，放上重物，在冰箱中放置1晚。

[完成]

使用时将昆布全部去掉，切将菜瓜成薄片，放入用淡味酱油调味的八方高汤中，浸泡30秒左右。将其捞出，沥水，盛盘(1人3片左右)。

6月

八寸

（彩图：见第89页）

墨鱼子粉烤河虾

[准备、完成]

将河虾用盐水略焯一下后，剥壳，只留下头尾。将其穿成串，略撒上盐烤。快烤好时，用毛刷在虾肉上涂上蛋清，撒上墨鱼子粉(见第183页)，然后用火燎干。

青梅

[准备、完成]

用针在青梅表面整体扎上小孔。用60℃的水将青梅煮约2小时，以去除酸味。注意要以慢火炖煮，不要让青梅在水中跳动。换水反复煮2～3次。

将沥过水的青梅放入另一个锅中，倒入糖浆。用60℃左右的低温煮30分钟左右。然后关火，将青梅放在锅中冷却。冷却后，将其放入冰箱中冷藏1～2天后使用。

6月

八寸

（彩图：见第107页）

五条鱼咸鱼干

[准备、完成]

将五条鱼咸鱼干(日本石川县特产)剥去鱼皮，切成适当的大小。

秋葵

[准备、完成]

将秋葵用盐揉一遍，清除细毛，洗净，将叶萼四周整理好。将秋葵略焯过后，放入用八方高汤、淡味酱油、甜料酒、盐调制的料汤中略煮一下。

7月

八寸

（彩图：见第96页）

煮章鱼子

[准备]

在章鱼子(卵巢)上切出刀痕，将内侧翻出露出鱼子。在章鱼子的前端穿入铁钎，使其挂在铁钎上。然后将铁钎架在锅中，调节高度，使章鱼子正好浸入水中但不触碰锅底。点火煮熟后，将其取出，放入流水中浸泡。

将其放入八方高汤中煮，加入糖、淡味酱油、浓味酱油、甜料酒、盐调味。

[完成]

将章鱼子切成可以一次入口的大小，穿成串，涂上青橘香橙幽庵酱，烤出焦痕。

煮红薯

[准备、完成]

将红薯削皮，切成半月形，去掉棱角。将红薯放入水中，加入栀子煮，煮至可以轻松穿入竹签的程度后，捞出，放入水中浸泡。将红薯捞出，沥水，冷却。

将红薯放入糖浆中，盖上纸盖炖煮。

8月

八寸

（彩图：见第102页）

腌海鳗

[准备、完成]

将海鳗切开，清理上身肉，切掉鱼骨。将海鳗切成适当的宽度，放入油中炸，再浇上开水去油。将海鳗摆入铁盘中。

将南蛮酱的食材混合在一起，略煮沸后放凉。将南蛮酱满满地倒入摆有海鳗片的铁盘中，放入烤葱、辣椒干（切入刀痕，取出辣椒籽），在冰箱中放置1晚入味。盛盘时，将辣椒切成丁。

毛豆

[准备、完成]

将毛豆放入研磨钵中，撒上盐研磨。将毛豆的细毛清除，洗过后放入盐水中煮。将毛豆放入笊篱中，撒上盐。盛盘时将根部切掉。

8月

八寸

（彩图：见第107页）

油浇沙钻鱼结

[准备、完成]

将沙钻鱼切成3份，清理上身肉，在两面略撒上盐，放置1小时以上。在鱼身一侧距鱼头3/4处切出刀痕（不要将距鱼尾一侧的1/4的部分切掉），将鱼身展开，将鱼身拉长系成结。穿成串，浇上190℃左右的油炸熟。最后用炭火再烤一遍去油。

烤栗形红薯

[准备、完成]

将红薯削成栗子状。将红薯放入水中，再加入栀子煮。然后将其放入水中浸泡，捞出，沥水，再放入锅中，加入糖浆，盖上纸盖煮。

[完成]

将红薯拭干水，用喷火器在表面烤出焦痕。

9月

八寸

（彩图：见第113页）

香橙幽庵酱烤带子香鱼

[准备、完成]

取带子香鱼，用铁钎在整个鱼身上戳出小孔，但避开腹部，以免刺破胆囊。然后将其放入香橙幽庵酱中，腌制3天左右。

将香鱼从酱中取出，将两端切掉，留下鱼子部分。将其穿成串，用炭火烤熟。使用去骨器趁热从切口处只将中骨拔掉（留下内脏）。

松针穿盐煎银杏

[准备]

将银杏壳剥掉，放入水中浸泡1晚，剥去薄皮。在砂锅中撒入充足的盐，放入银杏，点火翻炒。

[完成]

将银杏穿在松针上盛盘。

10月

八寸

（彩图：见第121页）

糯米粉炸菱蟹海苔卷

[准备]

去掉带子菱蟹腹部的壳，放入充足的盐，将腹部朝上放入蒸器中，连壳一起蒸。冷却后，将蟹肉和蟹黄取出。

在卷帘中铺入海苔，放上蟹肉和蟹黄，再放入焯过后的鸭儿芹作芯。然后将其卷起来，使断面形成漩涡状。两端用蛋清粘上。整体撒上薄薄的一层面粉，在蛋清中蘸一下，然后表面再均匀地撒上糯米粉，放入油中炸。最后撒上盐。

[完成]

将糯米粉炸菱蟹海苔卷切成适当的宽度盛盘。

栗子银杏茶巾卷

[准备、完成]

将栗子放入开水中浸泡10分钟左右，剥掉外壳和涩皮。将栗子放入开水中，加入栀子一起煮。将其放入水中浸泡，捞出，沥水，放入锅中，用糖浆炖煮。

将银杏的外壳去掉，放入水中浸

泡1晚。取出，剥去薄皮。在砂锅中倒入足量的盐，放入银杏，开火翻炒。
用拧干水的湿布将栗子包起来，大致捏碎。以银杏为芯，其外裹上栗子泥团成团，制成茶巾卷。

10月

八寸

（彩图：见第127页）

软煮鲍鱼

[准备、完成]

将鲍鱼用盐擦一遍，将鲍鱼肉从壳中取出，清理掉内脏。
在锅中倒入足量的水，放入鲍鱼肉，再加入白萝卜块，边清除浮沫边煮，煮制3～4小时。鲍鱼煮软后，再将其放入八方高汤中煮。其间加入糖、淡味酱油、浓味酱油、盐、甜料酒调成淡味调味。
将煮好的鲍鱼肉切分成5毫米左右的厚片，在两侧的截面上切开相互错开的刀痕。

煮带皮栗子

[准备、完成]

将栗子在开水中浸泡10分钟左右后剥掉外壳，注意不要损坏涩皮，这时只留下底部的外壳。将栗子放入锅中，煮至栗子底部的外壳脱落后，从火上移下来，使用稍硬的海绵将涩皮上的纤维擦掉，但注意不要损坏涩皮。
再次将栗子放入锅中，煮半天左右。离火，清理剩余的纤维。接着将栗子再次放入锅中，倒入水，煮至表面呈浓茶色后，放入水中浸泡。将栗子捞出，沥水，再放入锅中用甜煮的方法处理。

酒盗、进肴

11月

酒盗

腌蟹黄

（彩图：见第28页）

[准备、完成]

将活菱蟹的蟹壳揭下，取出蟹黄使用。将蟹黄放入酒中浸泡30分钟后，放入扁平的笊篱中，撒上盐放置1小时。将蟹黄翻过来再撒上盐放置一会儿，直至不再渗出汁液后，再放入容器中。在冰箱中放置1晚，第2天之后提供给客人享用（可以保存5天左右）。

12月

酒盗

腌海参肠

（彩图：见第36页）

[准备、完成]

将腌海参肠用厚菜刀剁碎。

6月

进肴

五条鱼咸鱼干

（彩图：见第88页）

[准备、完成]

五条鱼咸鱼干是日本石川县的特产。将其剥皮，斜着削成片盛盘。

6月

酒盗

香酒腌海胆和海蜇

（彩图：见第88页）

[准备]

1.在生海胆上撒上盐，放置1小时以上。待盐渗入后，将其浸入香酒料汤中。
2.将盐渍海蜇切碎后，放入流水中冲洗去盐。在开水中将海蜇焯一下，然后用霜降的方式处理。将海蜇放入水中浸泡后，取出，沥水，浸入配菜用甜醋中腌制1天（浸入甜醋中泡软，平整褶皱）。将海蜇与昆布、土生姜碎、干燥的山椒籽、纯味辣椒一同放入香酒料汤中。

[完成]

将腌好的生海胆与海蜇混合在一起。

香酒料汤的食材比例

煮酒：60%
绍兴酒：10%
淡味酱油：5%
浓味酱油：5%

果子

11月 神乐月的果子

（彩图：见第30页）

先付

芝麻拌柿子

[准备]

1.将柿子切成薄片状，浸入浓度为2%的盐水中。将柿子放入水中去盐，然后用布包上略挤干水。

2.将黄瓜切丝，放入浓度为2%的盐水中泡软，再放入水中去盐，然后用布包上挤干水。

3.将生香菇的菌柄揭下，切片，用八方高汤略焯一下后，沥水。

4.将无皮白芝麻、带皮白芝麻、带皮黄芝麻分别煎炒出香味。将芝麻散放在纸上略冷却后，混在一起放入研磨钵中研磨。用糖、淡味酱油、浓味酱油调味，作为拌料使用。

[完成]

用拌料将柿子、黄瓜、香菇拌在一起。

代替吸物的盖热馅蒸菜

蒸若狭方头鱼芜菁卷和莲藕、葛粉馅盖生海胆、生姜泥

[准备]

1.将圣护院芜菁削皮，将芜菁削成薄片状，焯水。

2.将若狭方头鱼(微盐腌制的方头鱼)切成3份，清理上身肉。剥去鱼皮，将鱼肉切成鱼片。以鱼片为芯，用芜菁片卷好(卷成正好适合食材的大小)。

3.将莲藕削皮，用切菜板擦碎，加入盐搅拌。

[完成]

将方头鱼芜菁卷放入器皿中，放上莲藕，再放上撒上盐的生海胆，放入蒸器中蒸。沥出底汤，在其上浇上热乎乎的葛粉馅，放上生姜泥。

葛粉馅是将吸物汤煮沸后，加入用高汤溶化的吉野葛粉，勾芡，撒入切成1～1.5厘米长的鸭儿芹茎制成。

半月 便当

瓢亭鸡蛋

制作蛋清凝固，但蛋黄为半生状态的煮鸡蛋。将鸡蛋头尾切掉，再对半切开，在蛋黄中央滴入少量的淡味酱油。

香橙幽庵酱烤马鲛鱼

将马鲛鱼切成3份，清理上身肉，将其切成适当大小的鱼片，放入香橙幽庵酱中腌制1晚。沥出底汤，将鱼片穿成串烤。

山椒

将山椒的根部清理干净，整理好。将其略焯过后，放入笊篱中，趁热略撒上盐。冷却后将山椒浸入甜醋(拌菜用)中。

山椒粉烤石斑鱼

将石斑鱼穿成串，干烤至焦黄的状态。涂2～3次调料汁(河产品用调料汁)烤制。最后撒上山椒粉。

芜菁卷寿司

将鲷鱼切成3份，清理上身肉，剥去鱼皮。将鲷鱼肉切成鱼片，撒上盐放置2个多小时后，用醋清洗。在寿司饭中加入树芽，制成细长的手握寿司。

将其用芜菁片卷上，在其表面再卷上龙皮昆布(切成1.5厘米左右宽)。沿着龙皮昆布中央，将寿司切成两半。

墨鱼子

将墨鱼子剥去外皮，切分成适当厚度的大小。

拼盘

簸箕昆布

将编成簸箕形的昆布放入油中炸。

栗子天妇罗

将栗子放入开水中浸泡10分钟左右，剥掉外壳和涩皮，整理好形状。将栗子放入水中，与栀子一同加热煮。煮软后将其放入水中，然后再以糖浆炖煮。

沥水，将栗子涂上面粉、蛋清、糯米粉，放入油中炸。

松针穿零余子和银杏

将零余子洗过后，沥水，放入油中炸。撒上盐。将银杏用钳子夹开，去掉外壳，放入油中炸。撒上盐。将零余子和银杏穿在松针上。

树叶

将红薯切片，用模子分别做出枫叶、银杏叶的形状。将彩粉(红、黄、绿)溶入水中，制成三色水，用毛笔在红薯上涂上喜欢的颜色。将其放在阴凉处晾干后，用油炸。最后撒上盐。

拼盘

康吉鳗、树芽

将康吉鳗切开，清理上身肉，穿成串。将鱼皮一侧略烤一下，放入水中，刮掉黏液后，干烤。烤好后，将铁钎取出，将鳗鱼夹上木板，将鳗鱼压上重物冷却。将其切成可以一次入口的大小。

将鳗鱼放入锅中，倒满酒，煮软。之后加入糖、浓味酱油、甜料酒煮至呈黏稠状。盛盘，加入树芽。

明虾金锷煮

将明虾去掉虾头、虾线、虾壳(留下虾尾)，从背部切开。在明虾上薄薄地撒上一层面粉，蘸上蛋黄，放入油中低温炸。

在八方高汤中加入酒、糖、淡味酱油、盐制成料汤。在汤料中放入炸好的明虾略煮一下。

生腐竹

将腐竹捆在一起，用竹皮将中部扎上。将腐竹放入锅中，倒满八方高汤，盖上纸盖煮。其间加入糖，稍后再加入淡味酱油、浓味酱油、甜料酒调味。

海老芋

将海老芋削去稍厚一层皮，用淘米水焯。将海老芋放入流水中浸泡后，再次换新水焯一遍，以去除米糠味。在八方高汤中放入昆布，再放入海老芋煮。其间加入糖、淡味酱油、浓味酱油、盐、甜料酒调味，温火慢炖。

豌豆荚

将豌豆荚去掉豆荚丝，用盐水焯过后放入水中。捞出，沥水，放入用高汤、糖、淡味酱油、盐调制的料汤中煮。将料汤、豌豆荚分开晾凉，然后再将豆荚放回汤中。

将康吉鳗、明虾金锷煮、生腐竹、海老芋、豌豆荚盛盘。

玉蕈饭

将玉蕈的菌柄头去除，切成适当大小。

在炸豆腐片的3个边上切出刀痕，将豆腐打开，用勺将内部的白色部分刮掉。将豆腐切成2厘米左右长的丝。

将米洗过后，放入笊篱中，倒入用高汤、淡味酱油、浓味酱油、盐、甜料酒调制的料汤，调节好水量后，拌入玉蕈和炸豆腐片丝，点火煮饭。煮好后用葫芦形模具压制成形。

*配菜：菊花叶

12月 忘年的果子

（彩图：见第38页）

向付

圣护院芜菁风吕吹、
香橙幽庵酱、香炖鸡肉、
豌豆荚、芥末

[准备]

1.将圣护院芜菁切成圆形，削去稍厚的一侧皮，切成扇形。去掉棱角，放入加有少量米的开水中煮，煮至勉强可以插入竹签的程度后取出，将其放入水中。

在锅中放入1片昆布，放入芜菁片，倒满二道高汤，其间加入淡味酱油、浓味酱油、盐、微量的甜料酒。煮好后将芜菁放在锅中冷却。

2.将鸡腿肉切分成便于食用的大小，用霜降法处理后，沥水。

将鸡肉块放入锅中，倒入八方高汤，软煮3小时左右。待煮至稍变软后，加入酒、糖、淡味酱油、浓味酱油、少量甜料酒，煮成甜辣味。

3.将豌豆荚去掉豆荚丝，用盐水焯一下后，放入流水中。捞出，沥水，再放入用高汤、淡味酱油、糖、盐调制的料汤中略煮一下。将豌豆荚与底汤分开放凉，然后再将豌豆荚放回底汤中。

[完成]

将加热后的芜菁片、香炖鸡肉、豌豆荚盛盘，在芜菁片上倒上热乎乎的香橙幽庵酱，在鸡腿肉上滴上芥末。

果子

烤鸡蛋饼

将鱼肉泥放入研磨钵中研磨开后，加入贝肉继续研磨。接着加入蛋黄和鸡蛋研磨并混合，再加入甜料酒、淡味酱油、少量盐调味。加入用高汤溶化的吉野葛粉调节浓稠度，然后倒入铺有厨房纸的洗物槽中。将其放入烤箱中以180℃的温度烘烤。每隔5分钟取出，用铁钎在表面戳出小孔，累计烘烤20分钟左右。烤熟后，将烤箱温度升至250℃，烤出焦痕。

烤鸡蛋饼的食材比例

鱼肉泥……300克
贝肉……200克
蛋黄……10个
鸡蛋……5个
甜料酒……75毫升
淡味酱油……30毫升
盐……少量
吉野葛粉……10克

蟹肉糯米粉海边烧卷

将菱蟹腹部的壳去掉，撒上盐，将其腹部朝上放入蒸器中蒸。然后取出蟹肉。

在卷帘上铺上海苔，叠放鸡蛋饼，再将蟹肉展开放在上面，以焯过的鸭儿芹为芯，卷成漩涡状，用蛋清作糨糊将其固定住，切成可以一次入口的大小。依次蘸上面粉、蛋清、糯米粉，放入油中炸。最后略撒上盐。

鳗鱼肉小袖寿司、山椒

将蘸汁烤鳗鱼（食谱省略）皮朝上放在湿布上。摆上树芽，放上寿司饭，卷成棒状。将其切成适当宽度的大小，涂上蘸汁，放入山椒盛盘中。

蟹黄烤方头鱼

将方头鱼的鱼鳞刮掉，将鱼切成3份，清理上身肉。将鱼切成适当大小的鱼片，略撒上盐，放置1个多小时。

制作蟹黄酱。将活菱蟹的蟹壳去掉，取出蟹黄使用。将蟹黄放入酒中浸泡30分钟后，再放入扁平的笊篱中，撒上盐放置1小时。将蟹黄翻过来，再撒上盐放置一段时间。待不再渗出汁液后，将其放入容器中，在冰箱中放置1晚，从次日开始提供给客人（可以保存5天左右）。

将方头鱼穿成串，撒上盐，以补充盐分，从鱼皮一侧开始烤。快烤好时，在鱼皮一侧涂上蟹黄酱，用火烤干。重复此步骤3次，直至烤好。

味噌酱腌莴苣

将莴苣切分成4～5厘米长的长段，削去表面稍厚一层皮。当其焯出颜色后放入笊篱中，略撒上盐冷却。用浸湿后拧干的纱布将莴苣包上，放入味噌酱的腌床中，在冰箱中放置1晚。将其取出，切片，摆成扇形盛盘。

山葵拌舞菇

将舞菇烤至焦黄色，用手掰成便于食用的大小。

在盆中倒入少量八方高汤，

放入舞菇，加入淡味酱油、浓味酱油调味。滴入研磨成泥的山葵，与舞菇拌在一起。

小干白鱼饭

制作山椒煮小干白鱼。用酒炖煮小干白鱼，其间放入淡味酱油、浓味酱油、甜料酒调味。再加入山椒籽(酱油煮山椒籽)，将底汤煮干。将小干白鱼放入笊篱中冷却。

将刚煮好的米饭倒入盆中，撒上山椒煮小干白鱼，迅速拌在一起。用葫芦形模具压制成形，盛盘。

腌芜菁片

将腌水菜剁成大块。将芜菁片展开，以水菜为芯，用芜菁片将其卷上，然后切成适当大小。

汤

鲱鱼荞麦面、葱、胡椒粉

[准备]

1.将鲱鱼放入淘米水中浸泡1晚，将其泡软。然后用流水清洗表面。

将泡软的鲱鱼放入锅中，加入水软煮。其间加入淡味酱油、浓味酱油、盐、甜料酒煮熟。

2.将荞麦面煮好后，过冷水。

3.将葱切末，放入水中浸泡后，取出，挤干水。

4.在高汤中放入淡味酱油、盐，调成稍浓的味道，作为吸物汤使用。

[完成]

将鲱鱼、荞麦面盛入碗中，放入葱，倒入吸物汤，撒上胡椒粉。

*鲱鱼1人食用的分量为1/2条；荞麦面1人食用分量为80克左右。

1月 初春月的果子

（彩图：见第46页）

先付

烤河豚白子、调味醋

[准备、完成]

1.将河豚白子放入水中浸泡30分钟左右，然后再放入浓度为3%的盐水中浸泡1小时左右。将其切成便于食用的大小，穿成串，在两面略撒上盐，用大火略烤一下。

2.将热乎乎的白子盛入器皿中，放入调味醋。

向付

鲷鱼片、问荆、新海苔、山葵、土佐酱油

[准备]

1.将鲷鱼切成3份，取节，剥去鱼皮，切成鱼片。略撒上盐放置一段时间后，加入泡软的昆布中，压上重物，在冰箱中放置5小时左右。

2.在开水中放入木灰，放入问荆焯一下后，将其放入流水中。将叶萼去掉，这里只使用穗芒部分。

3.用酒将新海苔清洗一下。

[完成]

将鲷鱼放入器皿中，加入问荆、山葵。配上新海苔、土佐酱油食用。

果子

细高汤鸡蛋卷

制作细的高汤鸡蛋卷。将其放入卷帘中，整理好形状，斜着切开，使形状貌似门松模样，盛盘。

*制作细高汤鸡蛋卷的食材为6个鸡蛋兑180毫升的高汤，用淡味酱油调味，再加入少量用高汤化开的吉野葛粉。

带子虾

将明虾的虾线去掉，从腹部穿入铁钎，使虾身挺直。将明虾放入盐水中焯水。将明虾捞出，冷却，去掉虾头和虾壳（留下虾尾）。从背部下刀，只将中央部分打开，放入酱油渍鲱鱼子（见第176页）。

墨鱼子

将墨鱼子剥去外皮，切成适当的厚度。

腌乌贼

（食谱省略）

金橘

在金橘的四周纵向切出几条刀痕。用镊子从刀缝中将籽全部取出。将金橘焯过后放入水中，去除浮沫。捞出，沥水，用糖浆煮。

味噌酱腌莴苣

（见第151页）

竹笋

煮竹笋（见第145页）。

煮蛤蜊、树芽

将蛤蜊的壳打开，取出生蛤蜊肉。将一同流出的汁液过滤后备用。

在锅中放入蛤蜊的汁液、酒、糖、浓味酱油、甜料酒煮沸。放入蛤蜊肉略煮一下后捞出。盛盘，放入树芽。

明太子金锷煮

将明太子切成段，从内侧翻出。将明太子焯过后放入水中。

将酒、甜料酒倒入锅中煮一下，再加入高汤、淡味酱油、生姜片继续煮。然后放入明太子慢煮。煮好后，将明太子放在底汤中冷却。

冷却后，将其捞出，擦干汁液，蘸上用蛋黄和面粉制成的面衣，放入油中炸。浇上开水去油后，放入用高汤、淡味酱油、甜料酒调制的料汤中煮。

豌豆荚

将豌豆荚的豆荚丝去掉，用盐水焯过后，放入水中。再放入用八方高汤、糖、淡味酱油、盐调制的料汤中略煮一下。将豌豆荚与底汤分开晾凉后，再将豌豆荚放回底汤中浸泡。

松针穿黑豆

将日本丹波产的黑豆放入加有少量木灰的淘米水中，浸泡1晚，然后直接放在火上煮4～5小时。调节好火候，不要让黑豆在水中翻滚，并且适当添水，使黑豆不露出水面。

将煮软的黑豆放入水中，清理的同时，将表皮破裂的黑豆挑出。

将黑豆放入一个新锅中，加入清水，点火，加热至快沸腾之前，将水倒掉，将黑豆放入凉水中浸泡。重复此步骤3次后，将黑豆放入笊篱中冷却。

准备一个新锅，放入水和糖，煮沸。冷却，制成稍淡的甜料（糖是水的20%左右）。将冷却了黑豆放入冷却后的甜料中，浸泡1晚。

再次将黑豆放入笊篱中，这次将其放入稍浓的甜料（糖是水的60%左右，制好冷却）中，蒸10～20分钟。然后关火，放在蒸器中冷却。将黑豆浸入底汤中，放入冰箱中保存。

将黑豆穿在松针上盛盘。

慈姑祈愿牌

将慈姑剥成祈愿牌的形状，印上十二生肖等图案。将栀子与慈姑一同放入水中煮熟。将慈姑放入凉水中浸泡后，取出，沥水，放入用高汤、糖、淡味酱油、盐调制的料汤中略煮一下。

赤饭

将赤饭（食谱省略）用模子做成扇形，盛盘。如果使用表面带波浪状的模子，可以制出波浪形的赤饭。

奈良酱腌西瓜

（食谱省略）

*配菜：菊花叶、山茶花叶

煮物碗

鸭肉年糕汤：

鸭肉丸、鸭肉片、年糕

龟甲白萝卜[①]、胡萝卜、

小松菜、香橙皮丝

[准备]

1.将鸭胸肉切成片，洒上浓味酱油，放置一段时间后，用二道高汤略煮一下。

2.将鸭胸肉绞成肉馅，放入研磨钵中研磨至光滑细腻，再加入蛋黄搅拌。加入高汤、浓味酱油、甜料酒调味。

将鸭肉馅团成稍大的肉丸，放入煮沸的二道高汤中煮熟。

3.将年糕放入开水中泡软。

4.将白萝卜削成六方柱形，切成片，略焯一下后，浸入吸物汤中。

5.将胡萝卜削成圆筒形，切片，略焯一下后，浸入吸物汤中。

6.将小松菜整理好形状，略焯一下后，放入水中浸泡。捞出，沥水。

[完成]

将鸭肉丸、鸭肉片、年糕、龟甲白萝卜、胡萝卜、小松菜盛入碗中，放入香橙皮丝，倒入吸物汤。

拌菜

赤贝、胡葱、芥末醋味噌酱拌绿豆芽

[准备]

1.将赤贝从壳中取出，切掉裙边。将贝肉掰开，刮掉内脏，用盐揉一遍后，洗净。顺着纤维的方向，将赤贝切出细密的刀痕，然后在与纤维垂直的方向切开，制成唐草赤贝。

2.将胡葱用盐水焯一遍，捞出，放在菜板上。用研磨棒从根部滚一下，压出黏液。切成2～3厘米的长段。

3.将切掉头尾的绿豆芽用盐水略焯一下，捞出。

[完成]

用芥末醋味噌酱将赤贝、胡葱、绿豆芽拌在一起。

① 切成龟壳形状的白萝卜。

2月 节分、初午的果子

（彩图：见第54页）

小壶

新海参子

[准备、完成]

将新海参子（海参的卵巢）用菜刀切分成3厘米左右的长段，放入器皿中。倒入少量淡味高汤。

向付

鲫鱼子、小松菜、新海苔、问荆、芥末醋味噌酱

[准备]

1.准备带子鲫鱼。将带子鲫鱼从背部切开，切成3份，清理上身肉。剥去鱼皮，将鱼肉切成鱼片。

2.将鲫鱼子用盐水焯一下，煮熟。将其放入水中浸泡后，用布包裹，挤干水。

3.将小松菜的根部整理好形状，略焯一下后，放入冷水中。捞出，沥水。

4.将问荆放入放有木灰的开水中焯，然后放入流水中。去掉叶萼部分，这里只使用穗芒部分。

5.将新海苔用酒泡软，沥水。

[完成]

在上菜前，将分散开的鲫鱼子与鲫鱼片拌在一起，放入器皿中。放入小松菜、问荆、新海苔。然后另取一个器皿，倒入芥末醋味噌酱，一同端上。

煮物碗

酒糟汤、白萝卜、胡萝卜、牛蒡、炸豆腐片、芹菜碎

[准备]

1.将白萝卜和胡萝卜分别切成短木片状。

2.将牛蒡切成竹篱状，放入水中浸泡，去除涩味。

3.将炸豆腐片两面烤出香味，切成短木片状。

4.将白萝卜、胡萝卜、牛蒡、炸豆腐片用高汤煮一下。

5.将酒糟放入研磨钵中，加入少量步骤4的煮汤化开，然后将其倒入步骤4的汤中。用淡味酱油、浓味酱油、盐调味。

[完成]

将酒糟盛入碗中，放上足量的芹菜碎。

果子

稻荷寿司、山椒

将炸豆腐片的角的部分切成三角形，从侧面切开，形成袋状。浇上开水去油，放入用八方高汤、酒、糖、淡味酱油、浓味酱油、甜料酒调制的料汤中，煮成甜辣味。

将牛蒡切成竹篱状，焯过后捞出。放入用八方高汤、糖、淡味酱油、浓味酱油调制的料汤中以淡味的方法煮。

将胡萝卜切成3立方毫米左右的骰子状，焯过后捞出。放入用八方高汤、淡味酱油、浓味酱油调制，并以甜料酒佐味的料汤中以淡味的方法煮。

将沥过水的牛蒡与胡萝卜放入寿司饭中混合，然后将其填入煮好的炸豆腐片中，整理好形状。填入山椒（见第156页），盛盘。

甜煮黑豆

见“松针穿黑豆”（第160页下半段）。放入柊树叶，盛入福枡[①]中。

沙丁鱼撒卯花

将沙丁鱼用手掰开，清理上身肉，在鱼肉两面略撒上盐，放置约1小时后，放入醋中浸泡2～3分钟。剥去鱼皮，对半切开，从一端卷起来。

制作卯花：将豆腐渣放入筛网中，浸入水中过滤。将滤出的水再用漂白布滤一次，略挤干水。将其放入锅中，加入少量高汤、糖，再放入汤船中，使用几根筷子隔水煎炒，冷却后作卯花使用。将卯花撒在沙丁鱼的表面。在竹签上插上2条沙丁鱼，盛盘。

梅肉烤银鲳鱼

将银鲳鱼切成3份，清理上身肉，切成适当大小的鱼片。撒上盐，放置1小时左右后，将其穿成串，从鱼皮一侧开始烤。然后翻过来烤背面。快烤好时在鱼皮一侧涂上梅肉调料汁，用火烤干既可。然后在背面也涂上梅肉调料汁烤干。

梅肉调料汁是将梅干的果肉过滤后，放入研磨钵中，加入甜料酒、酒、淡味酱油稀释后制成。

香炖海参

1.将海参干放入水中浸泡2～3天。泡软后放入粗茶中，点火加热，注意不要煮沸。煮2天左右直至将海参煮得非常软。下述第2、3项是在这期间操作的

① 一种日式木制升形木盒。

步骤。
2.煮1天左右后，将海参取出，放入水中，使用小勺等器具将外侧的黏液刮掉，清理污垢。这时注意不要损坏海参的角。重复此步骤2次。
3.之后将稍变软后的海参的两端切掉，用菜刀将腹部切开。用手指将内部的肉筋、细砂等仔细清理干净，注意不要将海参弄破。然后将海参放回粗茶中继续煮。
4.将煮至足够软的海参放入另外一个锅中，倒入用八方高汤、酒、糖、淡味酱油、浓味酱油、甜料酒调制的料汤炖煮。最后将其切成便于食用的大小。

早蕨

将蕨菜放入加有木灰的开水中略焯一下，然后放入水中，使用牙签等器具将细毛清理干净，将根部较硬的部分切掉。沥水，放入用八方高汤、糖、淡味酱油、浓味酱油、甜料酒、盐调制的料汤中略煮一下。
*配菜：菊花叶、柊树叶

炸物

糯米粉炸银鱼、糯米粉炸荚果蕨、款冬茎天妇罗

[准备、完成]

1.将银鱼用浓度为2%的盐水洗一遍，略沥水。在银鱼表面撒上细糯米粉，放入高温的油中炸。炸好后撒上少量盐。
2.在荚果蕨表面涂上薄薄的一层蛋清，然后在整个表面撒上糯米粉。用中等油温炸一遍。炸好后撒上少量盐。
3.将蛋黄用水泡开，加入面粉，制成面衣。在款冬茎上撒上面粉，蘸上面衣，用中等油温炸一遍。炸好后撒上少量盐。

3月 桃节的果子

（彩图：见第64页）

先付

松叶鲽鱼丝、水前寺海苔、山葵、淡味高汤

[准备]

1.将松叶鲽切成3份，清理上身肉，剥去鱼皮，切成鱼片。略撒上盐，整体拌一下，放置1小时左右。

2.将蛋黄隔水煎炒后，用筛网过滤一遍。在砂锅内铺上白纸，放入过筛的蛋黄末，用小火加热至形成干脆的粉末，作煎鸡蛋末使用。

3.将水前寺海苔放入水中浸泡1晚，再切分成适当大小。

[完成]

将煎鸡蛋末撒在松叶鲽上，盛盘。放入水前寺海苔、山葵。另取器皿倒入淡味高汤，一同端上。

汤 白味噌酱汤配

三色菱麸、蕨菜、芥末

[准备]

1.专门定制桃色、绿色、白色的三层麸。将其切成菱形，用二道高汤加热。

2.将蕨菜放入加有少量木灰的开水中略焯一下，放入水中。用牙签等将细毛仔细清除，再将较硬的根部切掉。

[完成]

将三色麸盛入汤碗中，放入蕨菜，滴入芥末。倒入白味噌酱汤。

果子

酒杯盛蛤蜊与冬葱的拌菜

将蛤蜊煮一遍，将蛤蜊肉从壳中取出。若蛤蜊肉过大，则适当切开。

将冬葱的根部切掉，用盐水焯过后，摆在菜板上展开放凉。用研磨槌从葱白向葱绿滚一遍，将黏液刮掉，然后切分成适当的长段。

用芥末醋味噌酱将蛤蜊与冬葱拌在一起。

耳鲍

将耳鲍带壳与白萝卜块一同放入水中，加热煮软。将耳鲍肉从壳中取出，在表面切出网状刀痕。将耳鲍放入锅中，倒入刚好没过耳鲍的高汤煮。其间加入糖、淡味酱油、浓味酱油、甜料酒调味。煮好后，将耳鲍肉放回壳中，撒上切碎的树芽。

小香鱼寿司、山椒

将小香鱼洗过后，拭干水。从背部将小香鱼切开，清理内脏和中骨、腹骨。再将其放入浓度为3%的盐水中浸泡一段时间后，取出，再浸入醋中。然后取出，连同腹腔内的水一同拭干。

将小香鱼的鱼身一侧朝下，放在拧干的湿布上，将树芽夹在小香鱼内，将小香鱼放在寿司饭上，整理好形状。将其对半切开，每两个一组，放入山椒，（见第156页）盛盘。

生海参子烤沙钻鱼

将沙钻鱼从腹部切开，去掉中骨、腹骨，略撒上盐，放置1小时以上后，再日晒风干至鱼皮变干。

将生海参的卵巢用菜刀剁碎，倒入酒稀释。

将沙钻鱼穿上串烤，其间用毛刷涂3次生海参子。最后再用火燎一遍，以去除腥味（注意不要烤焦）。

油炸竹笋夹虾肉

将竹笋适当切分，用淡味煮一遍（见145页）。在竹笋侧面中央部分切出刀痕（不要切断）。用毛刷在竹笋的整个表面及刀痕中涂上淀粉。

将明虾的虾头、虾线、虾壳、虾尾去掉。将虾肉切碎，然后填入竹笋的刀痕中。

将其涂上蛋清、糯米粉油炸，撒上少量盐。

炸楤树芽

将楤树芽的根部清理干净，整理好形状。将用水溶开的吉野葛粉涂在整个表面，放入油中炸。最后撒上盐。

炸大马哈鱼

将大马哈鱼直接放入油中炸制，撒上盐。

味噌酱烤赤贝

将赤贝的贝肉从壳中取出，去掉裙边。掰开贝肉，去除内脏。用盐将其揉一遍后，洗净，沥水，略撒上盐，放置1小时以上。将贝肉放入纱布中，再放入白粗味噌酱中腌制1～2天。

取出，在两端下刀，以便食用。用大火离远炙烤。

树芽味噌酱烤饭蛸

将饭蛸的眼睛、嘴、墨袋等去掉，制成霜降。将饭蛸放入水中浸泡后，将躯干与腿切开。

在锅中倒入酒、八方高汤、浓味酱油、淡味酱油、甜料酒、糖，煮沸一次，制成底汤。先将饭蛸的躯干放入汤中煮。煮熟煮透后，再放入饭蛸腿煮。待底汤再次煮沸后，盖上小纸盖，关火，利用余热煮熟。

将躯干切分成适当大小的环（这里只使用躯干），涂上树芽味噌酱，用烤箱烤制。

煮饭蛸的底汤食材比例

（相对于10人分量的饭蛸）

酒……200毫升

八方高汤……400毫升

浓味酱油……40毫升

淡味酱油……10毫升

甜料酒……300毫升

糖……20克

蚬肉饭

将炸豆腐片的3个边切开，用勺将内部白色部分取出。将剩下的外皮切碎。

将生姜切丝，放入水中浸泡。取出，沥水。

将米淘过后放入笊篱中沥水。将米放入锅中，倒入高汤（用淡味酱油、浓味酱油、盐调味），调节水量。放入切碎的炸豆腐片、生姜丝。混合后，开火煮饭。快煮好前，加入蚬肉（焯过的蚬肉）直至煮熟。

将米饭用模具压成稻草袋状，撒上鸭儿芹。

米糠酱腌春萝卜

（食谱省略）

*配菜：山茶花叶

4月 卯花月的果子

（彩图：见第72页）

先付

纸罩蜡灯形钵盛鲷鱼白子拌明虾和蚕豆

[准备]

1.将明虾的虾头和虾线去掉，在腹部一侧穿入铁钎，使虾身伸直。用盐水焯明虾。取出，冷却，剥去虾壳，适当切分。

2.将蚕豆从豆荚中取出，剥去外侧的薄皮，放入用八方高汤、糖、淡味酱油、盐调制的料汤中煮。

3.将鲷鱼白子放在水中浸泡1小时左右。将泡好的鲷鱼白子放入笊篱中，略撒上盐。放置1小时左右后，将鲷鱼白子连同笊篱一起蒸。冷却后用筛网过滤。加入用淡味酱油、盐调味，再放入少量的白芝麻糊佐味，制成拌料。

[完成]

用高汤稀释鲷鱼白子拌料，将明虾与蚕豆拌在一起。

向付

昆布腌竹鱼、海蕴、带花黄瓜、红蓼、淡味高汤

[准备]

1.将竹鱼切成3份，清理上身肉。撒上盐，将鱼肉放置1小时以上。将鱼肉包入泡软的昆布中，压上重物，在冰箱中放置5～6小时。

2.将海蕴洗去盐分，清理干净。沥水，加入醋、淡味酱油、少量的糖和盐混合。

[完成]

将竹鱼从昆布中取出，切成鱼片（每片鱼片第一刀先切出刀痕，然后再切片）。

将海蕴、带花黄瓜、红蓼一同盛盘。倒入淡味高汤。

煮物碗 豌豆汤、六线鱼片、烤白子、蕨菜

[准备]

1.将六线鱼切成3份，清理上身肉，切成鱼片。撒上盐，用毛刷在整个鱼肉上涂上淀粉，略焯一下。

2.将虎豚的白子放在水中浸泡30分钟左右。取出，将其再放入浓度为3%的盐水中浸泡1小时左右。将白子切分成便于食用的大小，再穿成串，在两面略撒上盐，用大火略烤一下。

3.将蕨菜放入加有少量木灰的开水中略焯一下后，放入水中浸泡。用牙签等器具清理细毛，再将较硬的根部切掉。将蕨菜拭干水，用二道高汤再略煮一下。

4.将豌豆从豆荚中取出，用盐水焯一遍，放入水中冷却。剥去外侧的薄皮，将豌豆放入食品粉碎搅拌机中搅碎，然后再用细筛网过滤一遍。

将吸地汤倒入锅中，加热，一点点地加入过筛的豌豆，调节浓度。用盐、淡味酱油调味，加入用高汤化开的吉野葛粉，制成非常稀的芡汁。

[完成]

将六线鱼、烤白子盛入碗中，放入蕨菜，倒入豌豆汤。

果子

小鳞鱼樱花寿司

将小鳞鱼切成3份，清理上身肉，略撒上盐，放置1小时左右后，用醋洗一遍，剥去鱼皮。在肉较厚的地方切出刀痕，使厚度平均。将鱼皮一侧朝下放在湿布上，放入树芽、寿司饭，制成寿司卷。将盐渍的樱花叶用水洗一遍，适当去除盐分后，沥水使用。将寿司卷切分成3厘米左右的长段，用樱花叶包上。

鳟鱼寿司球

将鳟鱼切成3份，清理上身肉，在鱼肉两面撒上盐，放置1小时左右。将鱼肉切成鱼片，用醋略洗一下，放在湿布上，加入树芽，放上寿司饭，再团成团，制成寿司球。

乌蛤寿司球

将乌蛤用盐水焯过后，用醋洗一遍。然后与制作鳟鱼寿司球一样，加入树芽，制成寿司球。

山椒

（见第156页）

百合根花瓣

将百合根的叶片一片一片地择下，清理干净后，用菜刀切成樱花花瓣的形状。在八方高汤中加入糖、盐调味，再加入红色素着色，制成料汤。将百合根叶放入料汤中略焯一下。

瓢亭鸡蛋

（见第156页）

花见团子

将步骤1中的虾、步骤2中的百合根、步骤3中的鸭肉3种食材制成的肉团穿成串。

1.将明虾去掉虾头、虾线，连虾尾一同剥壳。用菜刀将虾肉大致剁碎，放入研磨钵中研磨，加入盐、淡味酱油、用高汤化开的吉野葛粉混合。将馅团成团，放入煮沸的二道高汤中煮熟。

2.将百合根的叶片一片一片地择下，清理干净，放入蒸器中蒸。将水和糖加热，放入百合根叶片不断搅拌以防煮焦。冷却后，将其团成团，撒上绿海苔。

3.将鸭肉馅用研磨钵充分研磨。加入少量的赤味噌酱、浓味酱油、甜料酒、山椒粉，继续研磨，混合在一起。将馅团成团，放入煮沸的二道高汤中煮熟。

炸煮杜父鱼

将活杜父鱼身上的泥沙仔细清理干净。将杜父鱼拭干水，放入160℃～170℃的油中慢慢炸至酥脆。沥油，将鱼散开放入铁盘中。

在锅中倒入酒、少量糖、甜料酒、浓味酱油，混合在一起，煮沸。放入炸好的杜父鱼，略煮一下捞出，立即放入笊篱中，沥去底汤。

煮杜父鱼的料汤食材比例

[每1千克杜父鱼所需食材]

酒……180毫升

糖……15克

甜料酒……180毫升

浓味酱油……180毫升

油炸竹笋夹虾肉

将竹笋适当切开，用淡味煮好（见第145页）。在竹笋侧面厚度正好一半的地方切出刀痕（不要切断）。用毛刷在表面（连同刀痕内侧）涂上淀粉。

将明虾的虾头、虾线、虾壳、虾尾去掉，剁碎。将虾肉馅填入竹笋的刀痕中。

将其涂上蛋清、糯米粉，放入油中炸。最后略撒上盐。

炸大马哈鱼、酸橘

将大马哈鱼的幼鱼直接放入油中炸。炸至酥脆后，取出，撒上盐。放入酸橘。

炸荚果蕨

将荚果蕨的根部清理干净，在淀粉水中蘸一下后，放入油中炸。最后撒上盐。

*配菜：樱花叶、绿枫叶

5月 端午节的果子

（彩图：见第80页）

先付

鲷鱼白子拌水菜和明虾、红蓼

[准备]

1.将明虾的虾头、虾线去掉，从腹部一侧穿入铁钎，使虾身伸直。将虾放入盐水中焯一下。捞出，冷却，剥去虾壳，将两端切齐。

2.将水菜的菜叶去掉，将茎部用盐水焯一下，切成和明虾相同的长短。将其放入用二道高汤、淡味酱油、浓味酱油、盐、甜料酒调制的料汤中略煮一下。

3.将鲷鱼白子放入水中浸泡1小时左右后，放入笊篱中，撒上少量盐，再放置1小时左右后，将其连同笊篱一同放入蒸器中蒸。冷却后将其滤一遍。用淡味酱油、盐调味，再加入少量白芝麻糊佐味，作为拌料使用。

[完成]

用鲷鱼白子拌料将水菜、明虾拌在一起。盛盘，横着摆放整齐，最后放上红蓼。

向付

霜降六线鱼、带花黄瓜、青芽、绿紫苏叶、山葵、土佐酱油

将六线鱼切成3份，清理上身肉。将鱼穿成串，用大火燎烤表皮，烤出焦痕，然后立即放入冰水中浸泡。取出，沥水。

[完成]

从鱼头一侧向鱼尾一侧在鱼皮上切入2条或3条刀痕，然后切成鱼片。

将其盛入铺有绿紫苏叶的器皿中，放入带花黄瓜、青芽、山葵，配上土佐酱油食用。

煮物碗

鲷鱼卷虾、豌豆和木耳、莼菜、刺五加、树芽

[准备]

1.取切成适当大小的鲷鱼片（30～40克），连皮切成拉门状，再将其切薄至5厘米左右的薄片。撒上少量盐，放置1小时以上。

2.取一半明虾肉放入食品粉碎搅拌机中绞碎后，与鱼肉泥一同放入研磨钵中研磨。用盐、淡味酱油调味，加入少量用高汤化开的吉野葛粉以及少量蛋清，充分搅拌，制成真薯料。

将剩余的一半明虾肉用菜刀粗略地剁碎。

3.将豌豆从豆荚中取出，用盐水焯一遍，放入水中冷却，剥去豆粒表面的薄皮。

4.将木耳用水泡软后，剁碎。

5.在步骤2中的真薯料中放入剁碎的虾肉、步骤3中的豌豆、步骤4中的木耳，充分搅拌。

6.将鲷鱼片的鱼皮一侧朝外，放入步骤5中的真薯料（10～20克）卷紧，再包上保鲜膜，放入蒸器中蒸。

7.将刺五加用盐水焯一下后，放入水中浸泡。捞出，沥水。

8.将莼菜放入盆中，倒入开水，轻轻搅拌一下后，放入笊篱中，沥水。

[完成]

将步骤6中的鲷鱼卷盛入碗中，放入刺五加、莼菜。倒入吸地汤，放上足量的树芽。

取肴

瓢亭鸡蛋

（见第156页）

牛蒡八幡卷

将牛蒡洗净，刮掉外皮，切分成适当的长短。根据大小，将其分成2～4份，放入用二道高汤、淡味酱油、甜料酒调制的料汤中，用淡味煮。

将鳗鱼切开，清理上身肉，纵向切成两半。在每一半鱼肉的尾部附近切出刀孔。将两半鱼肉的鱼头分别穿过另一半的鱼尾刀孔中，然后向外拉出鱼肉，这样两半鱼肉便连在一起。

将连在一起的鳗鱼的两端再切入刀孔，将一端挂在牛蒡上，使鱼皮朝外，以螺旋状卷在牛蒡上，不要留出空隙。最后将另一端的刀孔挂在牛蒡上，固定好。

将其穿成串，干烤。将铁钎拔出，将八幡卷旋转90度，重新穿入，继续烤。使整体烤成焦黄色。涂上酱油（烤鳗鱼用料），烤一遍。拔出铁钎，用卷帘将其卷上，整理好形状。放置10分钟左右后，改变卷帘扎结处的位置重新卷上，扎上橡皮筋。待完全冷却之后，放入冰箱中保存。

使用时将卷帘揭下，再次穿入铁钎，涂酱油烤2～3次。

南蛮酱腌新六线鱼子

将六线鱼子放入油中炸。

浇上开水去油。将其摆入铁盘中，倒满南蛮酱料。加入烤葱、辣椒（切出刀痕，去除辣椒籽），在冰箱中放置1晚。

香炖饭蛸子、树芽

将饭蛸袋切开，将内侧翻出，露出饭蛸子。将铁钎穿入饭蛸袋，挂在沸水中煮，使其不接触锅底。充分煮熟后，放入水中浸泡一段时间，然后捞出，沥水。

放入高汤中精煮片刻后，加入糖、淡味酱油、浓味酱油、甜料酒、盐调味，继续炖煮。最后放上树芽。

炸煮杜父鱼

将杜父鱼活着放入热油中炸。与此同时，取一宽底锅，倒入酒、糖、甜料酒、淡味酱油、浓味酱油，煮沸，作料汤使用。

将炸好的杜父鱼放入煮沸的料汤中略煮一下，然后立即放入笊篱中，沥干料汤。

糯米粉炸荚果蕨

将荚果蕨清理干净，切分成适当的长段，略洗一遍后拭去水。撒上面粉，蘸上蛋清、糯米粉，放入油中炸。最后撒上盐。

树芽味噌酱拌土当归

将土当归用盐擦一遍，洗净，粗略地切碎后，放入醋水中浸泡（连皮浸泡既可）。待土当归晾干后拌上树芽味噌汤。

代替米饭的主食

鲷鱼与康吉鳗的粽子寿司

将鲷鱼切成3份，清理上身肉，然后切分成鱼片。撒上少量盐，放置1小时左右后，在醋中蘸一下，略擦拭。

将康吉鳗切开，清理上身肉，用霜降法处理后放入水中。用菜刀的刀背刮掉鱼皮上的黏液，浸入用酒、浓味酱油、甜料酒调制的料汤中，煮30分钟左右。

冷却后，用烙铁将鱼皮略烤一下，切分成适当的大小。

将寿司饭团成圆锥形，加入树芽，分别放上鲷鱼、康吉鳗，制成寿司。用浸湿的竹叶包裹寿司，扎上灯芯草，制成粽子。

煮康吉鳗的料汤食材比例：

酒……60%

浓味酱油……20%

甜料酒……40%

烤生海胆、槲树叶卷

在生海胆上撒上少量盐。将槲树叶表面擦拭干净，放上生海胆。略撒上食盐，用竹牙签固定。将生海胆摆在菜板上，以200℃烤5分钟左右。

*配菜：菖蒲叶、青枫叶、葵叶

6月 芒种的果子

（彩图：见第90页）

先付

蜜煮青梅

[准备、完成]

用捆在一起的针在青梅表面刺一遍，然后将青梅放入倒满水的锅中。这时如果在锅中放入一张铜板，可将青梅煮出自然的青色。

点火，加热至60℃左右。之后，保持这个水温，煮出酸味后，换水继续煮。重复这个步骤2～3次（前后共煮2小时左右）。

将青梅中的酸味适当煮出来后，取出，沥水，倒入糖浆，盖上小纸盖，以60℃左右的温度煮30分钟左右。然后关火，让青梅在锅中冷却。之后将青梅放入冰箱中保存，过一两天后即可食用。

煮物碗

水无月豆腐、秋葵、新莼菜、茅圈形青橙皮

[准备]

1.制作水无月豆腐（见139页）。

2.将秋葵用盐擦一遍后，洗净，整理好叶萼部分。将秋葵放入用盐、淡味酱油淡味调制的二道高汤中略煮一下。

3.将新莼菜放入盆中，倒入开水。轻轻搅拌后，将新莼菜放入笊篱中，沥水。

[完成]

将水无月豆腐、秋葵、新莼菜盛入碗中。放上茅圈形青橙皮（将果肉和薄皮仔细清除），倒入吸地汤。

＊茅圈……用纸将茅草包上，束成圈状。人从圈中穿过，以祓除污秽。

果子盘

高汤鸡蛋卷

将鸡蛋打散，加入高汤化开，用淡味酱油调味。加入少量用高汤化开的吉野葛粉，煎烤成高汤鸡蛋卷。将其卷入卷帘中，调整好形状（见第160页）。

田乐酱烤贺茂茄子

将贺茂茄子的头尾切掉，削皮。将茄子横向切成两半，用铁钎在正反两面扎出细孔，以便吸油。在平底锅中倒入足量的油，放入贺茂茄子煎熟。将茄子穿成串，用炭火烧烤，沥油，涂上田乐酱，烤至焦黄色。最后将茄子切成4份。

海鳗木屋町烧

将海鳗切开，清理上身肉，切断鱼骨。将海鳗切成两片相同长度的鱼肉片，撒上少量盐。将两片鱼肉片的鱼皮一侧朝外合在一起，中间夹入薄薄的洋葱片（撒上少量盐）。在其两端穿入铁钎，将两个铁钎捆在一起，使鱼肉固定。

将其挂在油锅上，浇上几次190℃左右的热油。炸至焦黄色后，翻面，同样浇油，将两面炸熟。最后用炭火烤一遍，沥油。拔出铁钎，将其切成便于食用的大小。

芋蛸南瓜串、树芽

1.将小芋头直接用干布擦掉外皮，去掉叶萼，用淘米水焯一遍。将芋头放入水中，再次加热焯一遍，以去除米糠味。待水沸腾后，将水倒掉，将小芋头放入凉水中。取出，沥水，将芋头放入放有1张昆布的八方高汤中煮制。其间加入糖、淡味酱油、甜料酒、盐调味炖煮。

2.将麦蛸洗一遍，清除黏液。将其放入开水中焯一下，用霜降的方法处理。将麦蛸脚与躯干切断，再将脚一根根切开（这里只使用麦蛸脚）。

用八方高汤、酒、浓味酱油、淡味酱油、调味酒、糖制作料汤。加热，使其沸腾一段时间。将麦蛸脚放入料汤中，煮沸后关火，盖上小纸盖，以余热煮熟。最后将其切分成适当大小。

煮麦蛸的料汤食材比例

[制作5碗麦蛸的量]

八方高汤……1.2升

酒……400毫升

浓味酱油……120毫升

淡味酱油……60毫升

甜料酒……100毫升

糖……50克

3.将南瓜切成小芋头大小的块状，削皮。削去棱角，留下凹陷部分的外皮。将南瓜略焯一下后捞出，再放入用八方高汤、糖、淡味酱油、甜料酒、盐调制的料汤中炖煮。

4.将小芋头（放上香橙皮丝）、麦蛸（放上树芽）、南瓜用青竹签串上。

红薯

将新红薯洗净，连皮切分成适当大小的圆片，削去棱角。将红薯放入加有栀子的开水中煮，再放入水中。最后将其放入加有少量盐的糖浆中，盖上纸盖甜煮。

新莲藕

将新莲藕削皮，大致剁碎，放入加有少量醋的开水中焯一下后，再放入水中。捞出，沥水。将其放入用八方高汤、糖、淡味酱油、甜料酒、盐调制的料汤中炖煮制。

四季豆

将四季豆切成适当的长度，用盐水焯一遍后，放入水中。捞出，沥水，再将其放入用二道高汤、糖、淡味酱油、盐调制的料汤中略煮一下。

炸河虾

将河虾直接放入热油中炸熟。捞出，沥油，撒上少量盐。

生姜饭

将新生姜切成5厘米×2厘米大小薄片。在炸豆腐片的3个边上切入刀痕，用勺将里面白色部分去除，再将其切分成3厘米长的细条。

将米淘过后放入笊篱中，倒入适量用二道高汤、淡味酱油、盐调制的料汤，放入生姜、切成丝的油炸豆腐片，煮饭。最后用模子将米饭压制成形。

奈良酱腌西瓜

（食谱省略）

*配菜：青枫叶、土佐灯台树叶、梅树叶

烧物

盐烤香鱼、甜醋腌山椒花

[准备]

将山椒花略焯一下，捞出，冷却，浸入拌菜用甜醋中。

[完成]

用铁钎将生香鱼穿成串，撒上盐用炭火烤。先将盛盘时朝上放置的一面烤，烤至焦黄色后，翻面，直至将鱼肉烤熟。注意要将内脏和鱼头部分烤熟。

拔出铁钎，将香鱼放入铺有竹叶的器皿中，放入甜醋渍山椒花。也可配上蓼醋食用。

*蓼醋是将蓼叶与少量的盐（蓼的3%）一同放入研磨钵中研磨，再加入醋稀释而成。将蓼醋倒入稍大的酒杯中，配上陶制、银或青铜制的匙，供分取使用。

7月 半夏生的果子

（彩图：见第98页）

先付

鱼冻、明虾、软煮章鱼、

炸贺茂茄子、秋葵、生姜丝

[准备]

1.将明虾的虾头和虾线去掉。从腹部一侧穿入铁钎，穿成笔直的串，放入用八方高汤、酒、糖、淡味酱油、甜料酒、盐调制的料汤中略煮一下。

煮熟后将明虾取出，将虾肉和料汤分开晾凉。冷却后，再次将虾肉放回料汤中浸泡。使用时剥去虾壳，适当切分。

2.制作软煮章鱼。将章鱼的墨袋、嘴、眼部去掉，用盐擦一遍后洗净，清除黏液。用研磨棒将章鱼拍打一遍，使纤维松散。然后将章鱼的腿和躯干切开。再将腿一根根地切开，放入足量的开水中用霜降法处理，放入水中。

将章鱼腿（这里只使用腿部）放入锅中，倒入充足的水，煮5小时左右。煮好后，留下底汤备用。

将煮软的章鱼放入另一个锅中，用10%的底汤、10%的八方高汤、10%的酒的比例调制成料汤，将章鱼放入料汤中，使汤全部没过章鱼。点火煮。沸腾后，加入糖、浓味酱油，调制成略淡的味道。煮至料汤几乎蒸发殆尽时，关火。

3.将贺茂茄子切丁，油炸后冷却。

放入用八方高汤、糖、淡味酱油、浓味酱油、甜料酒调制的料汤中煮。然后关火冷却。

将冷却后的茄子放入冷却后的料汤中。

4.将秋葵用盐擦一遍后洗净，切成适当大小。用竹签清除秋葵籽，注意不要弄破里面的隔膜。从一端将秋葵切成2厘米左右厚的薄片，放入盐水中略焯一下后，立即放入冷水中。捞出，沥水。

5.将生姜切丝，放入水中。捞出，沥干水。

6.将明虾、软煮章鱼从顶部切分成1厘米左右厚的薄片。

7.制作鱼冻。在锅中倒入高汤，点火加热。加入用水泡软的琼脂、淡味酱油、浓味酱油，煮化。然后加入珍珠琼脂（一种以卡拉胶为主要成分的凝固剂）煮化，然后用茶网过滤一遍。

8.将步骤5的生姜丝放入器皿的底部（利用底部的半球状），且之后以这一面为正面。再放入沥过水的明虾、章鱼、贺茂茄子、秋葵，注意相互间的位置。然后趁热将步骤7中的琼脂料倒入器皿中，冷却，凝固。

[完成]

将所有成品放入铺有青枫叶的器皿中，滴入生姜汁。

制作鱼冻的食材比例

高汤……500毫升

淡味酱油……20毫升

浓味酱油……10毫升

琼脂……1/8根

珍珠琼脂……15克

向付

焯红鱼、绿紫苏叶、

紫苏花穗、梅肉

[准备]

1.将红鱼切成3份，清理上身肉，剥去鱼皮，将鱼肉切成鱼片。

将80℃左右的热水倒入盆中，放入红鱼肉，用筷子稍微搅拌后，立即取出，放入冰水中。取出，略拭干水。

2.将鱼皮放入沸水中，煮至透明状后捞出，放入冰水中。将鱼皮切成适当的大小。

[完成]

在器皿中放入冰块，铺入绿紫苏叶，放入红鱼肉和鱼皮。配上紫苏花穗，另取一器皿放入梅肉。

取肴

鲍鱼天妇罗（食谱略）

芦笋鸭肉卷

将鸭胸肉皮一侧朝下放在菜板上，按照切薄片的要领斜着切出刀痕。每切一次刀痕后，下刀将其片下来，以此类推，将鸭肉切分成片。然后将皮一侧朝下，从切口处将鸭肉打开，摆在菜板上（3～4片）。

将芦笋的叶萼及根部去掉，放入用二道高汤、淡味酱油、盐、少量甜料酒调制的料汤中略焯一下。再将其纵向切成两半。将芦笋相互错开合在一起，摆在鸭胸肉上，每片肉片上摆1～2根，以芦笋为芯，卷上鸭肉。最后用牙签固定住几处。

将鸭肉卷穿成串，涂上调料汁（禽类调料汁）烤。再将鸭肉卷切分，撒上山椒粉。

田中辣椒丝与岩梨

将田中辣椒的头尾切掉。去除辣椒籽。将辣椒穿成串烤一遍后，纵向切丝，放入用八方高汤、淡味酱油调制的料汤中浸泡。

将岩梨用牙签等剥去外皮，用烧酒洗过后，浸入烧酒和冰糖中腌制3个月以后方可使用。

将田中辣椒和岩梨拌在一起。

海鳗寿司卷

将海鳗切开，清理上身肉，切断鱼骨，撒上少量盐。将海鳗穿成串，干烤后，涂上调料汁烤（用于海鲜的调料汁）。将海鳗切分成适当大小。

加入树芽，制成海鳗寿司，然后卷入浸湿的竹叶中，整理好形状。

代替米饭的主食

冷面、鸡蛋豆腐、葱花、生姜泥、蘸料

将冷面煮过后，放入冷水中，洗净，然后放入放有冰的桶中。

将鸡蛋豆腐（见第140页）切成边长2厘米左右的骰子状，与冷面一同放入桶中。

放入葱花、生姜泥。

将冷面蘸料放入另一个器皿中，一同端上。蘸料是在高汤中加入浓味酱油、甜料酒，加入适量追鲣，煮制还剩10%～15%的料汤后，再过滤制成。

蘸料食材比例：

一道高汤……50%
浓味酱油……10%
甜料酒……10%
追鲣……适量

8月 大文字的果子

（彩图：见第103页）

取肴

瓢亭鸡蛋

（见第156页）

烤香鱼

将香鱼的鱼鳞和鱼头去掉，从背部切开。去掉中骨、腹骨，洗净。将香鱼的表面拭干水，在两面撒上少量盐，待盐渗入后，放在户外，日光晾晒半天左右。

将盐渍香鱼内脏剁碎，兑入少量酒。

将香鱼穿成串烤。其间涂上2～3次盐渍香鱼内脏。

甜煮杜父鱼

将活杜父鱼沥水，放入锅中，倒满酒煮。稍煮片刻后，加入糖、浓味酱油、甜料酒继续煮。煮至料汤减少后，在鱼身上浇上几次料汤。将鱼放入笊篱中，沥去汤汁。

腌海鳗

将海鳗切开，清理上身肉，切断鱼骨。每切出5～7条刀痕后，将鱼肉切断。将海鳗油炸后，放入笊篱中，浇上开水去油。然后将海鳗摆入铁盘中。将制作南蛮酱料的食材放入锅中，点火煮沸。关火，冷却。然后将其倒入摆有海鳗的铁盘中，加入烤葱、辣椒（去籽），在冰箱中放置1晚。

毛豆

将毛豆放入研磨钵中，用盐擦一遍后洗净，清除表面的细毛。用盐水将毛豆焯一遍，捞出，撒上盐，冷却。将根部切掉，盛盘。

吸物

凉山药泥、软煮鲍鱼、生海胆

[准备]

1.将山药削皮，放入研磨钵中研磨成泥，边搅拌边加入稍浓的一道高汤，将山药泥稀释。用淡味酱油和盐调味，充分冷却。

2.在生海胆上撒上少量盐，撣上葛粉，在开水中焯一下后，放入冰水中。捞出，沥水。

3.将软煮鲍鱼（见第140页）适当分切。

[完成]

将软煮鲍鱼、海胆放入器皿中，倒入步骤1的凉山药泥。

果子三段盒

上段

黑芝麻拌豇豆、山椒粉

将豇豆捆在一起焯一遍。捞出，冷却。将其切分成1.5～2厘米的长段，用二道高汤略焯一下。

将黑芝麻放入研磨钵中，用高汤、淡味酱油、浓味酱油调味，边研磨边稀释。然后放入沥过水的豇豆，拌在一起。上菜前拌入山椒粉。

中段

昆布腌沙钻鱼、紫苏芽、什锦胖大海、山葵、淡味高汤

将沙钻鱼切成3份，清理上身肉，在两面撒上少量盐，放置1小时左右。在酒中兑入少量淡味酱油，将其拌入沙钻鱼中。

将沙钻鱼加入泡软的昆布中，压上重物，在冰箱中放置5小时左右。揭下昆布，剥皮，将沙钻鱼切成鱼片，盛盘。放入紫苏芽、什锦胖大海、山葵，顺着器皿内壁倒入淡味高汤。

什锦胖大海的制作方法如下：

将胖大海放入水中浸泡1晚，泡软，去掉壳、筋、籽等，取出茶色果冻状的果肉。将琼脂用水泡软，用适量的开水溶开。将胖大海摆入铁盘中，倒入琼脂料，使其略没过胖大海，冷却凝固，再切分成四方形食用。

下段

长茄子风吕吹配香橙幽庵酱

在长茄子上纵向切出几条刀痕，放入油中炸。炸好后，再放入用八方高汤、淡味酱油、浓味酱油、甜料酒调制的料汤中略煮一下。将长茄子与料汤分开晾凉。冷却后再将长茄子放回料汤中浸泡。盛盘时将茄子切成可以一次入口的大小，浇上香橙幽庵酱，撒上香橙皮末。

生腐竹、树芽

将腐竹捆在一起，在其中央扎上竹皮固定。将腐竹放入锅中，倒满八方高汤，盖上小纸盖煮制。其间（煮至汤蒸发到一定程度时）加入糖继续煮一会儿后，再加入淡味酱油、浓味

酱油、甜料酒调味。盛盘，在上面放上树芽。

煮栗麸

将栗麸切成可以一次入口的大小，放入油中炸。浇上开水去油，再将栗麸放入八方高汤中，使汤刚好没过栗麸，点火煮制。其间加入糖、淡味酱油、浓味酱油、甜料酒调味。

四季豆

将四季豆用盐水焯一遍后捞出，切分成适当大小，再放入用八方高汤、糖、淡味酱油、盐、用来佐味的甜料酒调制的料汤中煮。

枫麸

将枫麸切成适当大小，用八方高汤煮。其间加入糖、淡味酱油、盐。

代替米饭的主食

海鳗寿司、山椒

[准备、完成]

1.将海鳗切开，清理上身肉，切掉鱼骨。将海鳗穿成串，干烤后，涂上2～3次调料汁(海鲜用调料汁)烤。

2.将海鳗肉一侧朝下，放在拧干的纱布上，在鱼皮上摆上树芽。

3.在海鳗上放上团成棒状的寿司饭，制成棒状寿司。翻面，揭下纱布，在表面涂上蘸料。

蘸料是将甜料酒煮干，放入海鲜调料汁、浓味酱油煮干后制成。

4.将海鳗寿司切分成适当大小，盛入铺有竹叶的器皿中，放入山椒(见第156页)。

9月 白露的果子

（彩图：见第114页）

先付

酱油腌鲱鱼子

[准备、完成]

将生鲱鱼的卵巢袋切开，放入大盆中。倒入充足的开水，轻轻搅拌几下后，将鲱鱼子放入流水中。将鲱鱼子一粒一粒地分开，清理干净，放入浓度为2%的盐水中浸泡至白浊的鲱鱼子变为透明状。

将鲱鱼子放入笊篱中，沥水，再次放入盆中，分别撒入相当于鲱鱼子2%量的浓味酱油和淡味酱油，腌制。

煮物碗 肉汤、

鳗鱼、圆形年糕、

烤葱、生姜丝

[准备]

1.将鳗鱼切成段，穿成串。撒上少量盐，干烤后，取出中骨、内脏，使其形成筒状，放入煮沸的高汤中煮制。

将底汤过滤一遍，加入高汤、酒，用淡味酱油、浓味酱油、盐调味，作肉汤使用。

2.将圆形年糕、切段的葱烤出焦痕，放入二道高汤中加热。

[完成]

将步骤1的鳗鱼、圆形年糕、烤葱放入碗中，放入生姜丝，倒入肉汤。

果子盘

细高汤鸡蛋卷

制作细高汤鸡蛋卷（见第160页）。将鸡蛋卷放入卷帘，整理好形状，切分成适当大小。

烤五条鱼寿司、山椒

将五条鱼切成3份，清理上身肉，在两面撒上盐，放置1小时以上。待盐渗入后，用醋略洗一下，大致拭干。在鱼皮上切出井字刀痕，将鱼皮朝下放在湿布上。加入树芽，团成棒状，整理好形状，制成棒状寿司。最后用烙铁在鱼皮上烙出焦痕，再将其切分成可以一次入口的大小。放入山椒（见第156页）盛盘。

墨鱼子粉烤沙钻鱼结

将沙钻鱼切成3份，清理上身肉，在两面撒上少量盐，放置1小时以上。在一侧鱼肉的中央，距鱼头3/4左右的位置，切出刀痕（不要切断距鱼尾1/4的部分），将鱼肉展开并系成结。

将沙钻鱼结穿成串，制成若狭烧（反复撒上酒烤几次）。快烤好时，在表面涂上蛋清，蘸上墨鱼子粉烤制（见第183页），注意不要烤焦。

生海胆松风

将生海胆放在盒子中，撒上盐。待盐分渗入后，将盒子较长一侧的边缘揭下（若揭下短边，则在烧烤时长边会弯进去留下）。然后将海胆直接放入烤箱，以250℃～300℃的温度烤5分钟。

制作干贝料。用研磨钵将干贝捣碎，加入鱼肉泥继续研磨。加入高汤和蛋黄，调节成适当的软硬度。用少量的淡味酱油和甜料酒调味。

在洗物槽中铺入厨房纸，倒入一半干贝料，平整表面。在上面撒上烤海胆，适当留出间隔。倒入剩余的干贝料，平整表面。在表面撒上煎黑芝麻，放入烤箱，用250℃左右烤30～40分钟。

烤至5分钟左右时，取出，在表面刺入细孔，以防止表面膨胀。重复此步骤3次左右，将其烤成整齐的形状。

冷却后将其从洗物槽中取出，翻过来扣在菜板上，放上重物冷却，使其形成扁平的形状，冷却后再切分成便于食用的大小。

甜煮带皮栗子

将栗子放入开水中浸泡10分钟左右，剥去外皮，注意不要损坏涩皮。这时仅留下底部的外皮。

将栗子放入锅中，倒入水，煮半天左右，煮至底部的外皮脱落时，关火，用较硬的海绵擦掉涩皮上筋，注意不要损坏涩皮。

再次倒入水，点火加热，煮半天左右。关火，清理剩余的皮。

再次倒入水，点火加热，煮至栗肉表面呈浓茶色后，放入水中。取出，沥水，放入糖浆中甜煮。

松针穿盐煎银杏

将银杏壳剥掉，放入水中浸泡1晚，剥掉薄皮。在砂锅中放入足量的盐，放入银杏，点火加热。翻炒银杏。最后穿入松针，盛盘。

蓑衣小芋

将小芋洗净，切掉叶萼，撒上盐，连皮蒸。

蘘荷毛豆拌饭

将生姜整个从顶部切片。

在炸豆腐片的3个边上切出刀痕，将豆腐片打开，用勺将里面的白色部分取出。将豆腐片切成约3厘米长的细丝。

将毛豆放入研磨钵中，用盐洗一遍，清理细毛。将毛豆从豆荚中取出，剥去薄皮。

将米淘好后放入笊篱中，倒入用高汤、浓味酱油、淡味酱油、盐调制的料汤，调节好水量，拌入炸豆腐丝，点火煮饭。煮至起沫时，加入生姜。快煮好之前，加入毛豆，整体搅拌均匀。

用模具将拌饭制成菊花形。

奈良酱腌西瓜

（食谱省略）

*配菜：菊花叶

烧物

香橙幽庵酱烤带子香鱼、醋渍莲藕

[准备]

将莲藕削成花形。在开水中加入少量醋，将莲藕略焯一下。将莲藕放入流水中，切片。再次将其放入倒有少量醋的开水中焯一遍，捞出，冷却。放凉后，与辣椒(切掉叶萼，去掉籽)一同浸入甜醋(拌菜用)中。

[完成]

将带子香鱼穿成鱼跃串，在隆起的鱼腹上斜着切出刀痕。从背面将香鱼推一下，使刀痕张开。撒上盐烤。注意要将鱼头、内脏和鱼子烤熟，大火烤至稍焦的程度即可。

将香鱼盛入器皿中，加入配有红辣椒的醋渍莲藕。

10月 观菊月的果子

（彩图：见第122页）

先付

淡味高汤拌焯松菇和水菜

[准备]

1.将松菇的菌柄头去掉，洗净，拭去水，撒上盐，用炭火烤一遍，然后用手掰成便于食用的大小。

2.将水菜略焯一遍，放入冷水中。将水菜取出，挤干水，放入用淡味酱油调味的二道高汤中浸泡10分钟左右。将其取出，挤干水，切分成约3厘米长的长段。

[完成]

用淡味高汤将松菇、水菜大致拌在一起。

*松菇最好使用菌盖稍张开的。因其比未张开的松菇更软，且香味浓厚，比较适合这道菜。

先付

三宝盛香煮香菇

将香菇放入水中浸泡1晚，泡软，将污垢清洗干净。将香菇放入用二道高汤、甜料酒、浓味酱油调制的料汤中煮成甜辣味。

甜煮烤栗子

将栗子放入开水中浸泡10分钟，泡软，剥去外皮和涩皮。将栗子和栀子一同焯过后，放入水中。将栗子取出，沥水，再放入糖浆中煮制。将栗子取出，拭去水，用烙铁在表面烤上焦痕。

松针穿炸银杏

将银杏的外壳剥掉，油炸后，撒上盐。穿入松针，盛盘。

果子

瓢亭鸡蛋

（见第156页）

鲷鱼与明虾的菊花寿司、山椒

将鲷鱼切成3份，取节，剥去鱼皮，切成鱼片。撒上少量盐，放置1小时左右。用醋洗一遍，沥水。

将明虾的虾头、虾线去掉，用盐水焯一遍后，捞出。去掉虾壳、虾尾，从背部将明虾切开，切成两半。用醋将明虾洗一遍后，沥水。

将鲷鱼片放在湿布上，放上树芽，再放上寿司饭，团成团。以同样方法制作明虾寿司。将鲷鱼寿司的中央部分按下去。

将煮鸡蛋的蛋清和蛋白分开，分别过滤，将它们放在寿司的中央（鲷鱼→蛋黄、明虾→蛋清），形成菊花的形状。

放入山椒（见第156页）。

甜煮带子香鱼

将带子香鱼穿成串，干烤。将香鱼放入锅中，倒入八方高汤、酒，使汤没过香鱼，点火煮制。其间加入糖、浓味酱油、甜料酒，慢火炖煮。

将带子的部分切下来食用。

烤干贝夹生海胆

在干贝上水平切出刀痕，打开干贝，加入生海胆。撒上盐，将其放在铝纸上，放入烤箱中烤以300℃烤4分钟左右。

松针穿炸零余子和烤玉蕈

将零余子洗净，拭干水，油炸后，撒上盐。将玉蕈撒上盐烤过后，撒上磨碎的木鱼花。将零余子和玉蕈穿入削成松针状的青竹签上。

松菇饭、鸭儿芹茎

将松菇切成薄片。

将米淘过后放入笊篱中，倒入用高汤、淡味酱油、酒、甜料酒、盐调味的料汤，调节好水量，再放入松菇煮制。

用模具将其压成红叶形，撒上略焯过的鸭儿芹茎。

奈良酱腌西瓜

（食谱略）

*配菜：胡枝子叶

煮物碗　淡味葛粉汤、茶荞麦方头鱼卷、糯米粉炸松菇、水菜、生姜泥

[准备]

1.将方头鱼的鱼鳞刮掉，切成3份，清理上身肉。以片肉的要领在靠近鱼皮的位置切出刀痕。每切2次刀痕便切下一片。在鱼片两面撒上少量盐，放置1小时左右。

2.将茶荞麦平展在海苔上，卷起来，制成海苔卷。将其切分成4等份。

3.将步骤1的方头鱼鱼皮朝下放置，卷上步骤2的海苔卷，放入蒸器中蒸。

4.将松菇的菌柄头去掉，洗净，拭干水。从菌盖至菌柄以相等

间隔切入刀痕，这样炸一遍即可炸熟。
在整个松菇上掸上面粉，蘸上蛋清、糯米粉，放入油中炸。
5.将水菜略焯一下，放入冷水中。将其取出，沥水。盛盘前再以二道高汤略加热。

[完成]

将茶荞麦方头鱼卷、糯米粉炸松菇、水菜盛入碗中，放入生姜泥，倒入淡葛粉汤。

烧物

焙烙盛香橙幽庵酱烤梭鱼、盐烤松菇、菊花芜菁

[准备]

1.将梭鱼切成3份，清理上身肉，将梭鱼浸入香橙幽庵酱中，在冰箱中放置1晚。将其穿成两褄折串，在鱼皮一侧切出井字刀痕，放在火上烤。
2.将松菇的菌柄头去掉，洗净，拭干水。撒上盐，用炭火烤。
3.将芜菁切成适当宽度的片状。在其表面切出网状刀痕，切至厚度的一半左右。从背面将其切成适当大小，放入水中浸泡，再放入浓度为3%的盐水中泡软，挤干水，将芜菁与辣椒(切出刀痕，去除籽)一同放入甜醋中浸泡。
沥水，将芜菁呈菊花状展开，放入辣椒丁盛盘。
4.在砂锅中放入盐，压实，铺上足量的松针，盖上盖子，温火加热。

[完成]

待松针加热至茶绿色，散发出独特的香味时，放入做好的香橙幽庵酱烤梭鱼和盐烤松菇，盖上盖子，再用温火加热5分钟左右。上菜前加入菊花芜菁，放入盘中供客人分取。

本书所使用的基本食材

高汤

一道高汤

利尻昆布……380克

木鱼花（清理过淤血的木鱼花）……350克

水……14.4升

1.将昆布在使用前一天略冲洗一遍，捆在一起，用竹皮扎好，挂起来晾置（少量昆布则在使用前略洗一下，大致切分）。

2.在锅中倒入水，将捆在一起的昆布放入水中。

3.点火，保持用65℃～70℃的水温煮1小时左右，将昆布煮出颜色和味道。

4.品尝并确认昆布的香味充分煮出来后，捞出。

5.将昆布捞出后，在水温升至沸腾前，放入木鱼花，用筷子将其按在水面下。

6.漂浮的木鱼花会沉入水中，并产生浮沫。将浮沫清除，关火，静置。注意绝对不要将水煮沸。

7.放置15分钟左右后，品尝并确认香味充分煮出来后，将高汤放入较厚的绒布中过滤一遍。注意不要挤压。

二道高汤

昆布……制作一道高汤时用过的昆布

木鱼花……制作一道高汤时用过的木鱼花

水……制作一道高汤时水量的70%左右（10升左右）

在锅中放入适量的昆布、木鱼花、水，点火，加热煮沸（水沸腾后煮20～30分钟）。将昆布捞出，用绒布过滤一遍，滤干水。

八方高汤

一道高汤（二道高汤亦可）……14.4升

酒……800毫升

甜料酒……400毫升

追鲣……使用二道高汤时，加入追鲣，调味至浓高汤的程度（约300克）。

将食材全部放入锅中，点火加热。沸腾后煮约15分钟。用绒布过滤一遍，沥干水。

基础的汤

将一道高汤倒入锅中，加入淡味酱油、盐，调出适当的颜色和味道。

淡味葛粉汤

在基础的吸地汤中加入用高汤化开的吉野葛粉，煮至黏稠状。

箸洗汤

利尻昆布……7～8厘米长的昆布1片

水……400毫升左右

盐……微量

在锅中倒入水，点火加热，放入昆布。煮至昆布的味道略渗入水中后（注意不要将水煮沸），立即捞出。加入微量的盐。

用高汤化开的吉野葛粉

用水将吉野葛粉充分化开，用茶网过滤一遍后，放入冰箱中静置1晚，使其沉淀。使用时将表层的水倒掉，加入一道高汤搅拌。待剩下的葛粉沉淀后，将高汤倒掉，重新加入水，放入冰箱中保存。

味噌酱汤

白味噌酱汤

二道高汤……1升

白味噌酱汤……300克

赤味噌酱汤……微量

将二道高汤倒入锅中，点火加热，用打蛋器将白味噌酱放入二道高汤中溶解。然后取少量赤味噌酱，用茶网过滤到二道高汤中。继续加热，注意不要煮沸。捞出浮沫（浮在表面的白沫）。关火，用筛网过滤一遍。

赤味噌酱汤

一道高汤……1升

赤味噌酱……50～60克

将一道高汤倒入锅中，点火加热，注意不要煮沸，用茶网将赤味噌酱过滤到高汤中。

袱纱味噌酱汤

即合味噌酱。将二道高汤倒入锅中，点火加热。放入白味噌酱溶解，制成味道略淡的白味噌酱汤。取适量赤味噌酱（因季节而异），用茶网将赤味噌酱过滤到高汤中。一边煮一边清理浮沫，注意不要煮沸。关火，用筛网过滤一遍。

*随着季节接近夏季，赤味噌酱的用量逐渐增多，同时减少白味噌酱的用量。白味噌酱减少的量要比赤味噌酱增加的量稍多。白味噌酱比例大时，使用二道高汤；赤味噌酱比例大时，使用一道高汤。

*因味噌味道的不同，使用的分量也有很大差别，制作时要实际品尝并确认。

合味噌酱

白煮味噌酱（白色的田乐味噌酱）

白味噌酱……1千克

糖……180克

酒……150毫升

甜料酒……30～40毫升

将白味噌酱放入锅中，放入糖、酒，稍稍稀释。点火，以中火加热至沸腾后，改为小火。用木勺搅拌加热，直至凝固并上色。最后加入甜料酒煮制。使用时加入二道高汤调节软硬度。

红煮味噌酱（红色的田乐味噌酱）

赤味噌酱……300克

白味噌酱……700克

糖……200克

酒……30毫升

甜料酒……65毫升

将赤味噌酱过滤一遍，放入锅中，加入白味噌酱、糖、酒、甜料酒，混合。点火，以中火加热至沸腾后，改为小火。用木勺搅拌加热，直至凝固并上色。注意不要煮焦。

芥末醋味噌酱

白煮味噌酱……适量

糖……适量

醋（米醋）……适量

芥末……适量

用醋将白煮味噌酱稀释，加入芥末。使用时加入一道高汤，调节软硬度。

香橙幽庵酱

白煮味噌酱……适量

二道高汤……适量

香橙（香橙皮末和榨汁）……适量

用二道高汤将白煮味噌酱稀释，放入香橙皮末、香橙榨汁，增加香味。青香橙和黄香橙会形成不同的香味。

树芽味噌酱

白煮味噌酱……适量

树芽……适量

二道高汤……适量

青料……适量

将树芽放入研磨钵中充分研磨。加入白煮味噌酱继续研磨。每次少量倒入二道高汤，调节软硬度。觉得颜色不够时，再加入青料调色。

*青料……将菠菜等绿色蔬菜放入研磨钵中充分研磨，加水稀释，然后用筛网过滤一遍。将滤出的绿水放入锅中加热，捞取浮在表面的绿色凝固体，放入布中挤压。以此制成的食材称为青料。可冷藏。

合醋

淡味高汤（调味醋）

一道高汤……200毫升

淡味酱油……20毫升

浓味酱油……5毫升

柑橘类榨汁……适量

香橙皮末……适量

在一道高汤中加入淡味酱油、浓味酱油，注意调节味道，使客人可以全部吃净。加入柠檬、酸橘、青橘、香橙等3种以上柑橘类水果的榨汁，再加入香橙皮末，调出酸味。最后再过滤一遍。

*在柑橘类榨汁中，少放柠檬汁，总共加入约20毫升。另外，少放青香橙汁，多放黄香橙汁。

调料汁

淡味高汤……适量

淡味酱油……适量

浓味酱油……适量

甜料酒……适量

葱花……适量

白萝卜泥……适量

一味辣椒……适量

在淡味高汤中加入少量淡味酱油、浓味酱油，调节成稍浓的味道。再加入用于佐味的甜料酒、葱花、略挤干水的白萝卜泥，以及少量的一味辣椒。

甜醋3种

将醋和其他食材混合在一起，放入锅中，点火加热化开制成(注意不要加热至80℃以上)。

①拌菜用甜醋

山椒、醋渍莲藕、醋渍当归等

醋……50毫升

水……80毫升

糖……10～15克

盐……少量

②配菜用甜醋

菊花、新海苔、岩海苔等

醋……10毫升

水……100毫升

糖……5～10克

盐……少量

③龙皮卷用甜醋

龙皮卷等，主要用于鱼类

醋……100毫升

糖……10克

淡味酱油……10毫升

寿司醋

相对于0.1升米的量

醋……15毫升

糖……10克

盐……3克

将食材混合在一起，放入锅中，点火，边搅拌边加热。

*寿司饭……倒入10%一道高汤、90%二道高汤，调节好水量煮饭。煮好后，洒上少量酒蒸。将寿司饭放在饭台上，趁热撒上寿司醋搅拌。

合酱油

土佐酱油

浓味酱油……1.8升

煮酒……800毫升

煮甜料酒……50毫升

追鲣……80毫升

将食材放入锅中，点火加热。略沸腾后，关火。冷却后，过滤一遍。

梅肉酱油

梅肉

一道高汤……适量

浓味酱油……适量

淡味酱油……适量

甜料酒……少量

将梅肉过滤一遍，加入一道高汤稀释。以浓味酱油、淡味酱油、少量甜料酒调味。

烧烤调料汁、腌制调料汁等

香橙幽庵酱料

将酒煮过后，冷却。加入甜料酒、淡味酱油、浓味酱油。在腌制时，放入适量的香橙片。使用时不需拭去表面的酱料。

[香橙幽庵酱料的食材比例]

煮酒70%、淡味酱油20%、浓味酱油10%、甜料酒40%。

*香橙片适量。

味噌香橙幽庵酱料

幽庵酱料……2升

粗粒白味噌酱……500克～1千克

*香橙片适量。

将粗粒白味噌酱混入香橙幽庵酱料中。加入适量的香橙片，以此来制作腌料。使用时不需拭去表面的酱料。

烧烤调料汁4种

1.新烧烤料汁的做法如下。在煮酒中加入甜料酒、酱油煮制。将禽类的皮、骨头以及鱼类的鱼头或鱼骨烤过后分别加入各自的调料汁之中煮制。这样煮出来的调料汁会带有浓厚的香味。

2.将烧烤调料汁加入经常使用的调料汁中，点火加热，使味道渗入。将其放入冰箱中保存，每次取所需的分量使用。不够时，再制作新的调料汁添加进去。

各烧烤调料汁的食材比例如下：

①鳗鱼烧烤调料汁

酒100%、浓味酱油50%、甜料酒60%。

②禽类烧烤调料汁

酒20%、浓味酱油10%、甜料酒10%。

③河鲜烧烤调料汁

酒30%、淡味酱油5%、甜料酒10%。

④海鲜烧烤调料汁

酒30%、浓味酱油5%～10%、甜料酒10%。

南蛮酱料

一道高汤……1升

醋……450～500毫升

淡味酱油……50毫升

浓味酱油……50毫升

甜料酒……100毫升

追鲣……20克

烤葱……适量

辣椒……适量

将一道高汤、醋、淡味酱油、浓味酱油、甜料酒混在一起，加入追鲣，点火加热。煮沸后，关火。冷却后，过滤一遍。将其倒入放有食材的铁盘中，加入烤葱、辣椒（去掉花萼，去除籽），腌制1晚。

糖浆

将水和糖混在一起，点火加热。煮沸后关火。

[糖浆食材的比例]

水10%、糖0.8克

其他

芥末

将芥末放入开水中化开，搅拌成糊状。

葱白

将葱白切成5厘米左右的长段。在每根葱白上纵向下刀，分别拆开。去掉薄皮，沿着纤维切成丝。将葱丝放入水中浸泡。捞出，沥水。

生姜泥

将研磨成泥的生姜揉成针灸用的艾草绒似的形状。

山葵丝

将山葵外侧的浓绿色部分削成纸片状。然后将其切成1.5厘米左右长的丝。将其放入水中，使其吸水变脆。

生姜丝

将削皮的生姜切片，再沿着纤维切丝，放入流水中洗净后，沥水。

香橙皮丝

将香橙皮上白色的部分清除，切丝。

梅肉

将梅干的核去掉，过滤一遍。

山椒

将山椒的根部清理干净，整理好形状。将山椒略焯一遍后转入笊篱中，趁热撒上少许盐。冷却后，浸入甜醋（拌菜用）中。

墨鱼子粉

使用从墨鱼子上清理下来的碎末等。若食材较软，则用金属筛网滤一遍。若食材较硬，则使用切菜器磨碎。在报纸上铺上白纸，将墨鱼子撒在白纸上（利用白纸吸取油分）。反复更换白纸，放置1周左右，将墨鱼子晒成干末。

*另有一种方法是在砂锅中铺入白纸，利用余热加热。这样可以更快地制成墨鱼子粉。但很容易将墨鱼子烤熟，形成黄褐色，所以火候的把握较难。因此，不断更换白纸吸取油分的方法虽然比较花时间，但不容易失败。

食材及料理索引

- 按食材名、食谱名、各料理名、彩图页、食谱页的顺序表示。
- 可以检索本书中出现的主要食材。
- 个别料理名适当省略。
- 箸洗、香物等项目中的部分料理未刊登。

怀石料理的规矩

通观普通茶事中怀石料理的流程方法，在此将各料理的特征及规矩、端菜方法、接菜方法等整理出来，以供参考。

怀石料理的规矩分为亭主的规矩、客人的规矩、亭主与客人的规矩三部分。但在实际举办怀石料理时，进行方法以及规矩会因亭主的意图或客人的情况而有所改变，需要灵活掌握。

怀石料理流程简表（表千家流）

在此简单地将表千家流等流派通常举办怀石料理时的顺序整理如下，并在图中列明提供料理一方所应掌握的要点，例如米饭的形状、八寸的盛装方法、膳盘上器具的摆放位置、分取筷的种类等。

另外，有时根据流派的不同，以及客人及亭主的原因，该顺序会有所变化，请将下图作为大致理解怀石料理的整体流程的一个参考使用（里千家流，见第204页）。

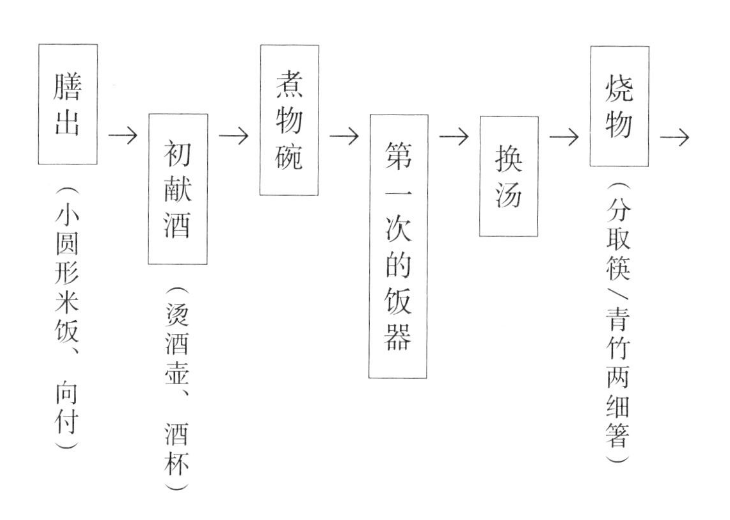

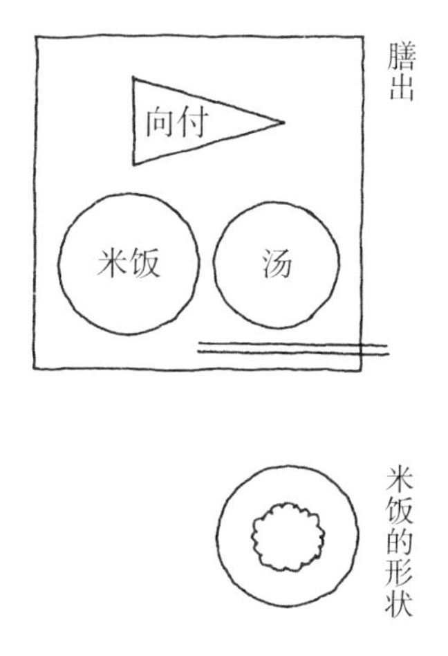

＊酒盗……在主客尽兴的宴席上，有时会增添这道下酒菜。有时在八寸之前端出，有时在其后端出。

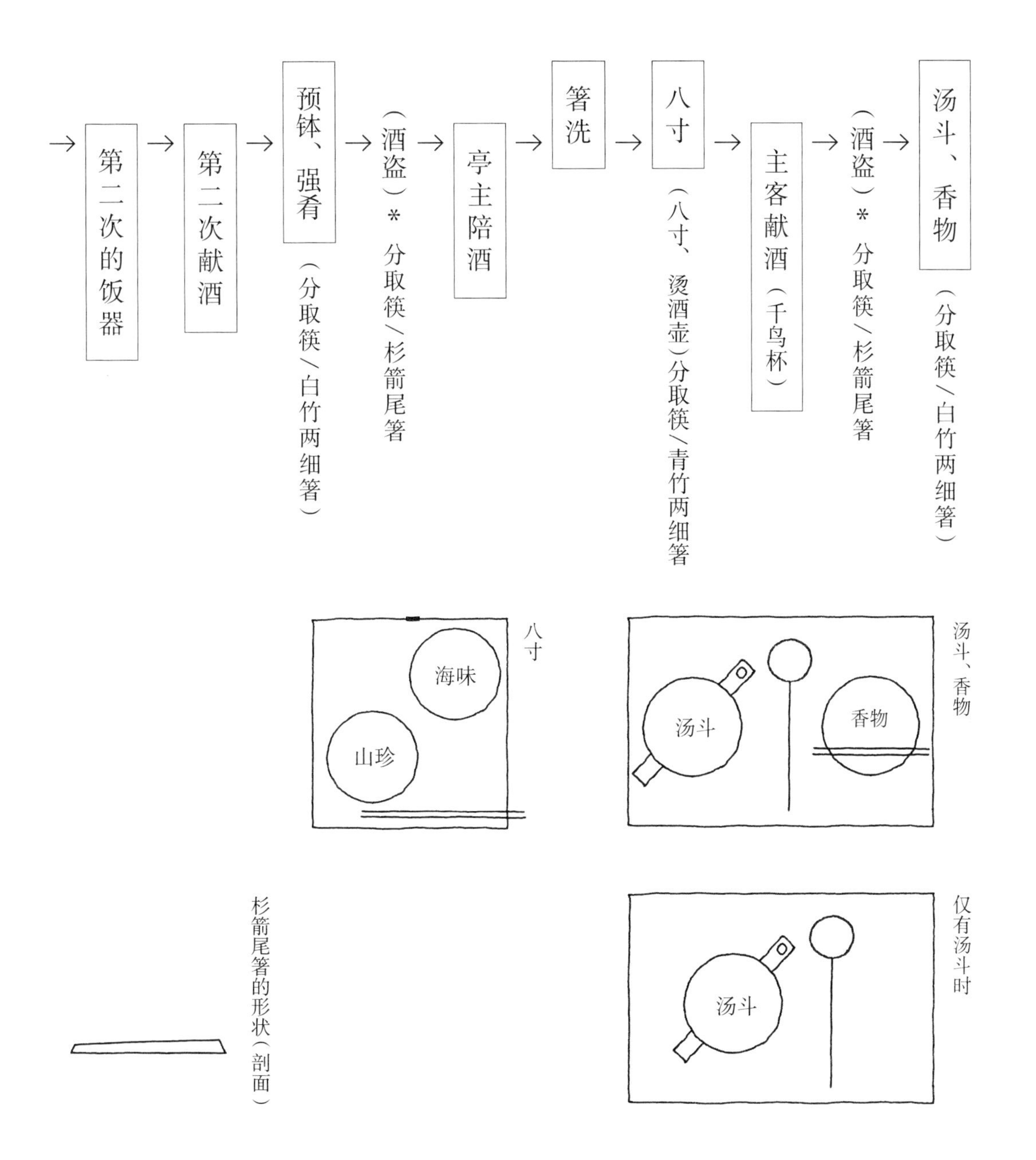

怀石料理流程简表（表千家流）

怀石料理的流程与顺序（表千家流）

在此将通常在表千家流等流派举办的怀石料理（以正午的茶事为例）基本流程及顺序，以宴席中主客的交流方式为中心整理如下。亭代表亭主，客代表客人。在此假定只有正客、次客、末客三位客人。实际的怀石料理上会有更多的客人，有时还会有协助亭主端菜、提供服务的“半东”在场。但正客的料理基本是由亭主亲自端上。下图代表从客人的角度看到的料理及其附带餐具等的位置。

另外，在此整理的只是一个作为参考的例子。在实际的怀石料理中，所有事情都是根据主客的经验程度以及现场的状况临机应变地进行处理（里千家流见第206页）。

膳出

亭 将正客的料理端上，亲手献给正客(1)。

亭 将次客以下的料理依次端出，亲手献给每位客人。

亭 退至茶道口，向客人们说“请慢用”。

客 客人们一起回礼，正客说“多谢”，次客以下的客人说“在下作陪”。

客 客人们一同用双手捧起饭碗，揭下汤碗盖(2)，吃饭喝汤。

客 将米饭留下一点儿，将汤喝净。因之后会换汤，用怀纸[1]将汤碗擦拭干净，放好。

初献酒

亭 将烫酒壶和放有酒杯的杯台端出。

亭 将杯台的正面朝向正客，并献给正客。

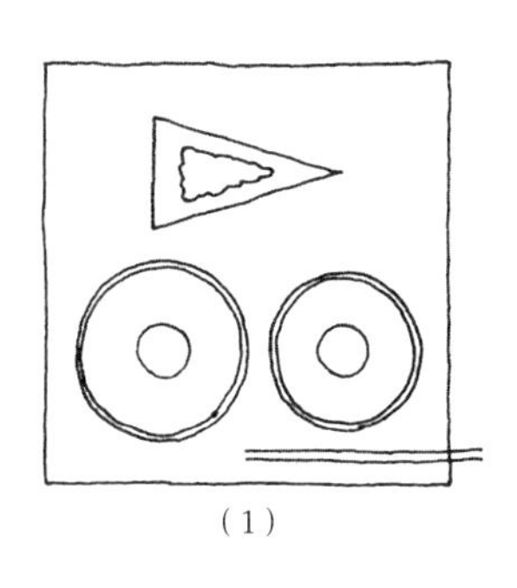
(1)

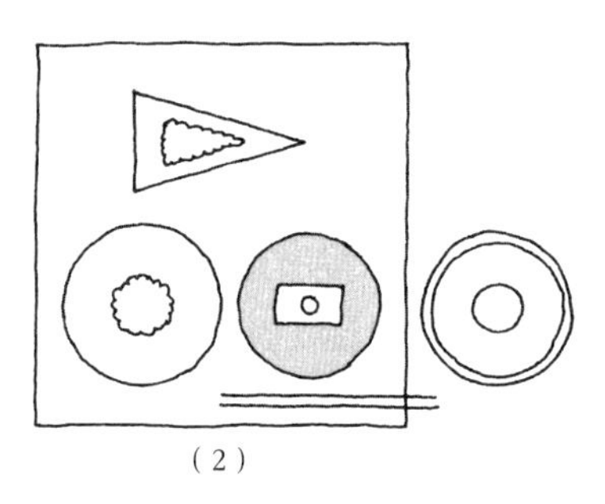
(2)

① 茶道上用于擦杯口或放果子的白纸。

客 从正客开始依次取自己的酒杯，直至末客，最后将杯台放在末客的面前。

亭 向客人斟酒。从正客至末客斟一遍酒后，将烫酒壶带下去(也可放在正客面前)。

客 接受亭主的献酒。喝过酒后品尝向付(3)。

煮物碗

亭 将正客的煮物碗放在通盆[②]上端出，将煮物碗放在正客的膳盘外侧的右上角处(4)。

客 将次客以下客人的煮物碗放在肋引[③]上端出，分别放在每位客人的膳盘外侧的右上角处。

亭 退至茶道口，向客人们说“请趁热享用”。

客 客人们一起回礼，将煮物碗稍移向自己的方向(膳盘的右侧)。揭下碗盖，叠放在饭碗盖上(5)，开始进餐。食毕，客人再将盖子盖好。

第一次的饭器

亭 将通盆勺子放在饭器上端出，将勺子放入饭器中。

客 向亭主说“请交给我”。

亭 将饭器的正面朝向正客，并献给正客。

换汤

亭 将通盆勺子放在饭器上端出，将勺子放入饭器中。

客 向客人说“让大家久等了”。

亭 将饭器的正面朝向正客，并献给正客。

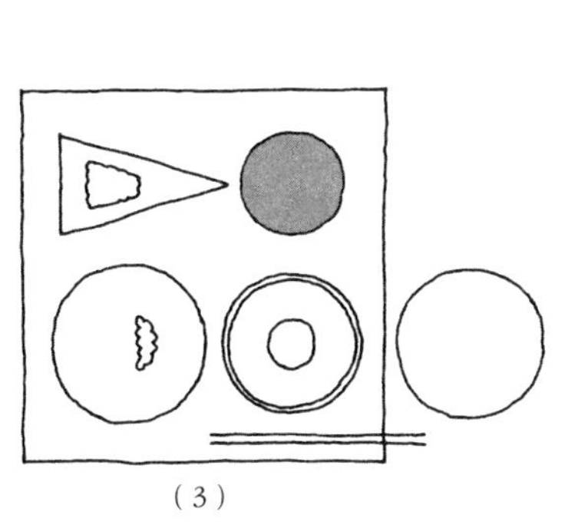

(3)

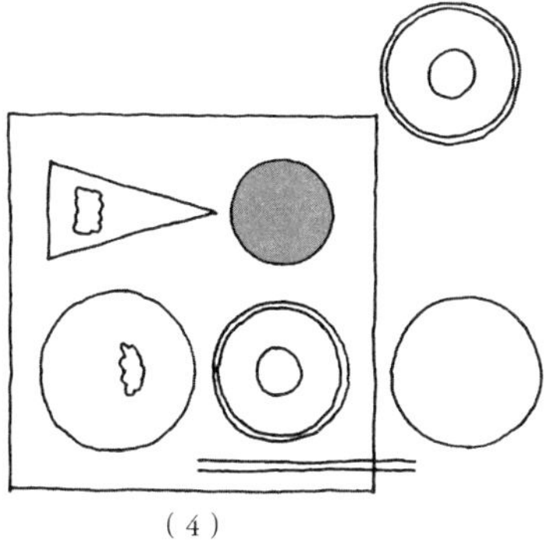

(4)

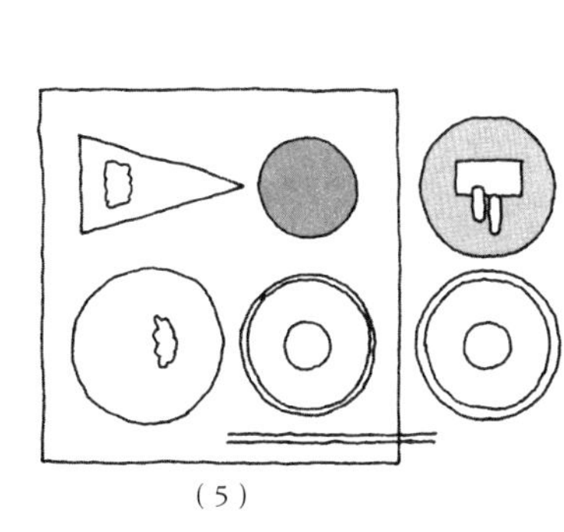

(5)

② 日本的一种圆形托盘。③ 日本的一种长方形托盘。

与前后步骤同时进行：

客 揭开饭器的盖子，轮流盛饭，最后将空饭器放在末客前面。

客 分别从饭器中盛饭(6)，然后传给下一位客人。按人数等分，分别盛取均等量的米饭，最后要全部取干净。然后将空饭器盖上盖子，放在末客的前面。

亭 仅持空的通盆再次入室，为次客换汤，将次客的汤碗端走。

客人多时，为节省亭主一方的时间，有时使用胁引一次端上2～3人份的汤。在这种情况下，客人们一般是每隔一人，将自己的汤碗盖揭开，留在身前，使有盖和无盖的汤碗交叉放置，并将其交给亭主，以便亭主一方可以分清每人的汤碗。

亭 将正客的新汤放在通盆上端出，献给正客。

客 正客接过新汤(7)。

亭 将空通盆端给末客，为其换汤。将末客的汤碗端走。

亭 将次客的新汤放在通盆上端出，献给次客。

客 次客接过新汤。

亭 将末客的新汤放在通盆上端出，献给末客。

客 末客接过新汤。

亭 为所有客人换过新汤后，将空饭器端走。

客 盛饭。接过新汤后，揭开汤碗盖(8)，开始吃饭喝汤。米饭最后要留下一点儿，汤要喝净，盖上汤碗盖。

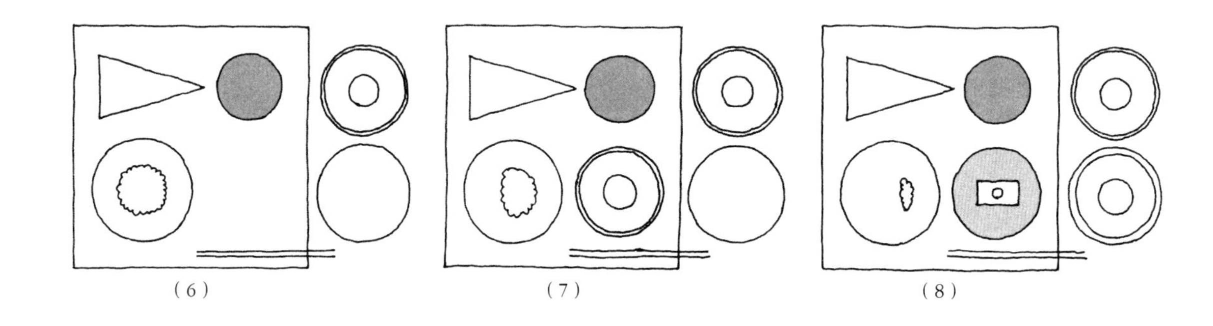

(6)　(7)　(8)

烧物

[亭]将烧物钵端出，献给正客。

有时将香物一同放在烧物钵中，或是使用重箱[1]，上层放香物，下层放烧物再端出。在这种情况下，可以在分取过烧物后，接着分取香物。腌萝卜片等香物在最后吃泡饭时要搭配食用，一定要留下。

[客]从正客开始依次分取烧物，基本上是使用向付的器皿来盛取(9)。

[客]将空器皿放在末客前面(以下分取菜用的器皿皆同)。

第二次的饭器

[亭]与第一次的方法相同，将第二次的饭器端出，将勺子放入饭器中。

[客]与第一次相同，向亭主说“我自己来”。

[亭]将饭器正面朝向正客，并献给正客。

[亭]将空的通盆端给正客，为其换汤。

[客]推辞第二次换汤。

[亭]将通盆端走。

[客]揭开饭器盖，传至末客(最后放在末客面前)。

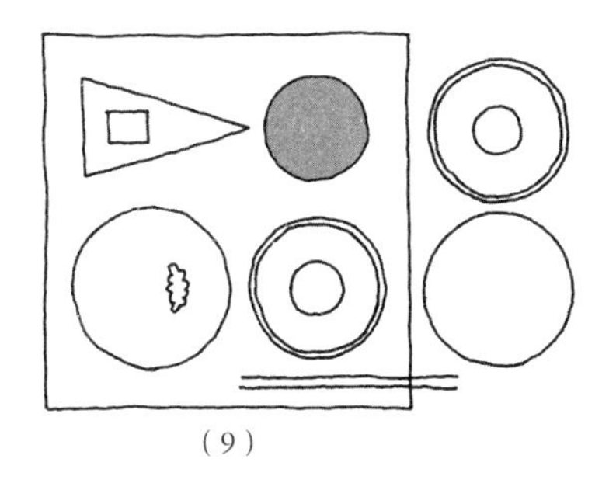

(9)

① 装饭菜的重叠式的木箱。

客 从饭器中盛出所需的米饭量(10)，然后传给下一位客人。这次不用将米饭全部取完。

客 将饭器盖好，放在末客面前，如有需要再盛饭的客人，可将饭器传递过去。

客 最后留下一点儿米饭，以便作为之后的泡饭。

第二次献酒

亭 重新端出烫酒壶，献给正客，退下。

亭 退至茶道口，向客人们说“请慢用”。

客 劝亭主入席，一同用餐。

亭 通常推辞入席，且在水屋①相陪。

预钵、强肴

亭 除“一汁三菜”之外，如果还准备了预钵或强肴(拼盘及拌菜等)时，可在此时端出来，献给正客。

客 从正客开始，依次分取预钵、强肴。如果向付的器皿盛满，也可以使用汤碗盖等(11)。

亭 有时还将酒盗、酒盅、石杯等端出，向客人劝酒。

亭主相陪 （10～15分钟）

客 客人们任意享用料理和酒。

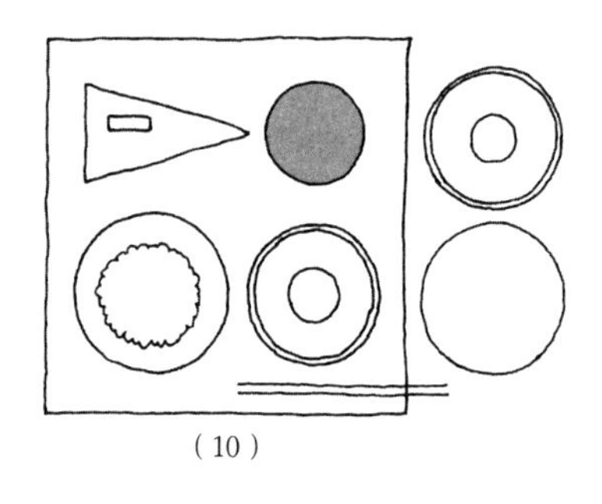
(10)

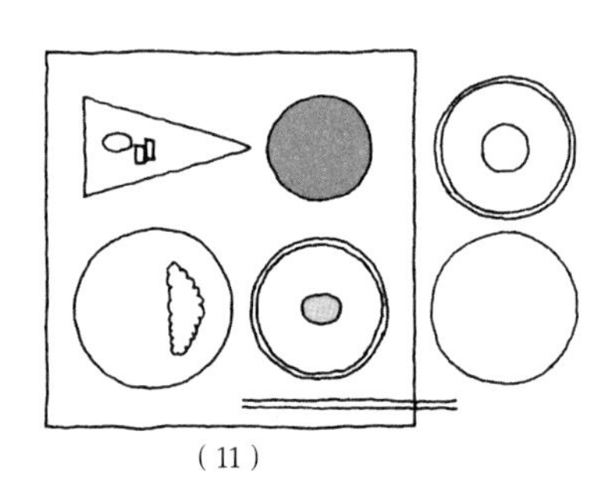
(11)

① 准备料理等的厨房。

客 食毕，用怀纸将煮物碗擦干净，将正面朝向外面，放于膳盘对面的中央。将剩下一点儿米饭的饭碗盖上盖子(12)。

客 末客待客人们都食毕后，将烫酒壶、饭器、钵类等器皿送还至茶道口。将杯台放还至正客处。

箸洗

亭 待客人们用完餐后，亭主拉开茶道口的门，向客人们打招呼，并将返还至茶道口的烫酒壶、饭器、钵类等器皿端走。如有想欣赏器皿的客人，则将器皿清洗干净后再次端出。

亭 将正客的箸洗放在通盆上端出，放在正客膳盘外侧的右上角处。

亭 将正客的煮物碗放在空通盆上端出(13)。

亭 将次客以下客人的箸洗放在胁引上端出，并分别放在每位客人的膳盘外侧的右上角处。

亭 将次客以下客人的煮物碗放在空胁引上端出。

亭 退至茶道口出，向客人们说“请慢用”。

客 一同回礼，将箸洗移至面前，揭开盖后品尝(14)。食毕，再盖上盖子。箸洗的碗盖将作为之后分取八寸的器皿，在此先用怀纸将其擦拭干净。

八寸、杯事

第一巡

亭 将八寸和烫酒壶端出。

亭 坐在正客的面前，将八寸和烫酒壶放在自己面前。将八寸和烫酒壶的正面朝向客人，请正客享用。

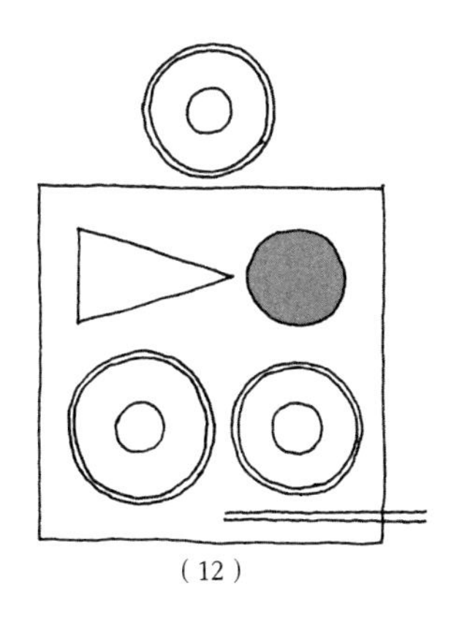

(12)

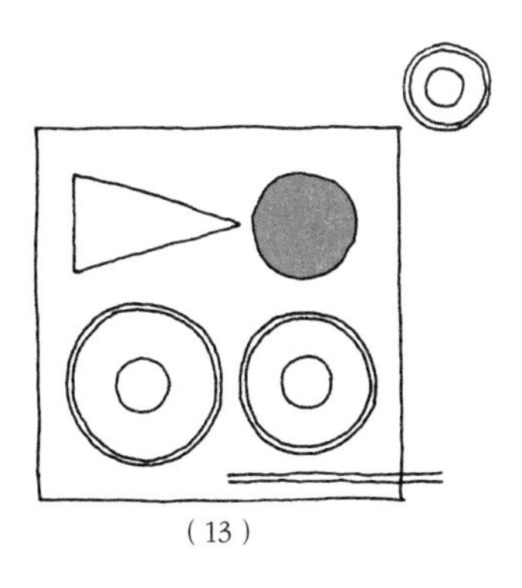

(13)

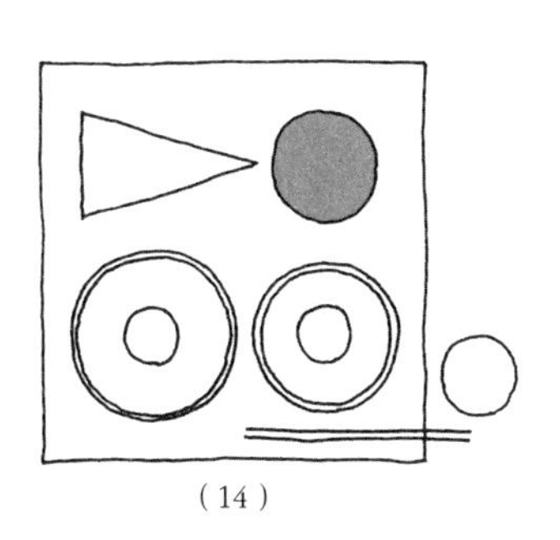

(14)

亭 为正客斟酒。

客 正客端起八寸器皿观赏，并示意感谢，将正面朝向亭主，交还器皿。

亭 向正客提出想要借用箸洗的碗盖。

客 正客将箸洗的碗盖揭下，交给亭主。

亭 将海鲜料理盛入箸洗碗盖中，献给正客。

客 将盛有海鲜的碗盖放在膳盘右侧的箸洗碗上(15)。

客 饮酒，吃海鲜。

亭 同样向次客以下的客人献上八寸、斟酒、分取海鲜。

客 客人观赏八寸器皿，饮酒，吃海鲜。

第二巡（千鸟杯）

亭 客 主客相互献酒，以八寸为下酒菜饮酒(详情见第242页)。

纳杯

客 酒过三巡之后，客人提出向亭主献上最后一杯酒。

亭 接受献酒。

客 接着，正客说“请上些汤斗”，并向亭主提出要品尝汤斗。

亭 将酒杯、放有杯台的八寸以及烫酒壶端走。

客 用怀纸将箸洗的碗盖擦干净，将碗盖正面朝外放在膳盘正面(16)。如果将所有人的箸洗一并放在正客与次客之间则更好，这样便于亭主拿取。

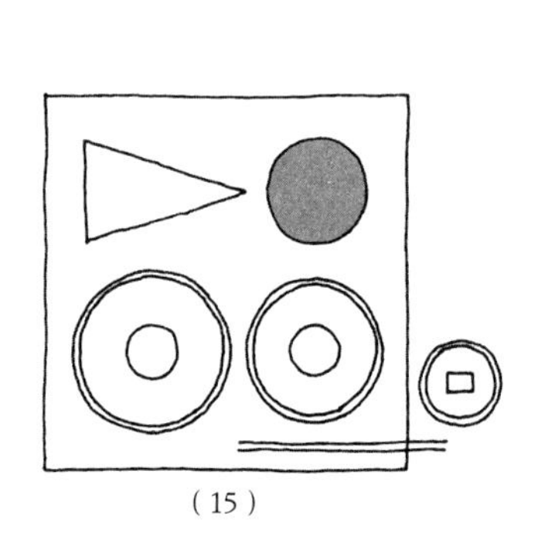

(15)

(16)

汤斗、香物

亭 亭主将汤斗、汤子鞠[①]、香物钵放在胁引上端出。

亭 将香物正面朝向正客，献上。

亭 将汤子鞠放在汤斗中，正面朝向正客，献上。

亭 将所有人的箸洗放在空的胁引上端出。

客 将汤斗盖揭开，轮流盛饭，传至末客(使用向付的器皿盛装)。

若香物已与烧物一同端出，只分取汤斗。

客 将饭碗、汤碗的盖子揭下，使用汤子鞠从汤斗中取锅巴，倒入热水，做成锅巴汤(17)，依次传递下去。最后将汤斗盖放在末客面前。

客 喝锅巴汤吃香物。

客 用怀纸将器皿和筷子擦干净，摆放在膳盘上。在汤碗上放上饭碗盖(内侧朝上)、汤碗盖、酒杯(正客的酒杯在千鸟杯之后由亭主亲自端走)。

客 末客将汤斗和香物钵送还至茶道口。

客 所有客人一起将筷子放回膳盘中，以示结束。将筷子摆正(18)。

亭 听到筷子声，亭主拉开茶道口的拉门，出来打招呼，将送还至茶道口的汤斗、香物钵端走。

亭 从正客开始，依次撤下膳盘。

如果是地炉季节，在这之后是端出主果子、中立[②]的环节；如果是风炉季节，在这之后先是添炭仪式，然后是端出主果子、中立的环节。

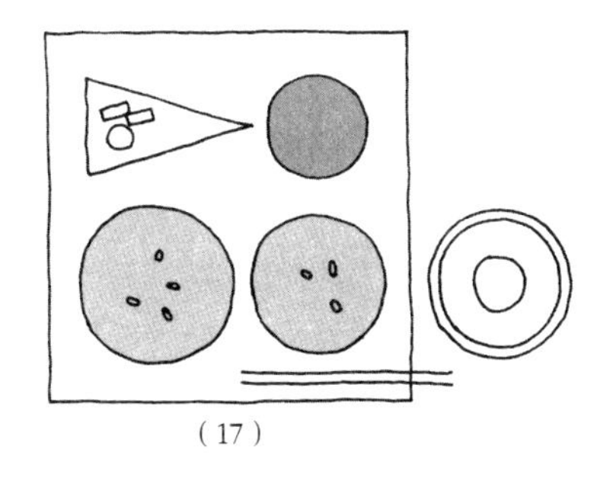

(17)

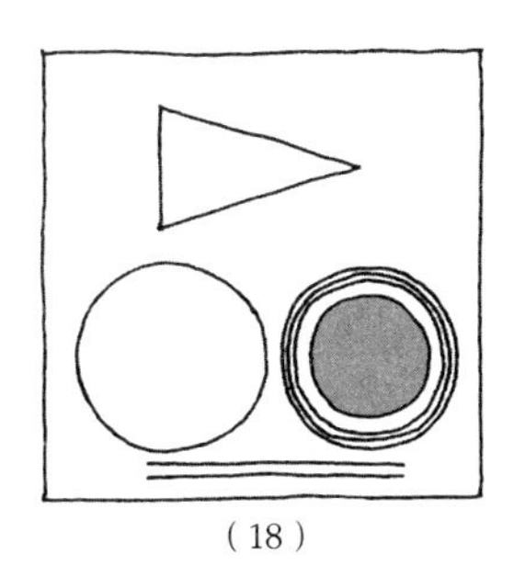

(18)

* 在食用分取的料理时，一定要向下一位客人说“我先用了”，这是怀石料理上的一个礼节。

* 擦拭过器皿的怀纸以及剩下的菜肴要各自被放在袖子中的口袋（放剩余菜肴的专用口袋或是容器）中带回。

① 用以捞取锅巴的勺子。② 为整理室内，客人暂时退出茶室至腰挂待合，等待鸣物的指示。

怀石料理流程简表（里千家流）

在此将里千家流等流派举办怀石料理（以正午的茶事为例）时的一般流程及顺序总结如下。并在图中展示提供料理一方所应掌握的要点，例如米饭的形状、八寸的盛装方法、膳盘上器具的摆放位置、分取筷的种类等。

另外，有时根据流派的不同，以及客人及亭主的原因，该顺序会有所变化，请作为大致理解怀石料理的整体流程的一个参考使用（表千家流见194页）。

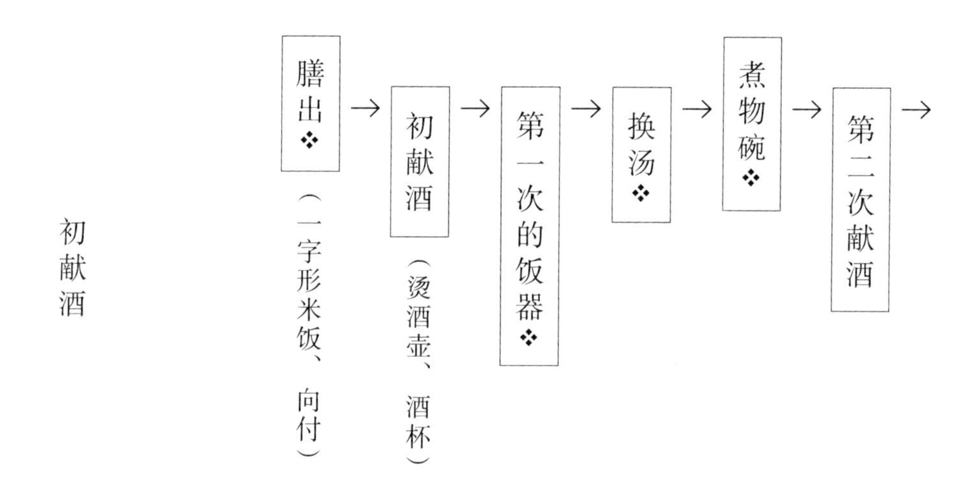

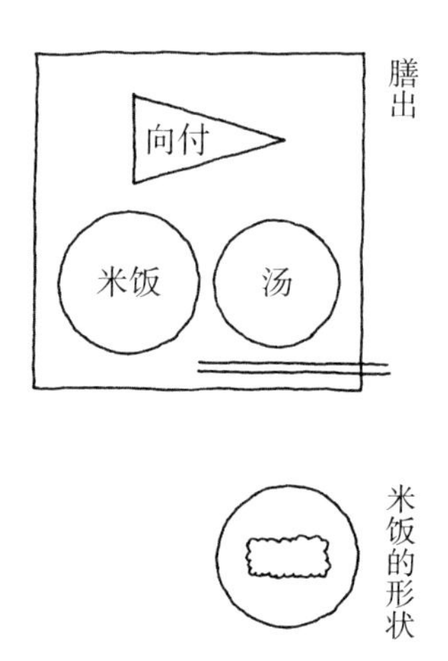

❖在风炉季节，在漆制器皿上撣水。
＊酒盗……在主客尽兴的宴席上，有时会增添这道下酒菜。有时在八寸之前端出，有时在其后端出。

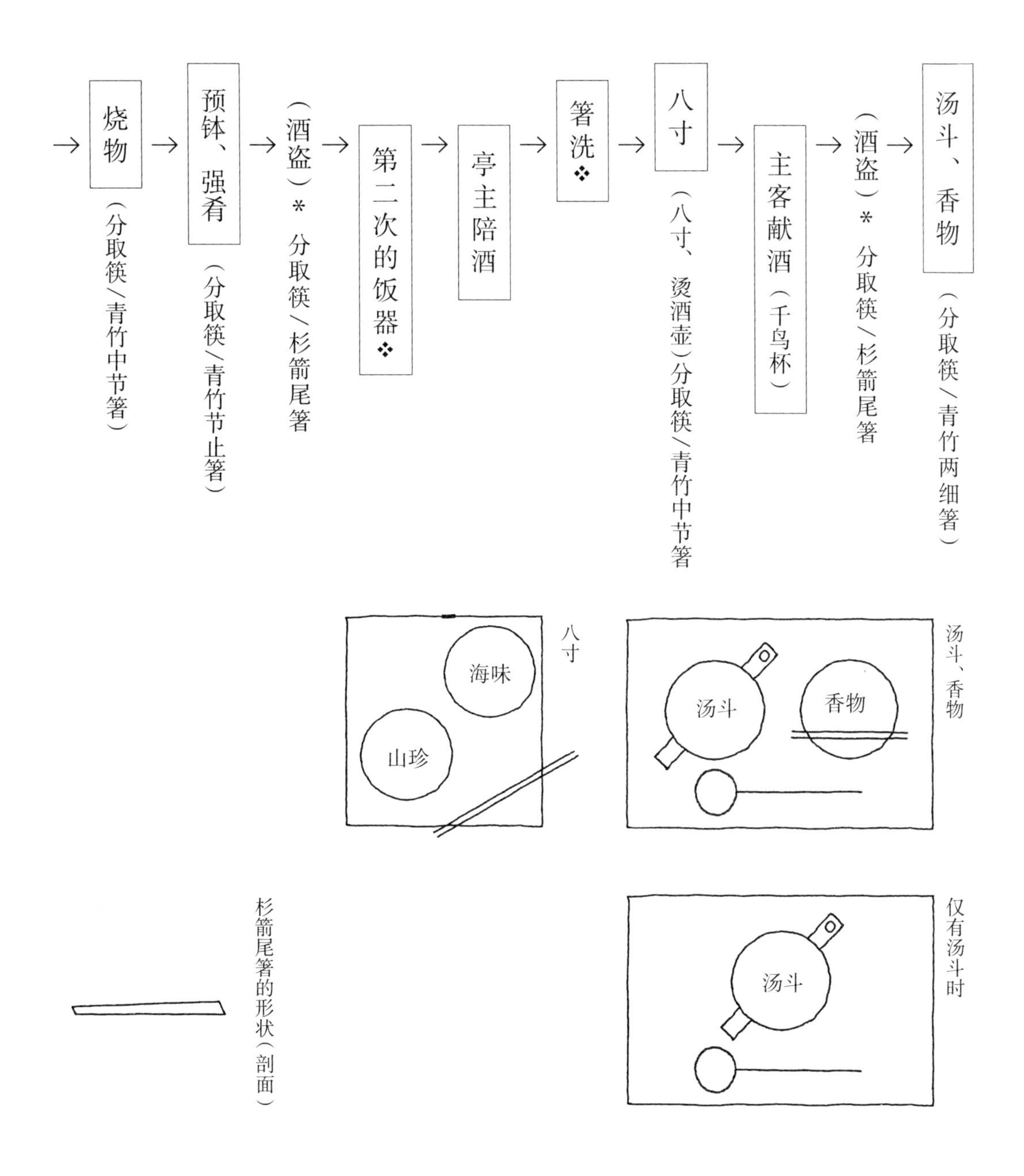

怀石料理流程简表（里千家流）

怀石料理的流程与顺序(里千家流)

在此将通常在里千家流等流派举办的怀石料理(以正午的茶事为例)的基本流程及顺序，以宴席中主客的交流方式为中心整理如下。亭代表亭主，客代表客人。在此假定只有正客、次客、末客三位客人。实际的怀石料理上会有更多的客人，有时还会有协助亭主端菜、提供服务的“半东”在场。但正客的料理基本是由亭主亲自端上。下图代表从客人的角度看到的料理及其附带餐具等的位置。

另外，整理在此的只是一个作为参考的例子。在实际的怀石料理中，所有事情都是根据主客的经验程度以及现场的状况临机应变地进行处理(表千家流见第196页)。

膳出

亭 将正客的料理端上，亲手献给正客(1)。

亭 将次客以下的料理依次端出，亲手献给每位客人。

亭 退至茶道口，向客人们说“请慢用”。

客 客人们一起回礼，正客说“多谢”，次客以下的客人说“在下作陪”。

客 客人们一同用双手捧起饭碗，揭开汤碗盖(2)，吃饭喝汤。

客 吃过后，盖上饭碗盖、汤碗盖。这之后有换汤的环节，选择适当的时间用怀纸将汤碗擦干净。

初献酒

亭 将烫酒壶和放有酒杯的杯台端出。

亭 将杯台的正面朝向正客，并献给正客。

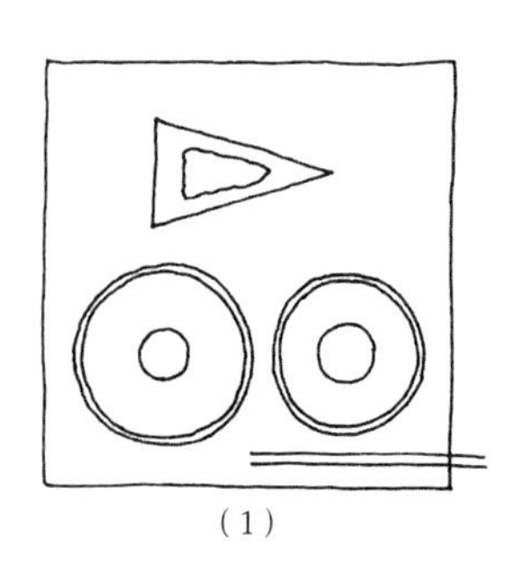
(1)

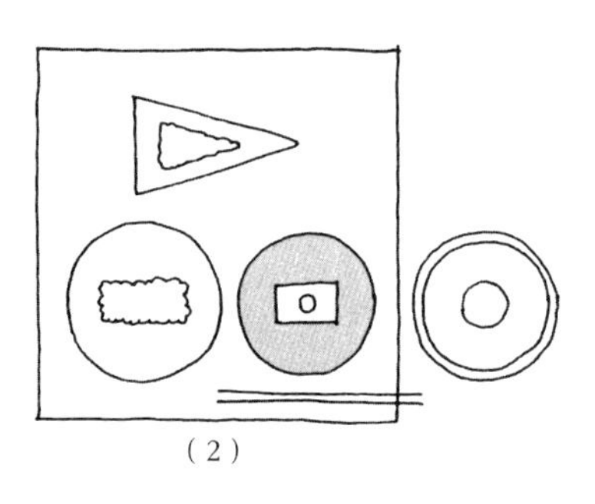
(2)

客 从正客开始依次取自己的酒杯，直至末客，最后将杯台放在末客的面前。

亭 向客人斟酒。从正客至末客献一遍酒后，将烫酒壶带下去。

客 接受亭主的献酒。喝过酒后品尝向付(3)。

第一次的饭器

亭 将通盆和饭勺放在饭器上端出，将勺子放入饭器中，向客人说“我为您盛饭吧”。

客 对亭主推辞说“请交给我”。

亭 将饭器的正面朝向正客，并献给正客。

换汤

亭 将空的通盆举向正客，为客人换汤。

客 将汤碗放在通盆上。

亭 将正客的汤碗端走。

与前后步骤同时进行：

客 揭下饭器的盖子，轮流盛饭，最后将饭器放在末客前面。

客 揭下饭器盖，分别从饭器中盛饭(4)，然后传给下一位客人。按人数等分，分别盛取等量的米饭，最后要全部盛净。将空饭器盖上盖子，放在末客的前面。

客 将饭碗盖上盖子。

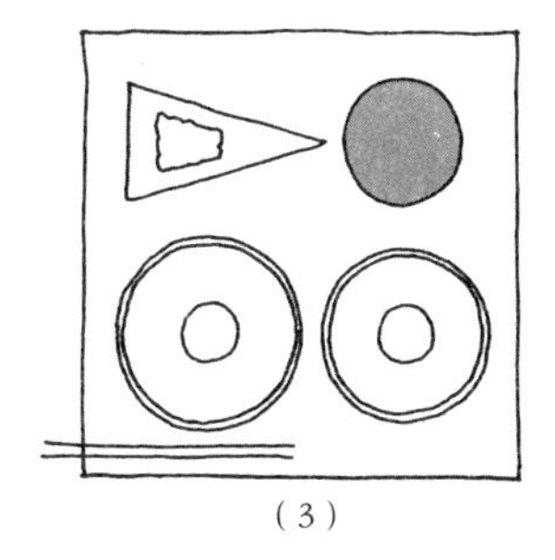

(3)

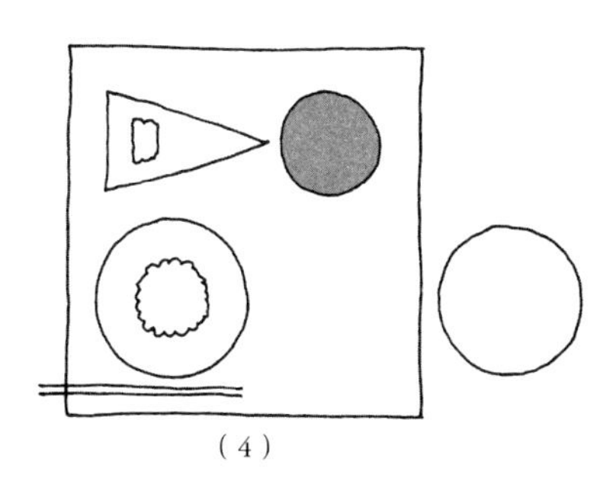

(4)

亭 仅持空的通盆再次入室，为次客换汤，将次客的汤碗端下。

来客多时，为节省亭主一方的时间，有时使用胁引一次端上2～3人份的汤。在这种情况下，客人们一般是每隔一人，将自己的汤碗盖揭下，留在身前，使有盖和无盖的汤碗交叉放置，交给亭主，以便亭主一方可以分清每人的汤碗。

亭 将正客的新汤放在通盆上端出，献给正客。

客 正客接过新汤(5)。

亭 将空通盆举给末客，为其换汤。将末客的汤碗端走。

亭 将次客的新汤放在通盆上端出，献给次客。

客 次客接过新汤。

亭 将末客的新汤放在通盆上端出，献给末客。

客 末客接过新汤。

亭 为所有客人换过新汤后，将空饭器端走。

客 待盛过饭、接过新汤后(6)，分别揭下饭碗盖和汤碗盖，开始吃饭喝汤。食毕再盖上盖子。

煮物碗

亭 将正客的煮物碗放在通盆上端出，放在正客的膳盘正面(7)。

客 将次客以下客人的煮物碗放在胁引上端出，分别放在各位客人的膳盘的正面。

亭 退至茶道口，向客人们说“请趁热享用”。

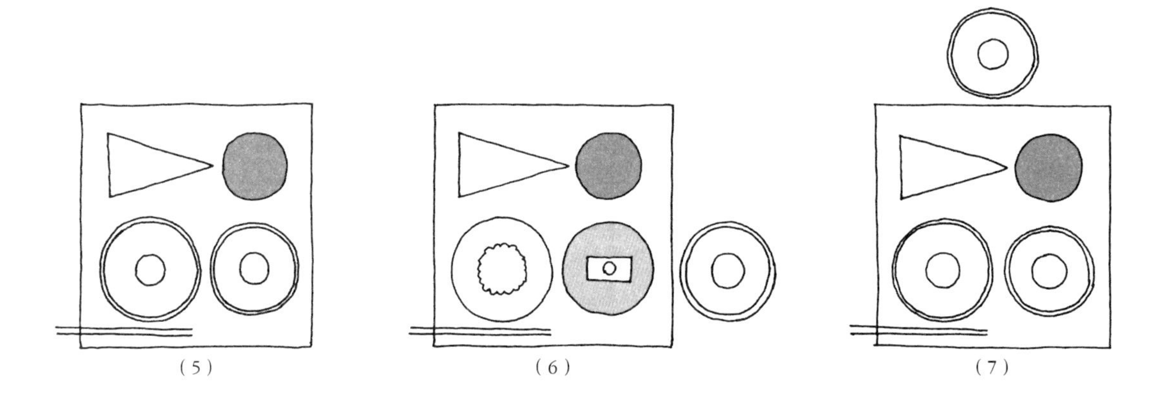

(5)　(6)　(7)

客 客人们一起回礼，捧起煮物碗食用(8)。食毕再将盖子盖好。

第二次献酒

亭 将烫酒壶端出，从正客开始向客人依次献酒，最后将烫酒壶放在末客面前。

烧物

亭 将烧物钵端出，献给正客。

客 从正客开始依次分取烧物，基本上是使用向付的器皿盛取(9)。

客 将空器皿放在末客前面(以下分取菜用的器皿皆同)。

预钵、强肴

亭 除“一汁三菜”之外，如果还准备了预钵或强肴(拼盘及拌菜等)时，可在此时端出来，献给正客。

客 从正客开始，依次分取预钵、强肴。基本上是使用向付的器皿盛取，如果向付的器皿盛满，也可以使用汤碗盖等(10)。

亭 有时还将酒盗、酒盅、石杯等端出，向客人劝酒。

第二次的饭器

亭 与第一次的方法相同，将第二次的饭器端出，将勺子放入饭器中。

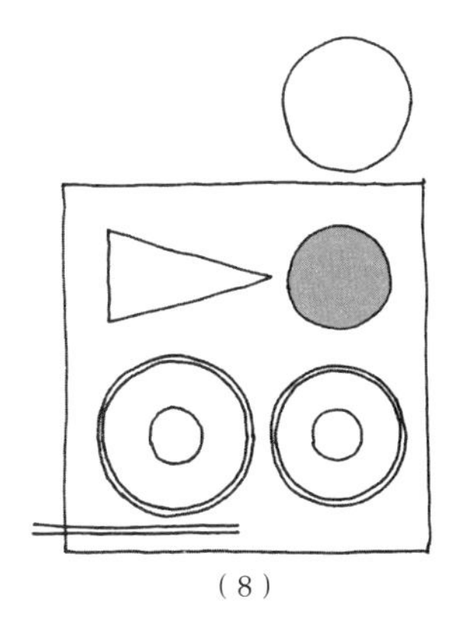

(8)

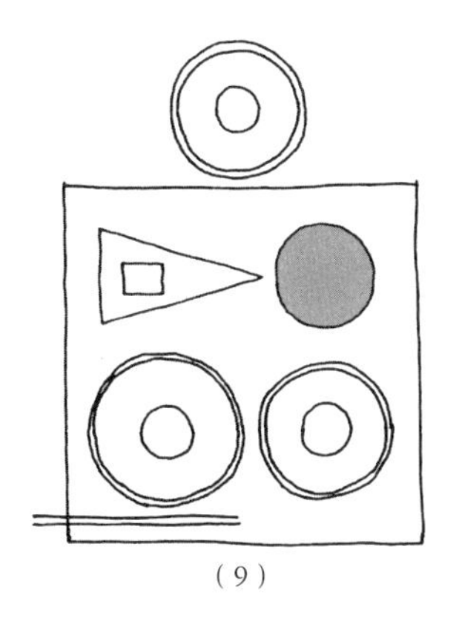

(9)

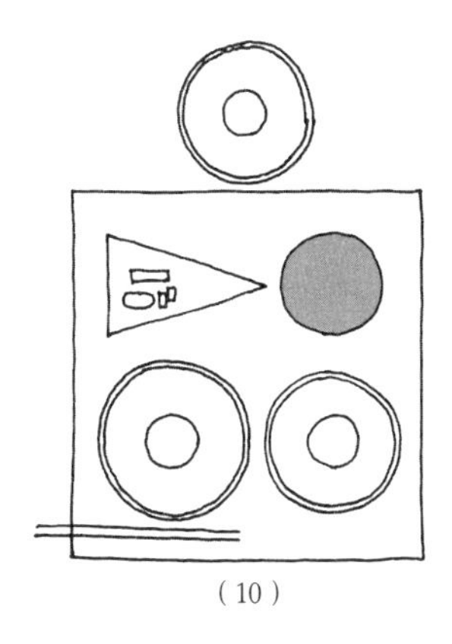

(10)

客 与第一次相同，向亭主说“我自己来”。

亭 将饭器正面朝向正客，并献给正客。

亭 将空的通盆举给正客，为其换汤。

客 推辞第二次换汤。

亭 将通盆端走，退至茶道口。

客 劝亭主入席，一同用餐。

亭 通常推辞入席，并在水屋相陪。

客 揭开饭器盖，传至末客(最后放在末客面前)。

客 从饭器中盛出所需的米饭量(11)，然后传给下一位客人。这次不用将米饭全部盛完。

客 将饭器盖上盖子，放在末客面前，如有需要再盛饭的客人，可传递过去。

客 最后留下一点儿米饭，以便作为之后的泡饭。

亭主相陪

(10～15分钟)

客 客人们任意享用料理和酒。

客 食毕，用怀纸将煮物碗擦干净，将正面朝外放置(12)。

客 末客待客人们都食用完毕，将烫酒壶、饭器、钵类等器皿送还至茶道口。将杯台放还至正客处。

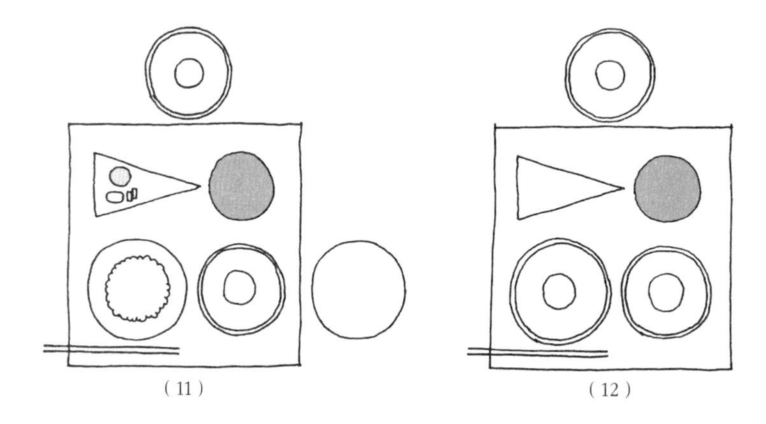

(11)　(12)

箸洗

亭 待客人们用完餐后，亭主拉开茶道口的门，向客人们打招呼，将返还至茶道口的烫酒壶、饭器、钵类等器皿端走。

亭 将正客的箸洗放在通盆上端出，放在正客膳盘外侧的右上角处(13)。

亭 将正客的煮物碗放在空通盆上端走。

亭 将次客以下客人的箸洗放在胁引上端出，并将其分别放在每位客人的膳盘外侧的右上角处。

亭 将次客以下客人的煮物碗放在空胁引上端走。

亭 退至茶道口出，向客人们说“请慢用”。

客 一同回礼，将箸洗移至面前，揭开盖后品尝(14)。食毕，再盖上盖子。箸洗的碗盖将用于之后分取八寸，在此先用怀纸将其擦拭干净。

八寸、杯事

第一巡

亭 将八寸和烫酒壶端出。

亭 坐在正客的面前，将八寸和烫酒壶放在自己面前，为正客斟酒。

亭 向正客提出想要借用一下箸洗的碗盖，将海鲜料理盛入箸洗碗中，然后放于箸洗碗旁(内侧)或箸洗碗上(15)。

客 饮酒，食用海鲜。

亭 同样向次客以下的客人献上八寸、斟酒、分取海鲜。

客 客人分别饮酒，食用海鲜。

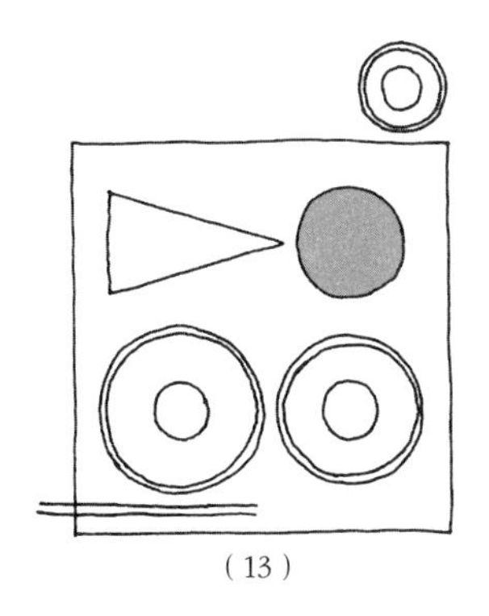
(13)

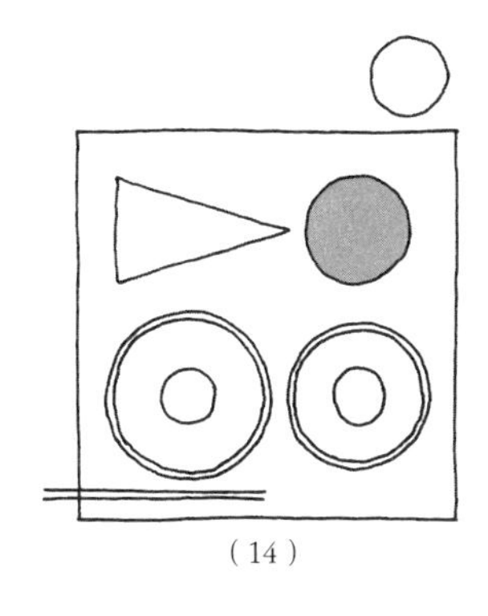
(14)

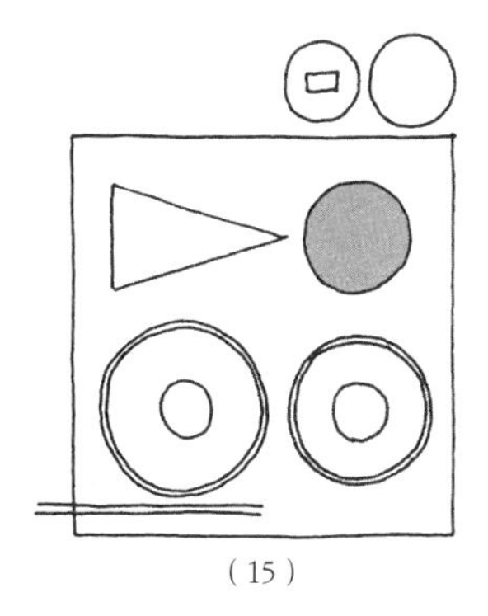
(15)

第二巡（千鸟杯）

亭 客人相互献酒，以八寸为下酒菜饮酒（详情见244页）。

纳杯

客 酒过三巡之后，客人提出向亭主献上最后一杯酒。

亭 接受献酒。

客 接着，正客说“请上些汤斗”，向亭主提出要品尝汤斗。

亭 将酒杯、放有杯台的八寸以及烫酒壶端走。

客 用怀纸将箸洗的碗盖擦干净，将其正面朝外放在膳盘正面（16）。

汤斗、香物

亭 将汤斗、汤子鞠、香物钵放在胁引上端出。

亭 将香物正面朝向正客，献上。

客 将香物钵移至自己面前。

亭 将汤子鞠放在汤斗中，正面朝向正客，献上。

亭 将所有人的箸洗放在空的胁引上端走。

客 将汤斗盖揭下，轮流盛饭，直至末客（最后放在末客面前）。

客 从正客开始依次分取香物（使用向付的器皿盛装）。

客 将饭碗、汤碗的盖子揭开，使用汤子鞠从汤斗中取锅巴，倒入热水，做成锅巴汤（17），依次传递下去。最后将汤斗盖放在末客面前。

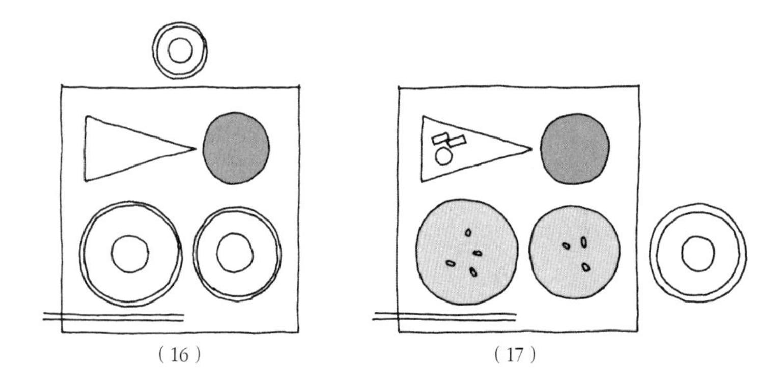

（16）　（17）

客 喝锅巴汤吃香物。

客 用怀纸将器皿和筷子擦干净，摆放在膳盘上。盖上汤碗盖，将饭碗盖（内侧朝上）、酒杯放在饭碗上（正客的酒杯在千鸟杯之后由亭主亲自端走）。

客 末客将汤斗和香物钵送还至茶道口。

客 所有客人一起将筷子放回膳盘中，以示结束。将筷子摆正（18）。

亭 听到筷子声，亭主拉开茶道口的拉门，出来打招呼，并将送还至茶道口的汤斗、香物钵端走。

亭 从正客开始，依次撤下膳盘。

如果是地炉季节，在此之后是端出主果子、中立的环节；如果是风炉季节，在此之后先是添炭仪式，然后是端出主果子、中立的环节。

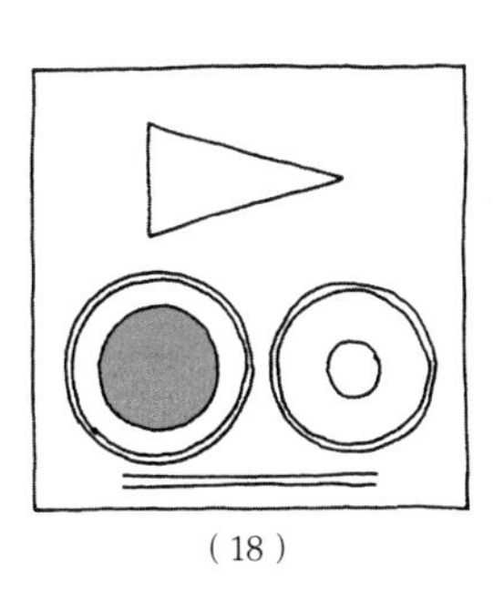

（18）

＊在食用分取的料理时，一定要向下一位客人说“我先用了”，这是怀石料理上的一个礼节。

＊擦拭过器皿的怀纸以及剩下的菜肴要各自被放在袖子中的口袋（放剩余菜肴的专用口袋或是容器）中带回。

入门

怀石料理中所使用的道具、器皿

在此对以“一汁三菜”为基本形式的怀石料理中通常所需的道具、器皿类物品加以介绍。其中也包括料理店或普通家庭中使用的大盘、钵类、向付等器皿，但多数是八寸、汤斗、饭器等怀石料理所特有的道具。除此之外，根据茶事的主旨以及亭主的想法等的不同，实际上所使用的道具、器皿也各有不同（筷子见第216页）。

膳盘（折敷[1]）

在怀石料理中供每位客人使用的膳盘。无支脚的膳盘称为折敷。这是怀石料理中最为普遍使用的托盘，有时也使用带有短支脚的托盘。其形状及涂漆各式各样，基本上是涂黑漆无图案的样式。四方形托盘将接缝朝对面放置，圆形托盘将接缝朝自己放置，有纹理的托盘则将纹理横向放置。

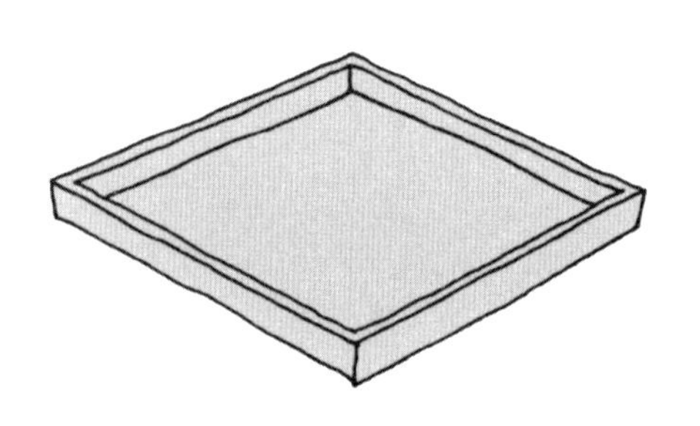

向付

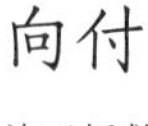

放于折敷外侧中央的陶瓷器皿，主要盛装鱼类、贝类的盐渍料理，昆布腌制料理等。

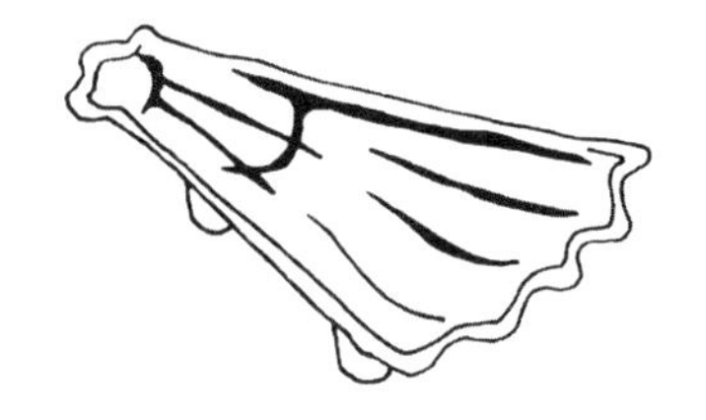

饭碗、汤碗（四碗）

均为带盖漆器。稍大的为饭碗（左）、稍小的为汤碗（右）。在正式场合，两个碗为一套使用，一套基本是黑色无图案。按饭碗、汤碗、饭碗盖、汤碗盖的顺序正好可以重叠在一起，所以称为四碗。

引盃

在怀石料理上使用的正式酒器。其为涂红漆的扁平形酒杯，按人数放于杯台上端出，客人各自取一个。

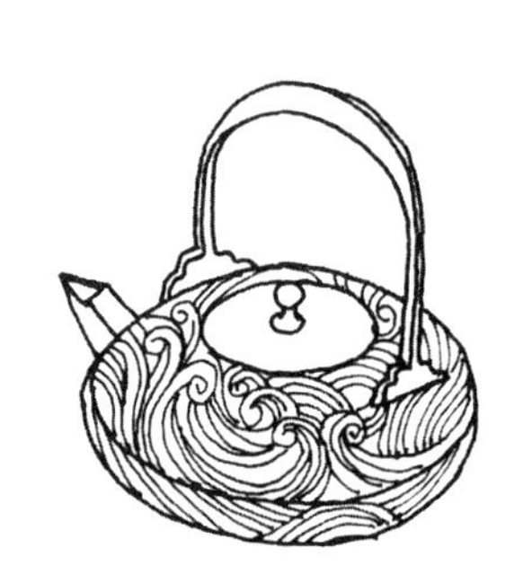

烫酒壶

怀石料理中的正式酒器。其为带有提手、壶嘴、壶盖的酒壶，一般是铁制或青铜制。正式场合一般是使用壶身与壶盖材质相同的酒壶。

饭器、勺子

盛取米饭用的涂漆饭器和盛饭用的饭勺。其基本是涂漆无图案。饭器将接缝朝自己放置。

① 日本的一种方形托盘。

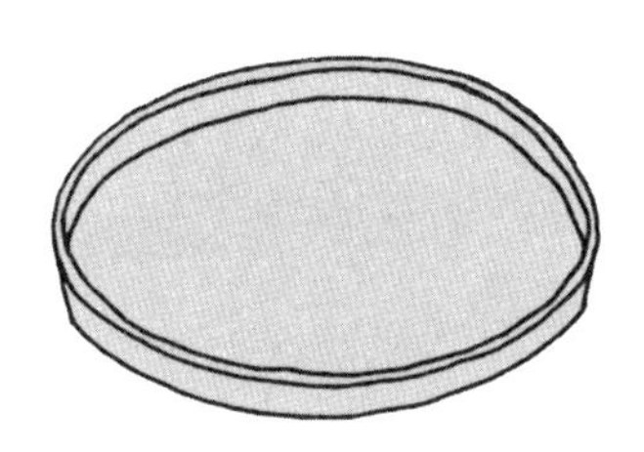

通盆（服侍盆、圆盆）

亭主及半东在提供饭菜时使用的圆形托盘。基本上一次只用它端一位客人的饭菜。正客的料理一定要用通盆端上。其基本是黑漆无图案。有接缝的通盆，将接缝朝向自己放置。

胁引（长盆、长手盆、汤盆）

亭主及半东端菜时使用的长方形托盘，用于将正客以外的几位客人的料理一同端出，或是端上汤斗和香物钵。胁引上基本是黑漆无图案。有接缝的胁引，将接缝朝向对面放置。

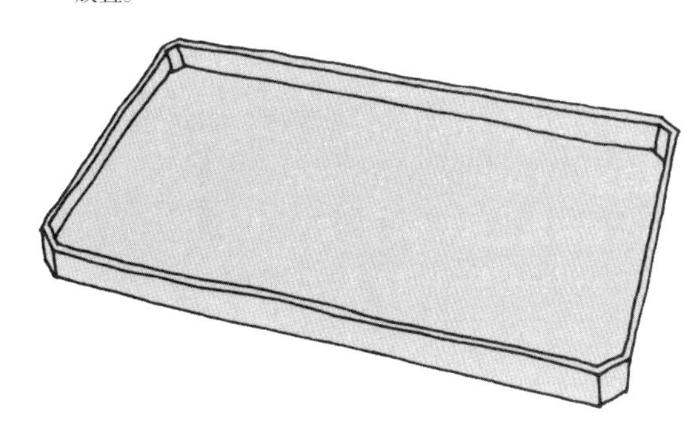

钵、大盘

用于盛装及分取烧物、香物的陶瓷器皿，也用于预钵及强肴。

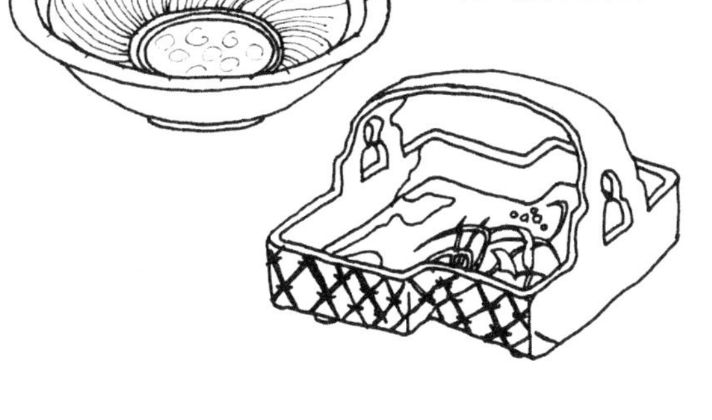

汤斗（汤次）、汤子鞠

在怀石料理的最后，将装有锅巴汤（以开水将锅巴煮过后，撒入少量盐制成的汤）的器皿，以及捞取锅巴用的汤子鞠端出。汤斗又写作汤通、汤注。

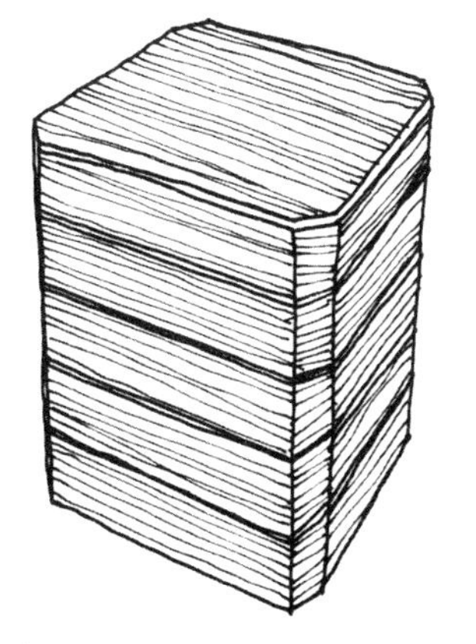

箸洗（小吸物碗）

盛装箸洗汤用的带盖小型涂漆碗。

缘高

正式名称为缘高重，是一种涂漆叠箱，一般5层为一套，并带有一个盖子，是盛装品尝浓茶时食用主果子（生果子）的正式器皿。使用方法是一位客人分取一层，按人数准备相应层数的缘高。将接缝朝对面放置，若是带有木纹的缘高，则将木纹横向放置。

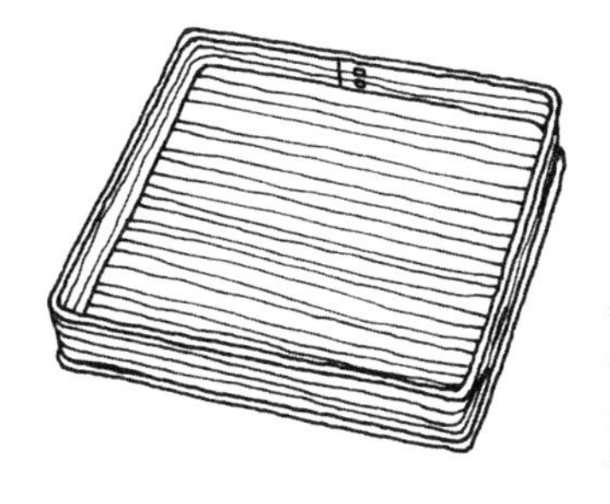

八寸

盛装山珍（素食料理）海味（生鲜料理）等料理的器皿或其料理本身。其为四方形托盘，杉木制，带有纹理。将接缝朝向对面，木纹横向放置。

入门

怀石料理中所使用的筷子

在怀石料理中使用的筷子有供每位客人使用的筷子，以及从大盘、钵中分取料理时使用的公用筷子。依照多数流派的做法，客人使用的是红杉利休箸。而公用筷子则根据流派的不同，其食材及形状分为数种，并且其与器皿的搭配方法也有所不同。

在此将表千家流和里千家流的主要筷子的使用方法总结如下，作为一个参考。使用竹制筷子时，表千家流只使用两边细的筷子，根据料理的不同，颜色（青竹或白竹）也有所改变。而里千家流则只使用青竹筷子，根据料理的不同，其形状（中节、节止、两细）也各异。

利休箸

以红杉木制成的两细箸，是怀石料理中供每位客人使用的筷子。一般情况下，其中心部的断面是稍平的三角形，两端的断面接近圆形，长约26厘米。

黑文字箸

以大叶钓樟制成，主要用于夹取主果子（生果子）的筷子。其长度不一，使用缘高时，基本上是配上长约18厘米的黑文字箸。

表千家流

青竹两细

无竹节，两端逐渐变细的扁平青竹筷子，用于夹取烧物、八寸。

白竹两细

无竹节，两端逐渐变细的扁平白竹筷子，用于夹取预钵、强肴、香物。

箭尾箸

筷子头尾的底部削成斜面的红杉木制筷子。底部的形状因流派而异。箭尾箸用于夹取酒盗、珍馐等料理，一般长约18厘米。使用时，将尾部的斜面朝上放置。

断面

将尾部合成箭尾形状的筷子

里千家流

青竹中节

箸身上带有竹节的筷子，两根合在一起时，中部形成凸起。也有将筷子头削成斜面的筷子，用于夹取烧物、八寸。

青竹节止

尾部带有竹节的青竹筷子，又称元节、止节、留节、天节等，用于夹取预钵、强肴。

青竹两细

无竹节，两端细且扁平的青竹筷子，用于夹取香物。

箭尾箸

筷子头尾的端部削成斜面的红杉木制筷子。其底部的形状因流派而异，用于夹取酒盗、珍馐等料理。一般约18厘米。使用时，将尾部的斜面朝上放置。

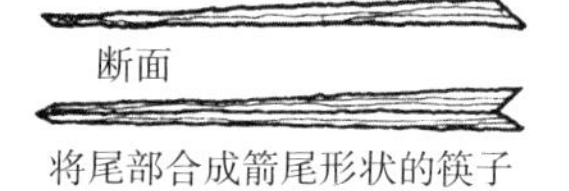

将尾部合成箭尾形状的筷子

公用筷子的使用方法一览

	表千家流	里千家流
烧物	青竹两细	青竹中节
预钵、强肴	白竹两细	青竹节止
八寸	青竹两细	青竹中节
香物	白竹两细	青竹两细
酒盗、珍馐	箭尾箸	箭尾箸

※ 箭尾箸筷子头部的斜面因不同流派而有所不同。

1 膳出

怀石料理从亭主端出正客的“膳出”开始。在膳盘上，靠近自己的位置放饭碗（左）和汤碗（右），中央放置向付，将浸湿的利休箸放在靠近自己一侧并搭在膳盘右侧边缘上。但在用餐时，表千家流是搭在右侧边缘上，里千家流是搭在左侧边缘上。

怀石料理的米饭分三次提供，膳出的米饭是第一次。这时的米饭是刚关火后、尚未完全蒸透的米饭，口感还很柔软。膳出时盛入两三口米饭端上。这同时是在向客人们示意：怀石料理的开始与煮饭的进程完全呼应，暗示“宴会正在顺利推进”之意，是十分具有意义的步骤。同时客人一方也会感谢准确掌握时间、为客人们准备料理的亭主。

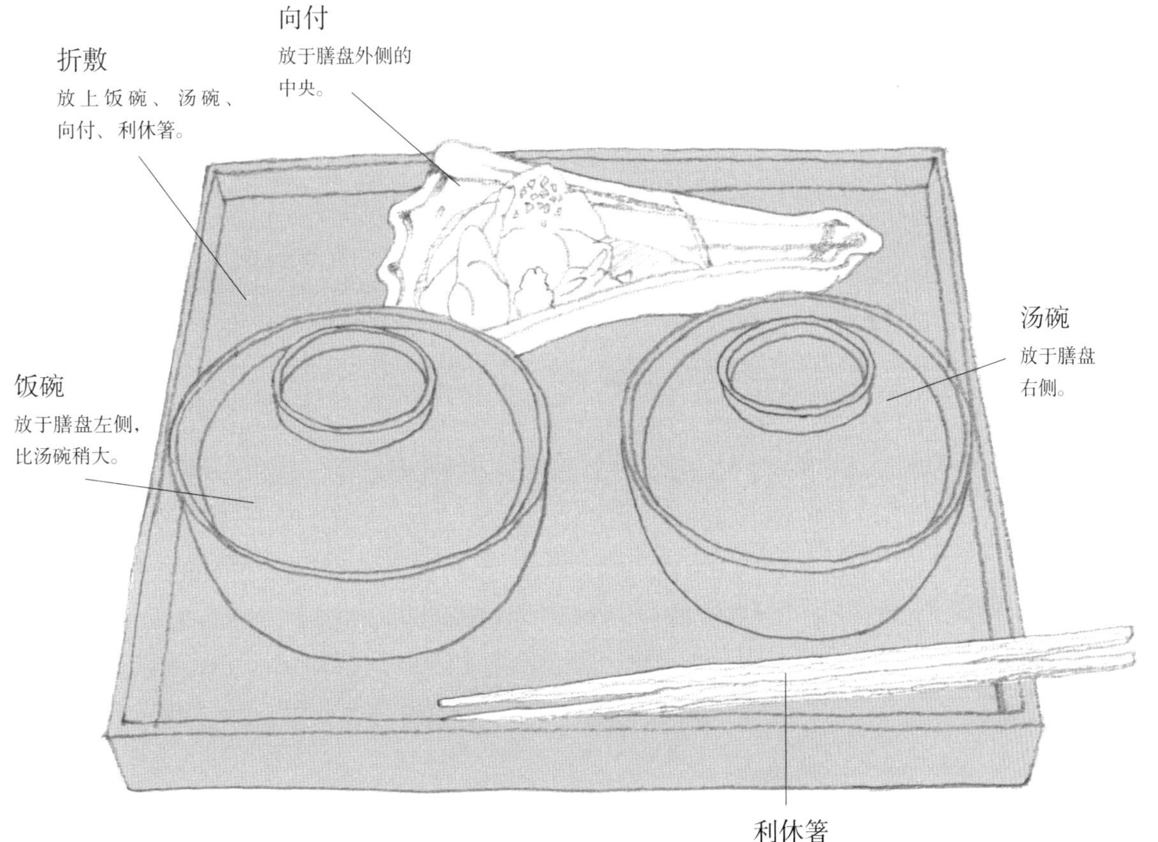

※ 掸水

用茶刷稍蘸些水，掸在器皿上。里千家流的规矩是，在风炉季节里，漆器上一定要这样掸上水。

※ 小壶

在庆祝宴会上，或是招待首次参加宴会的客人时，使用称为小壶的小型陶瓷器皿，在其内装入凉拌萝卜丝，放入膳出中端上。

料理的交接

正客向前移动一点儿，接过膳盘。

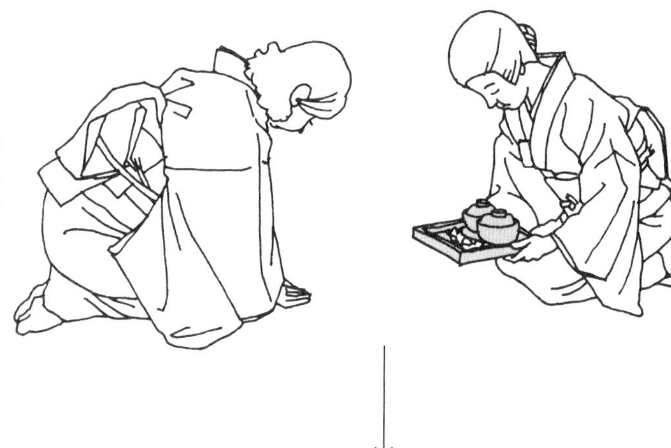

亭主献上料理后，后退一点儿，然后将双手放在榻榻米上行礼。正客手持膳盘回礼。

正客先将膳盘放于面前，然后退至原来的位置，再将膳盘放在规定的位置。

亭主将膳盘正面朝向自己对面端出，再跪坐在正客面前，献上料理。正客待亭主入席后，向前移动一点儿，接过膳盘。

亭主献上料理后，向后退一点儿，双手放在榻榻米上行礼。正客手持膳盘回礼。

正客先将膳盘放于面前，退至原来的位置，再行一次礼，然后将膳盘放在规定的位置(有时也先将膳盘放在规定的位置后再行礼)。

次客以下的客人以同样的方式接过膳盘，次客的膳盘与正客的膳盘对齐放置。

※将膳盘端走时，怀石料理结束。将膳盘端走时，与上述顺序相反。正客将膳盘稍稍举起，稍向前送出，然后向前移动一点儿，举起膳盘，交给坐在自己正面的亭主。亭主接过膳盘，向正客行礼。这时的规矩是，未持膳盘的正客后退一点儿行礼。

揭开饭碗、汤碗的碗盖

双手同时揭开两只碗的碗盖。

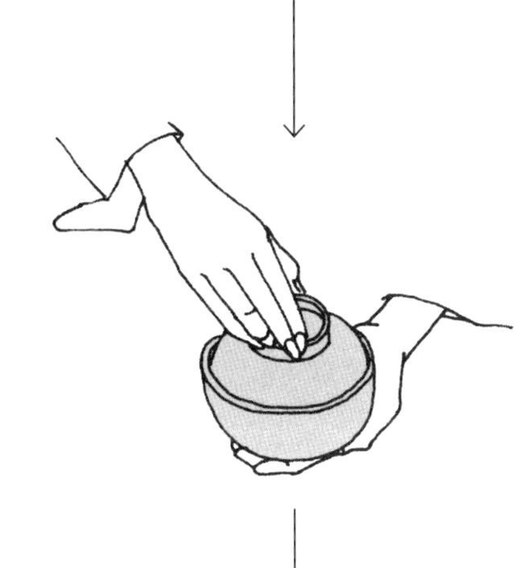

将饭碗盖翻过来放置，将汤碗盖盖在饭碗盖上。

向所有客人献上料理后，亭主返回茶道口处，向客人们说“请慢用”。客人们一起回礼。

接着，正客说“多谢”，次客以下的客人说“在下作陪”。全体一起揭开饭碗盖和汤碗盖。

碗盖的揭法是，将右手放在汤碗盖上，左手放在饭碗盖上，双手同时揭开两只碗的碗盖，将饭碗盖翻过来放置，将汤碗盖盖在饭碗盖上。然后用双手将两个碗盖放在膳盘右侧靠近自己的位置。用完餐后，以相反的顺序将两只碗盖盖上。

用双手将两个碗盖放在膳盘右侧靠近自己的位置。

吃饭及喝汤（利休箸的使用方法）

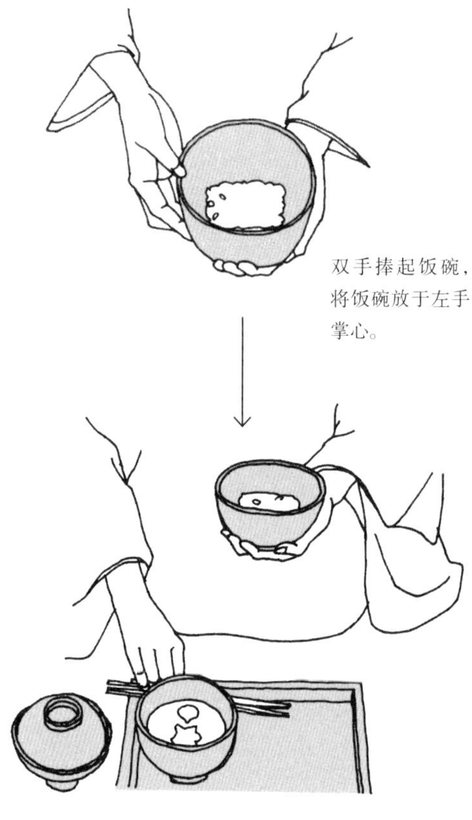

双手捧起饭碗，将饭碗放于左手掌心。

用右手从上方拿利休箸。

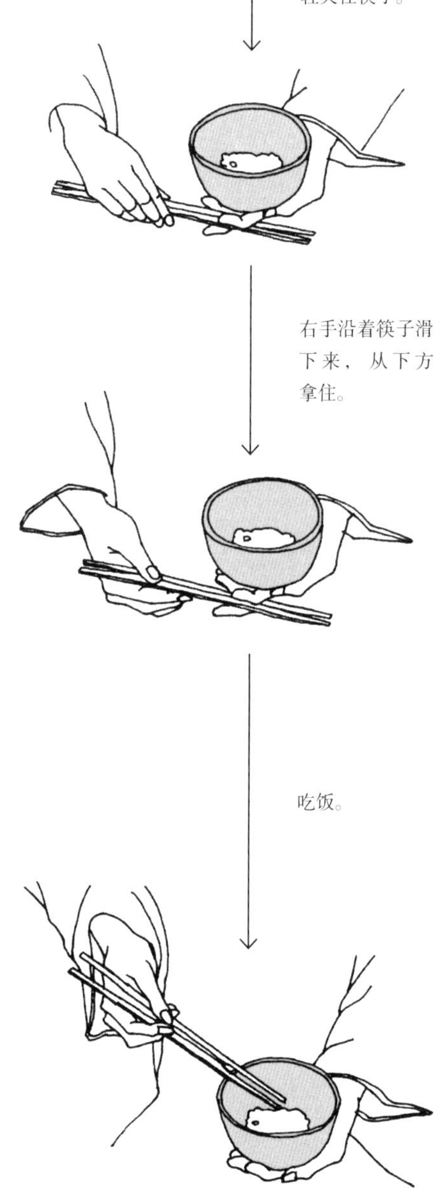

左手的中指稍张开，在手指尖放上筷子，用食指和无名指轻轻夹住筷子。

右手沿着筷子滑下来，从下方拿住。

吃饭。

揭开饭碗盖、汤碗盖后，开始吃饭。双手捧起饭碗，将饭碗放于左手的掌心。以右手从上方取起利休箸，用持饭碗的左手指尖夹住，然后右手从下方调整好位置拿好。先吃一口饭（不要全部吃光）。

再次用左手指尖夹住筷子，右手从上方拿起，放回膳盘上。这时，表千家流与上膳时相同，将筷子放于膳盘中央，并搭放在右侧边缘上。里千家流则是将筷子头搭放在左侧边缘。然后以双手将饭碗放回膳盘。

然后开始喝汤，其规矩与吃饭时相同。放入所需量的芥末，喝汤吃食材。

这样交替吃饭、喝汤，每次吃两三口，直至全部吃完后，盖上盖（表千家流要剩下一口饭，只盖上汤碗盖）。此时还不要吃向付。

※器皿的持放一定要用双手持放器皿。吃饭时，要双手将器皿捧起，将器皿放于左手上，拿起筷子，借助左手的手指调整好位置后使用。放下筷子时，同样借助左手的手指调整好位置后，将筷子放于膳盘上，然后以双手将器皿放回。每次吃饭或喝汤时均依照这个要领。

2 酒

亭主看客人快要食毕时，便右手持烫酒壶，左手持杯台走出。烫酒壶中装有酒，杯台上按客人人数放有酒杯。在怀石料理中，至少要向客人献三次酒，此时是第一次献酒，称为初献。此时，亭主向所有客人献一遍酒后，持烫酒壶退下（有时也将烫酒壶放在正客面前）。客人们接受献酒后，才开始食用向付。

第二次献酒根据流派的不同而异。里千家流是在煮物碗之后，表千家流是在宴会稍进行一段时间后，待烧物、第二次的饭器端上之后献酒。这时，亭主将烫酒壶（或德利酒瓶）交给客人，供相邻的客人们相互斟酒，自由饮用（客人基本上不起身斟酒）。

然后是第三次献酒。这是怀石料理的高潮。此时以八寸为下酒菜，进行称为“千鸟杯”的主客相互献酒的杯事（见第242页、第244页）。

另外，酒一般是使用日本酒，热至温暾的程度，或是不加热，以与体温大致相同的温度端出。如果使用铁制烫酒壶，则用充分浸湿的茶巾（擦拭茶碗用的布）将烫酒壶的外侧擦湿后端上。

烫酒壶

用右手持提手，将壶嘴朝前方端出。第一次献酒时，多是使用壶身与壶盖材质相同的烫酒壶（主要是铁或青铜制）。第二次献酒时，有时为调节气氛，使用壶身与壶盖材质不同的烫酒壶，如陶瓷壶。

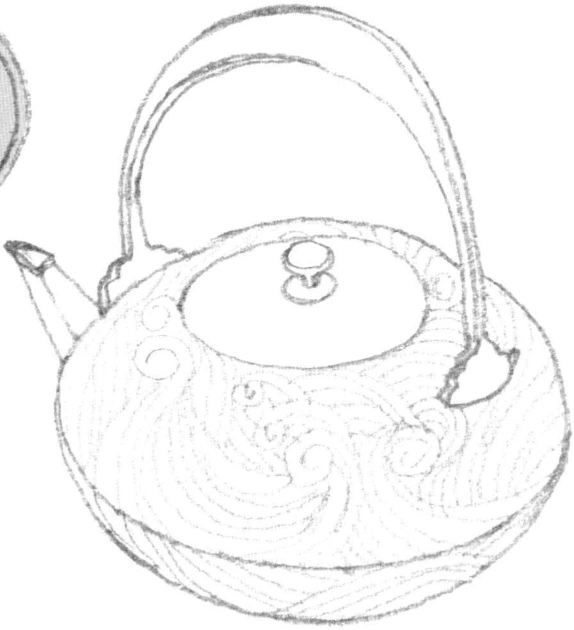

酒杯

按客人人数将酒杯叠放在杯台上，用左手端出，再调节正面的方向。将酒杯传给次客时，则以双手持杯台。

酒台与酒杯的使用方法

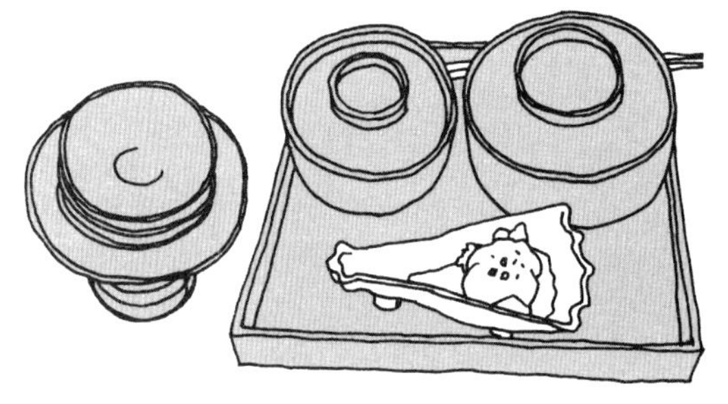

端出放有酒杯的杯台。

里千家流

先将杯台上的酒杯全部拿下来。

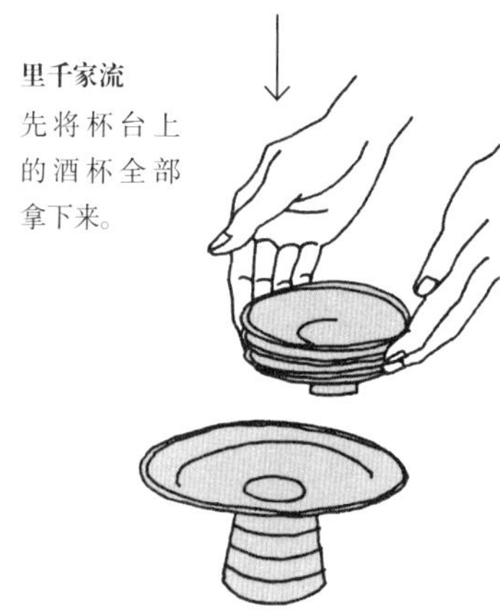

拿最下面的一个酒杯，再将其余酒杯放回杯台。

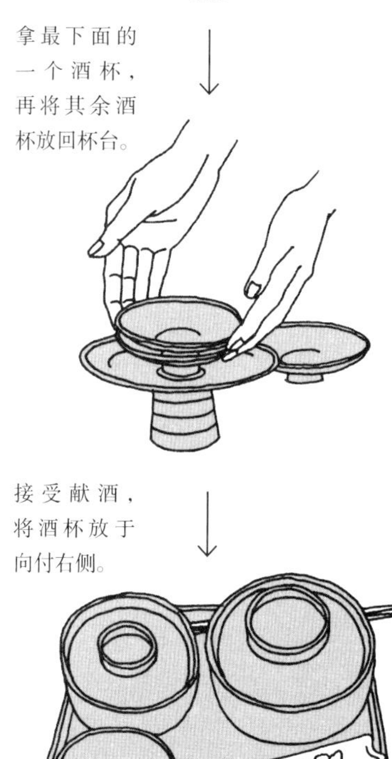

接受献酒，将酒杯放于向付右侧。

表千家流

揭下最上面的酒杯，传给次客。

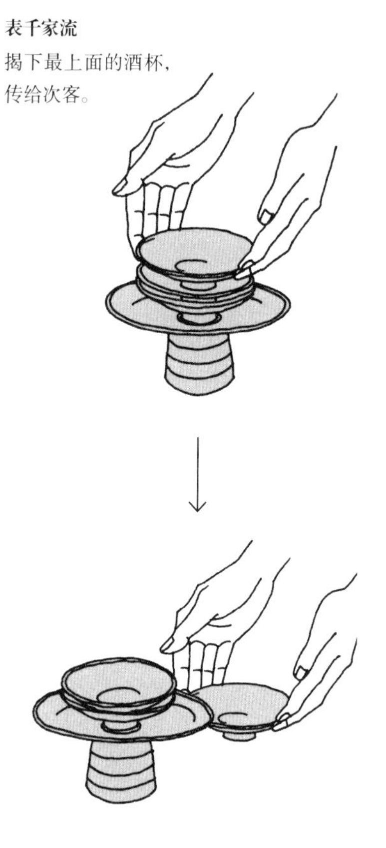

亭主用右手持烫酒壶，左手持杯台端出，跪坐在正客面前，将烫酒壶和杯台放在身前。然后将杯台的正面转向正客，放于正客处，向正客说：“请传饮”。

正客回礼，双手接过杯台表示感谢，将自己的酒杯取走。表千家流将正客的酒杯放在最上面，里千家流则将正客的酒杯放在最下面。

客人们均接过酒杯，接受献酒后，将酒杯放在膳盘上向付的右侧。事先将向付向左移开一些，留出放酒杯的空间。最后将杯台放在末客处。

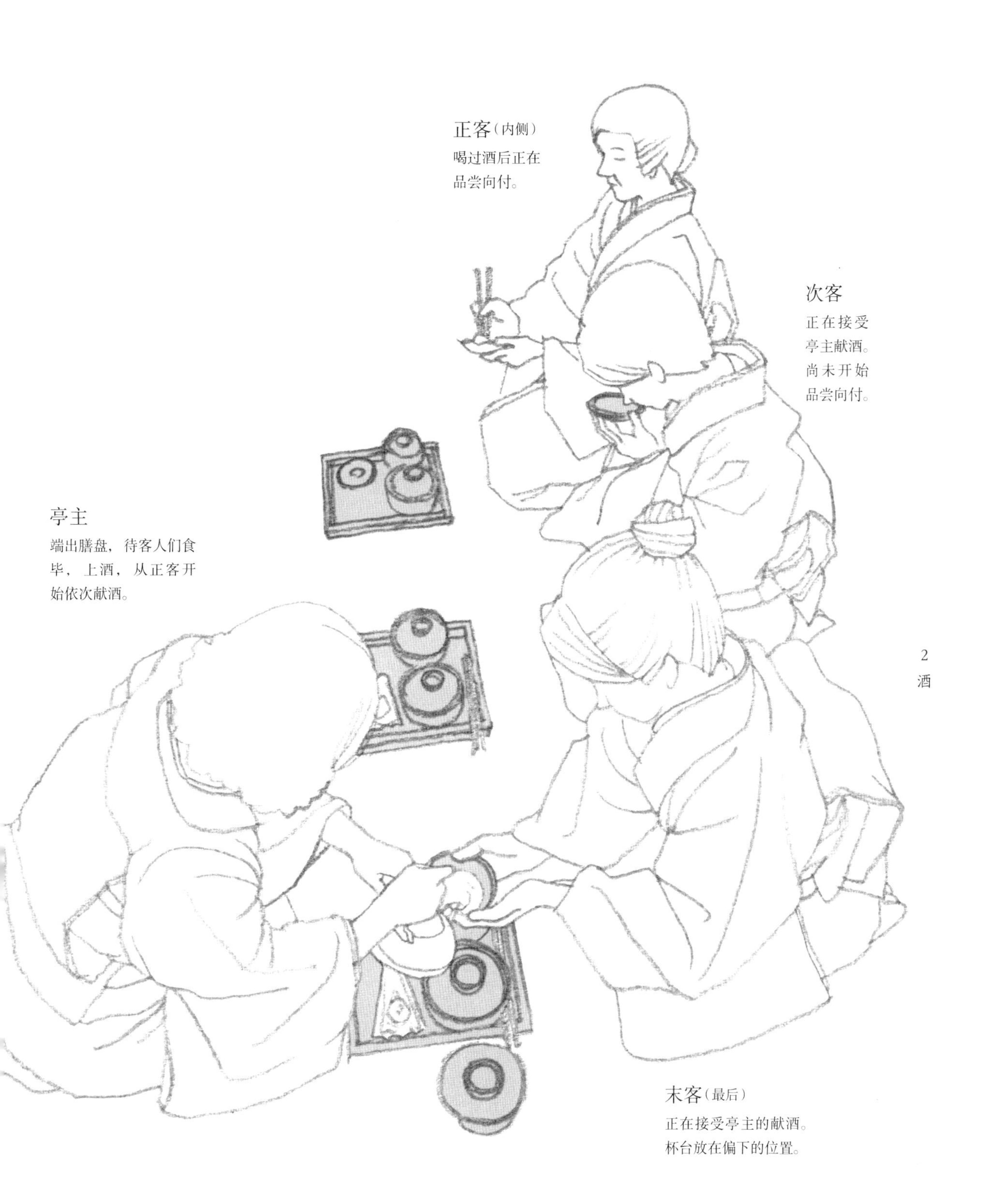
正客（内侧）
喝过酒后正在品尝向付。
次客
正在接受亭主献酒。尚未开始品尝向付。
亭主
端出膳盘，待客人们食毕，上酒，从正客开始依次献酒。
末客（最后）
正在接受亭主的献酒。杯台放在偏下的位置。

3 米饭

怀石料理中的米饭分三次提供。最初的米饭是刚刚关火、尚未完全蒸透的比较柔软的米饭。先盛一点儿在碗里，并将米饭端出（见第217页）。在怀石料理中，端出米饭的时机非常重要。膳出时端出尚未蒸透的米饭，可以向客人表示怀石料理正在顺利进行。

表千家流的盛饭方法是“小丸形”，即盛入一块小的圆形米饭。里千家流的盛饭方法是“文字饭”，即盛入一块一字形状的米饭（断面为三角形）。两者均表示将刚蒸好的米饭不加修饰地盛入碗中。膳盘端出后，客人们先从米饭开始食用。

第二次及第三次米饭均是亭主将米饭装入饭器中端出，再交给客人们传递盛饭。在第一次的饭器（即第二次的米饭）中装入稍稍蒸透的米饭，并盛入所有客人第一次米饭的总量。客人们需将这次的米饭全部盛完。在第二次的饭器（即第三次的米饭）中装入充分蒸好的米饭。这次装入足够的量，也可以剩下。另外，第一次的饭器和第二次的饭器的上饭时机，因流派的不同而异（见第194页、第204页）。

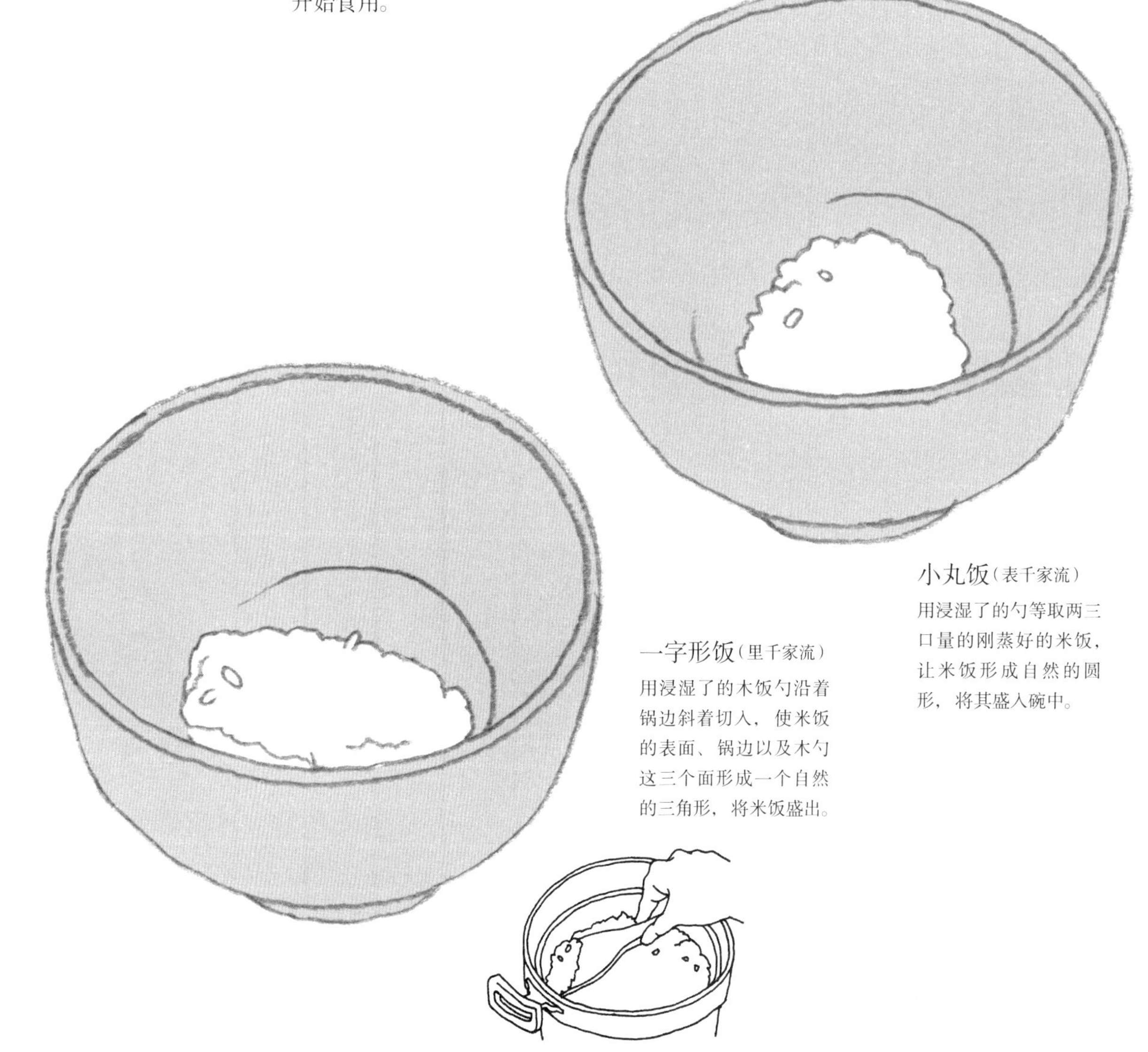

小丸饭（表千家流）

用浸湿了的勺等取两三口量的刚蒸好的米饭，让米饭形成自然的圆形，将其盛入碗中。

一字形饭（里千家流）

用浸湿了的木饭勺沿着锅边斜着切入，使米饭的表面、锅边以及木勺这三个面形成一个自然的三角形，将米饭盛出。

饭器的使用方法

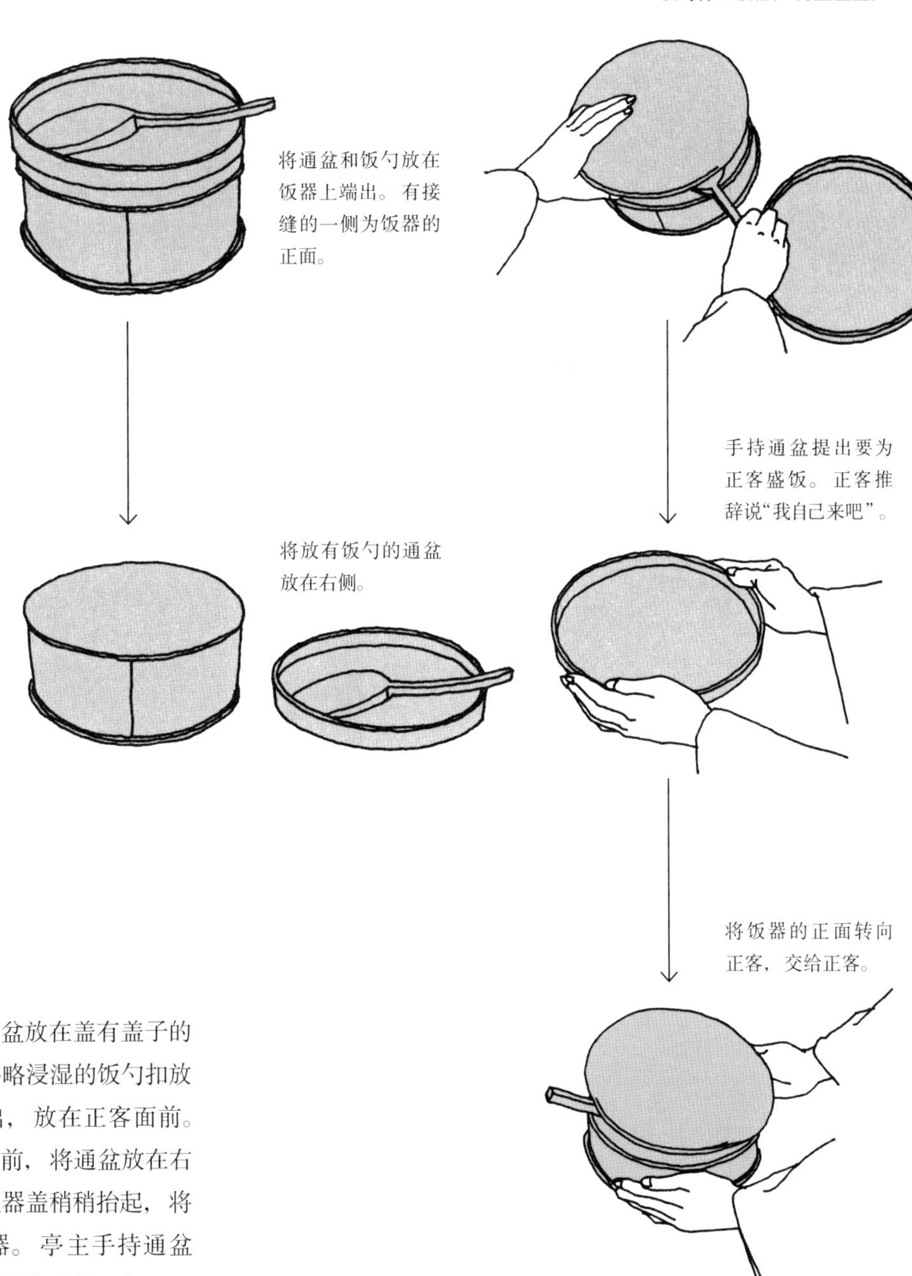

亭主将通盆放在盖有盖子的饭器上，再将略浸湿的饭勺扣放在通盆上端出，放在正客面前。将饭器放在身前，将通盆放在右侧。左手将饭器盖稍稍抬起，将饭勺伸入饭器。亭主手持通盆对正客说“我给您盛饭吧”。正客推辞道“我自己来吧”。亭主说“那就劳驾了”，然后将通盆放在右侧，将饭器的正面转向正客，放于正客处。

客人的规矩

饭器的传递

正客将亭主递来的饭器稍移向自己，揭开饭器盖，将其翻过来放置，避免其滴水。然后先将饭器盖传至末客。末客将饭器盖翻着放于手边。接着，正客将饭碗盖揭开，将其翻过来，双手放于膳盘右侧的榻榻米上。然后捧起饭器，以左手抱住，用饭勺取出一人分量的米饭盛入碗中。然后将饭器传给次客（里千家流是将饭碗盖盖上）。其余客人分别盛等量的米饭，至末客时刚好盛完。末客盖上饭器盖，将饭器正面朝向对面，放在膳盘前方。

第二次的饭器的使用方法与第一次相同。但在第二次时，客人们不必将米饭盛完，可以剩下。末客将饭器盖上盖子，放在手边。若有需要盛饭的客人，可以再传递过去。

另外，将第二次的饭器端上后，最后要留下一口米饭，以备之后上锅巴汤时使用。

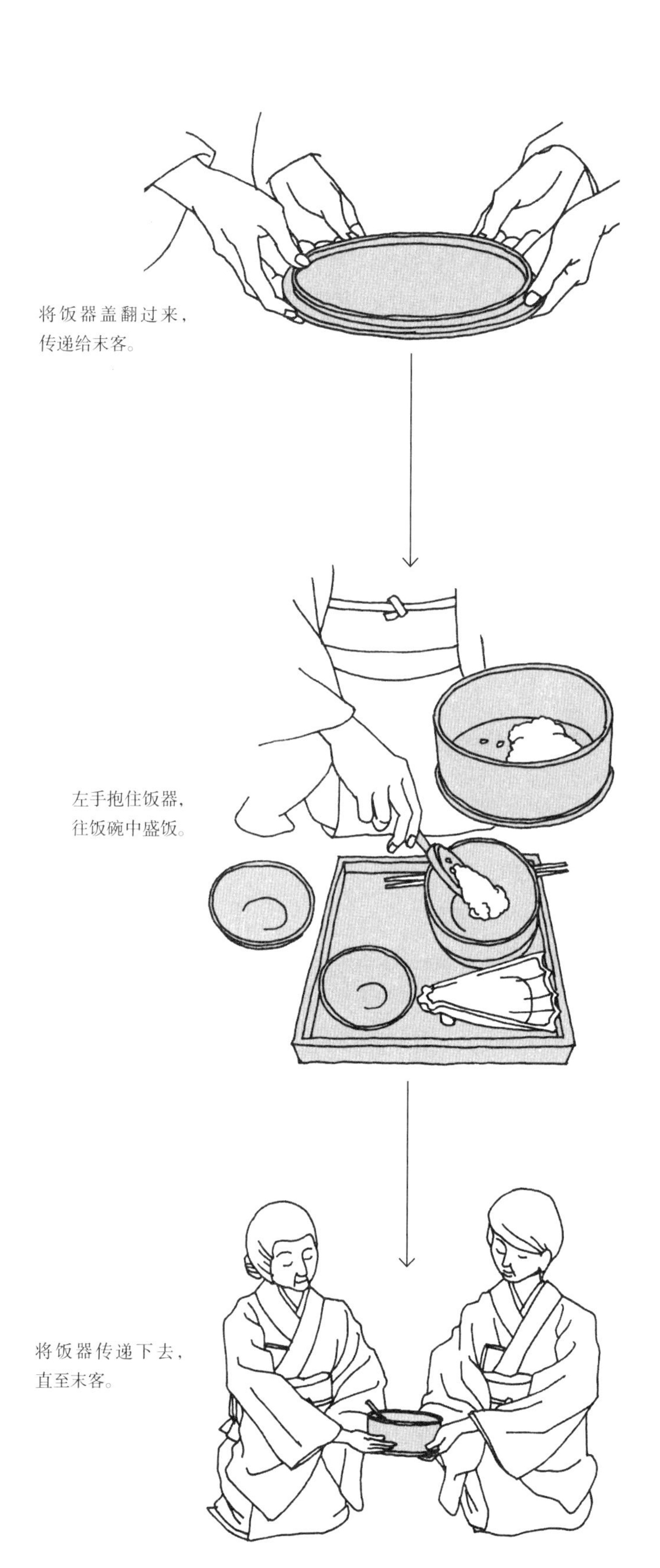

将饭器盖翻过来，传递给末客。

左手抱住饭器，往饭碗中盛饭。

将饭器传递下去，直至末客。

4 汤

怀石料理中的汤固定是味噌酱汤。冬季为白味噌酱汤，夏季为赤味噌酱汤。两者之间的季节，则使用红白味噌酱掺和的袱纱味噌酱汤（合味噌酱汤）。越接近冬季，白味噌酱的量越多；越接近夏季，白味噌酱的量越少。客人们从汤的颜色（味噌酱的掺和比例）中也可以感受出季节的变化。

汤的食材基本为素菜，内容和味道都十分精简，分量也是两三口便可吃完。与米饭相同，之后有添汤的环节，因此，第一次只盛入普通味噌酱汤一半的量即可。

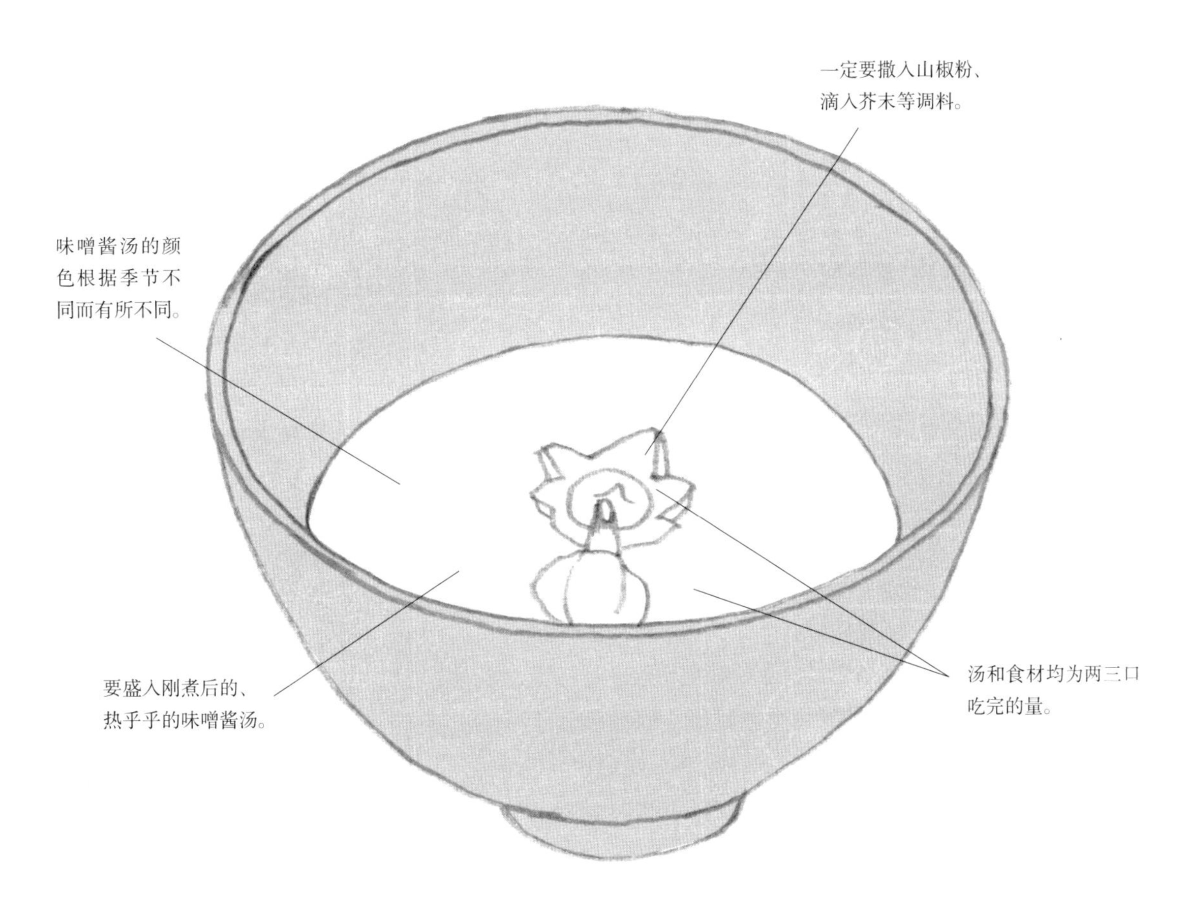

换汤（添汤）

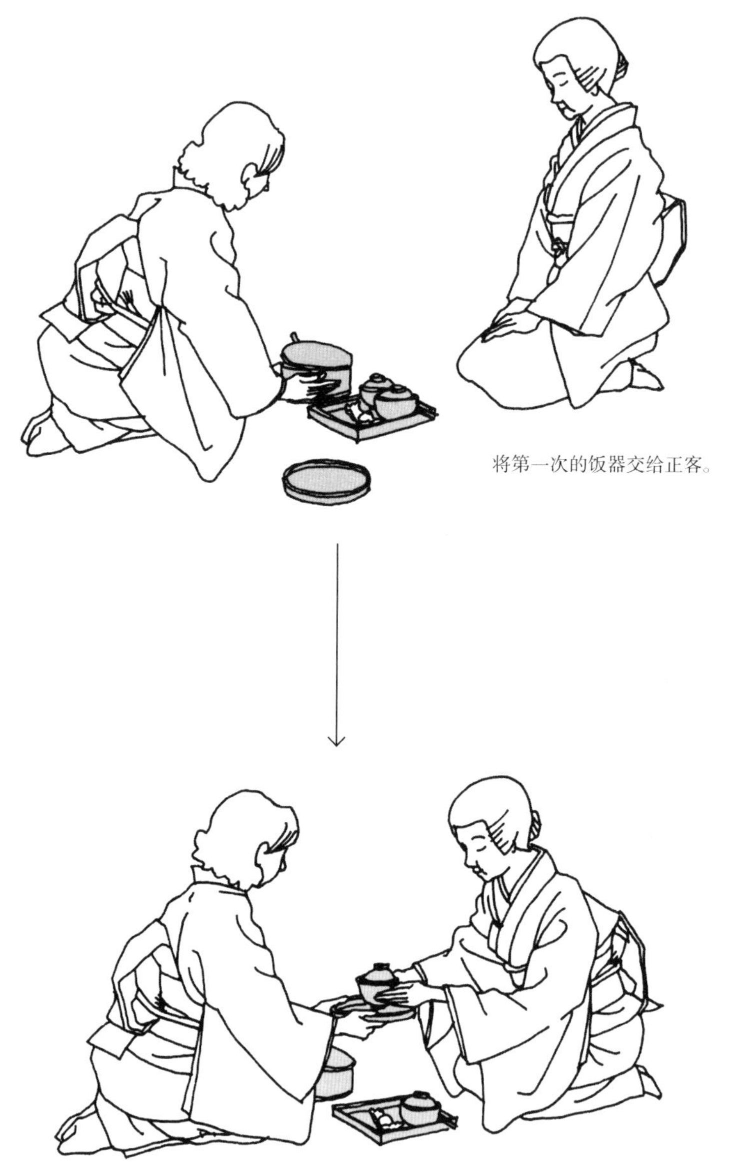

将第一次的饭器交给正客。

将空通盆举给正客，为其添汤。
正客将盖上盖子的汤碗放在通盆上。

第一次的饭器端出之后，有添汤的环节。亭主将饭器交给正客之后，将空出来的通盆举向正客说“我为您添汤吧”。正客说“那麻烦您了”，然后将盖上盖的汤碗双手捧起，放在通盆上。亭主将其端走。

接着，亭主再次持通盆入席，提出为次客添汤。然后端走次客的汤碗。

然后，亭主将正客的新汤放在通盆上端出。待正客接过新汤后，亭主将下一位客人的汤碗放在空出来的通盆上端走。

亭主重复这个过程，直至末客。亭主为所有人添过汤后，将空饭器放在通盆上再退出。

※客人人数多时的添汤方法是，为正客添过汤后，有时会将次客以下客人的汤碗放在胁引上，一次端两三人份的汤。这时，客人们每隔一人将汤碗盖留下，形成有盖和无盖相互穿插的状态，以便亭主区分。

5 向付

因放于膳盘对面的中央，故得此名。向付既指器皿，也指盛装的料理。向付和米饭、汤在一开始时便端出，但直至上酒之后才可以食用。

料理的内容一般为盐渍鱼类、贝类及昆布腌刺身等。通常不会上新鲜刺身，也不会准备蘸料酱油。

盐渍料理及昆布腌制料理多是浇上淡味高汤。亭主要考虑淡味高汤的多少，一般准备客人可以完全用尽的量，或是将味道调节得适当，以便客人可以喝完。

另外，从怀石料理的开始直至结束，向付的器皿都摆在客人面前，作为烧物之后的料理的取菜器皿使用。因此，向付是很有存在感的器皿，亭主多是通过向付的器皿来表现季节感以及茶事的匠心。

此外，向付基本上是用手端起来食用的料理，因此要考虑使用容易手持的器皿。

另外，食用完向付后，它还要用于分取料理。因此，最好事先用怀纸擦拭干净。

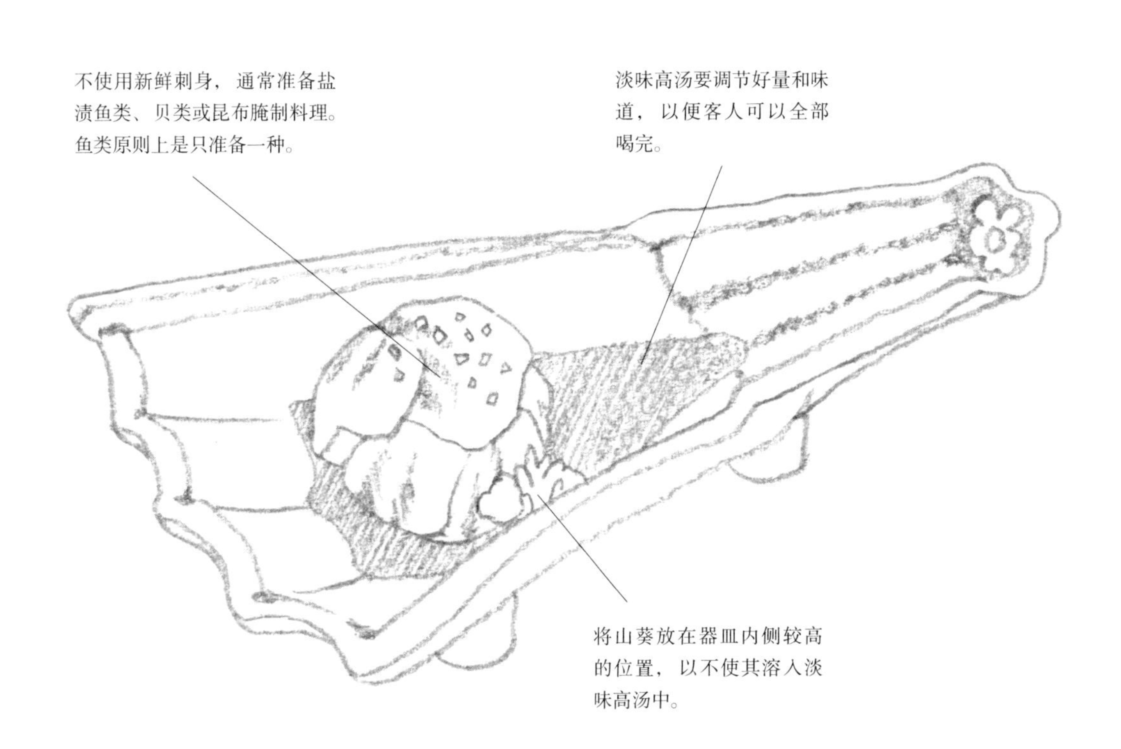

◎不准备蘸料酱油。
◎直至上酒之后才可以吃向付。

6 煮物碗

煮物碗是怀石料理上最重要的料理，可称为主餐，又称为煮物、菜盛碗等。煮物碗是装有菜和汤的料理，在盛装时，要意识到这不是“一汁三菜”中的“汁”，而是“菜”，所以菜和汤要盛得充分。

煮物碗基本上是以主菜为中心，加入青菜叶，再倒入一道高汤制成的汤。主要食材为素菜、葛粉肉松、糯米粉炸物、什锦料理等。另外还有将鱼肉、禽类制成汤的煮物碗，以突出存在感，再配入蔬菜、蘑菇等，加入青菜叶、树芽、生姜、香橙等调味。

最理想的煮物碗是放入色味丰富的食材，同时还能够体现出季节感。

在端上之前，要将汤及菜充分加热，菜的内部若是不冷不热的状态是最失败的煮物碗，会导致整个怀石料理的失败，一定要注意。另外，还要事先在菜的背面切入刀痕，以便客人可以不用咬断便能一口吃掉。

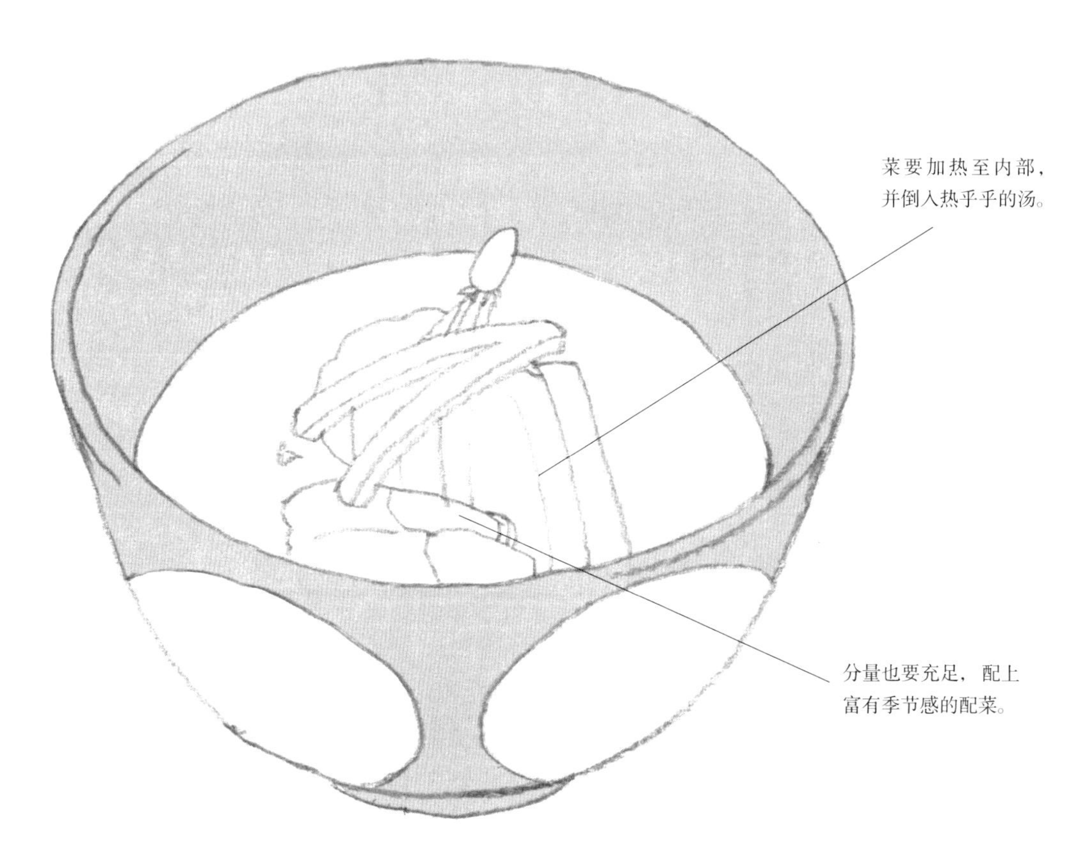

◎煮物碗是亭主最费心思制作的料理。同时，客人们也要意识到这一点。

客人的规矩

食用煮物碗

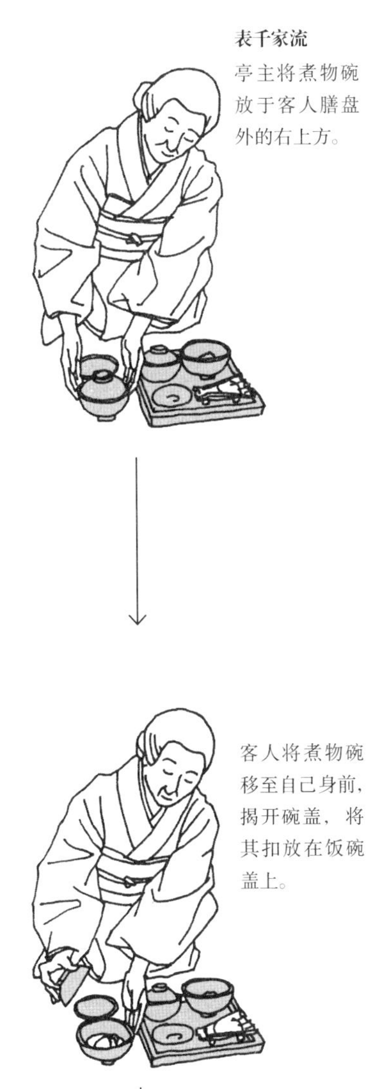

表千家流

亭主将煮物碗放于客人膳盘外的右上方。

客人将煮物碗移至自己身前，揭开碗盖，将其扣放在饭碗盖上。

双手捧起碗，右手持筷，用左手手指调整好筷子的握持位置后，开始食用。

里千家流

亭主将煮物碗放于客人膳盘外侧的正面。客人双手捧起煮物碗。

左手持碗，揭开碗盖，将其放于膳盘对面稍靠右的位置。

右手持筷，用左手手指调整好筷子的握持位置后，开始食用。

煮物碗的端菜方法一般是，使用通盆先只端出正客的煮物碗，然后再将次客以下客人的煮物碗放在胁引上一并端出。

客人们待煮物碗端上，在亭主说道“请趁热享用”之后，一起回礼，然后开始捧起煮物碗食用。

揭开碗盖后，先欣赏一下碗内的摆盘，体会季节感及茶事的主题，对亭主的细心周到表示感谢，然后尽快趁热吃完。这是对亭主最好的感谢。食毕，盖上碗盖。

7 烧物

烧物是“一汁三菜”中唯一使用钵及大盘、按客人人数盛入并传递取食的料理。对客人来说，烧物的器皿也是一道景观。

料理中有时会准备鸭、鹌鹑等禽肉，但最多的还是鱼类、贝类料理。其中，香橙幽庵酱腌制料理，味噌酱腌制料理，或是调料汁烧烤料理，抑或是不加任何调料的干烤料理等是最为普遍的烧物料理。在素食怀石料理中，一般准备味噌田乐酱烤茄子等具有一定分量的料理。

“不剩菜”“不盛入吃不完的料理”是怀石料理的规矩。因此，烧物中通常不使用一般料理所必备的铺叶。另外，亭主通常还会事先细心地将鱼骨以及厚皮等不能食用的部分去掉。烧物中一般不加配菜，即便是通常的烧烤料理所必备的调味醋、生姜、菊花、芜菁也不会加入。

烧物的食材是先切成供一人食用的大小后，再进行烧烤制作。每一份的大小还要考虑是否适合装入向付的器皿内。

另外，分取烧物的公用筷子也根据流派的不同而异。表千家流是将青竹两细箸横着放在膳盘上；里千家流是将青竹中节箸斜着放在膳盘上。

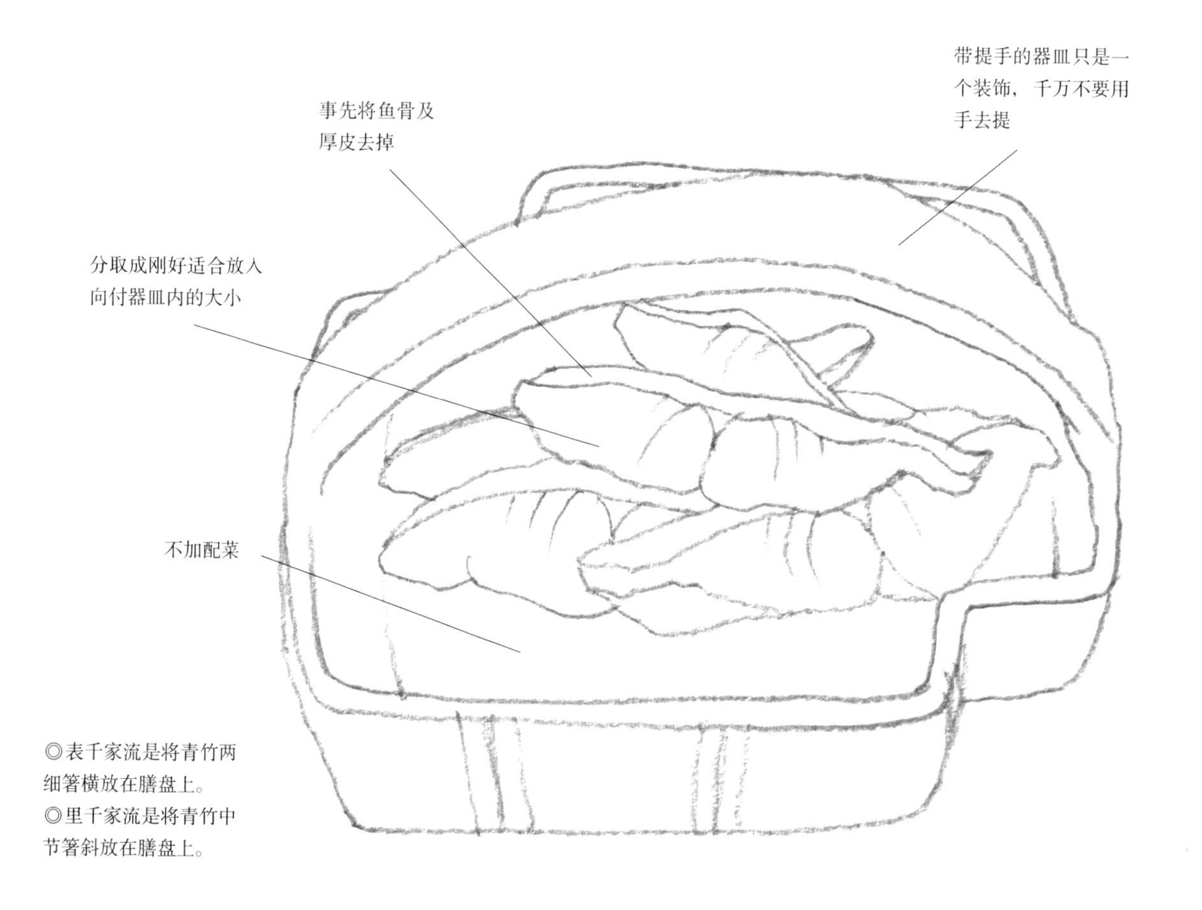

◎表千家流是将青竹两细箸横放在膳盘上。
◎里千家流是将青竹中节箸斜放在膳盘上。

客人的规矩

传菜的方法

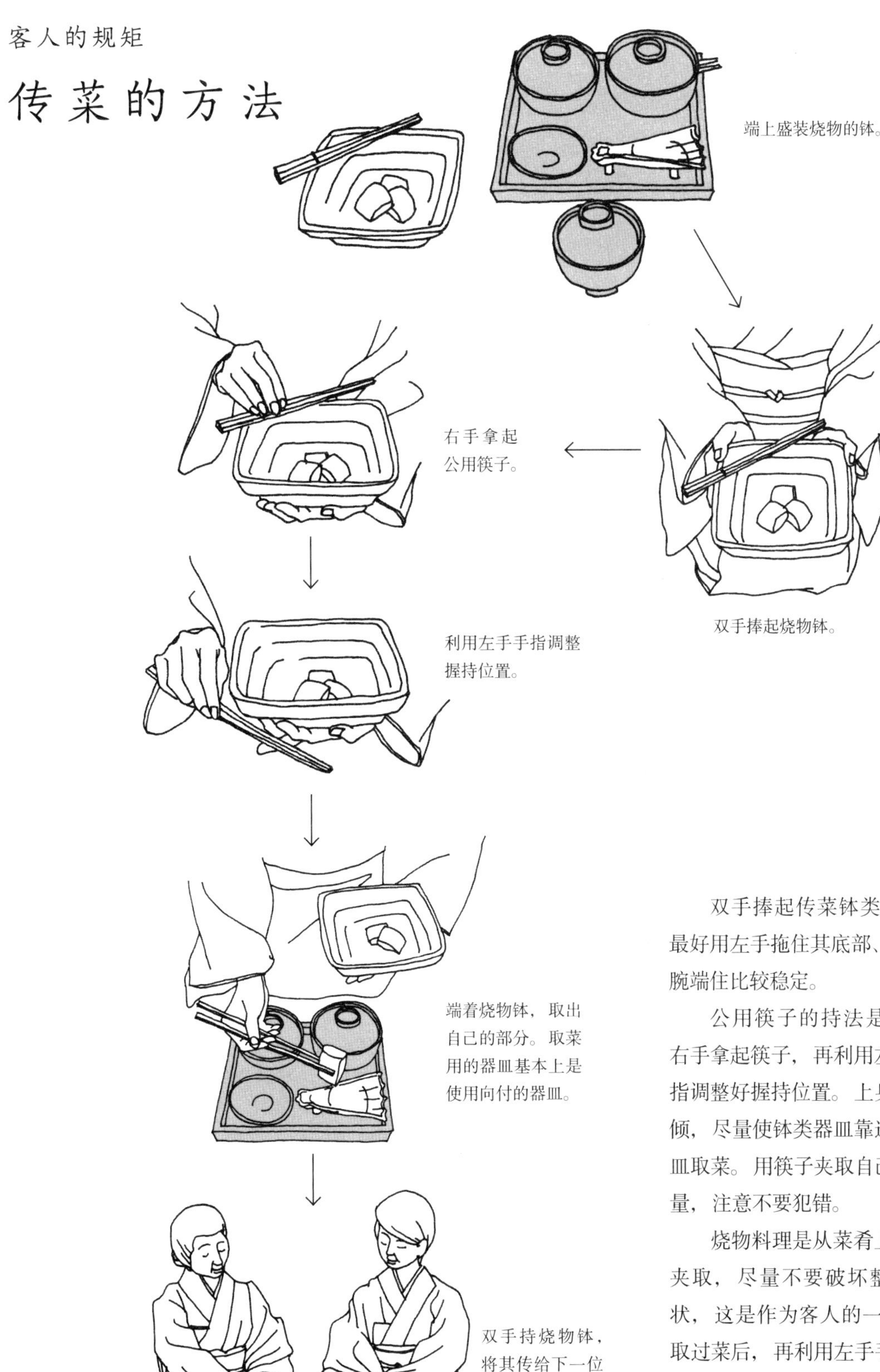

双手捧起传菜钵类器皿后，最好用左手拖住其底部、用左手腕端住比较稳定。

公用筷子的持法是，先用右手拿起筷子，再利用左手的手指调整好握持位置。上身稍向前倾，尽量使钵类器皿靠近分菜器皿取菜。用筷子夹取自己一人的量，注意不要犯错。

烧物料理是从菜肴上面依次夹取，尽量不要破坏整体的形状，这是作为客人的一种礼节。取过菜后，再利用左手手指调整公用筷子的握持位置，将公用筷子放回原来的钵上，双手捧起分菜钵，传给下一位客人。

8 预钵、强肴

预钵和强肴是由亭主精心准备的"一汁三菜"之外的料理。预钵因是将器皿交给客人自由夹取，故得此名[1]。强肴是在预钵之后，为请客人再多吃一些而端出的料理，故称为"强肴"或"进肴"[2]。

预钵和强肴的内容一般是拌菜、醋渍料理等。有时也会因亭主的特别关照及客人的喜好，准备炸物或煮菜类等样式比较随意的料理。

由于预钵和强肴均是交给客人自由夹取的料理，因此亭主要事先按客人的人数放入足够的量，盛装方式也要便于客人分清一人的分量。公用筷子因流派的不同而异。表千家流使用白竹两细筷子，里千家流则使用青竹节止筷子。

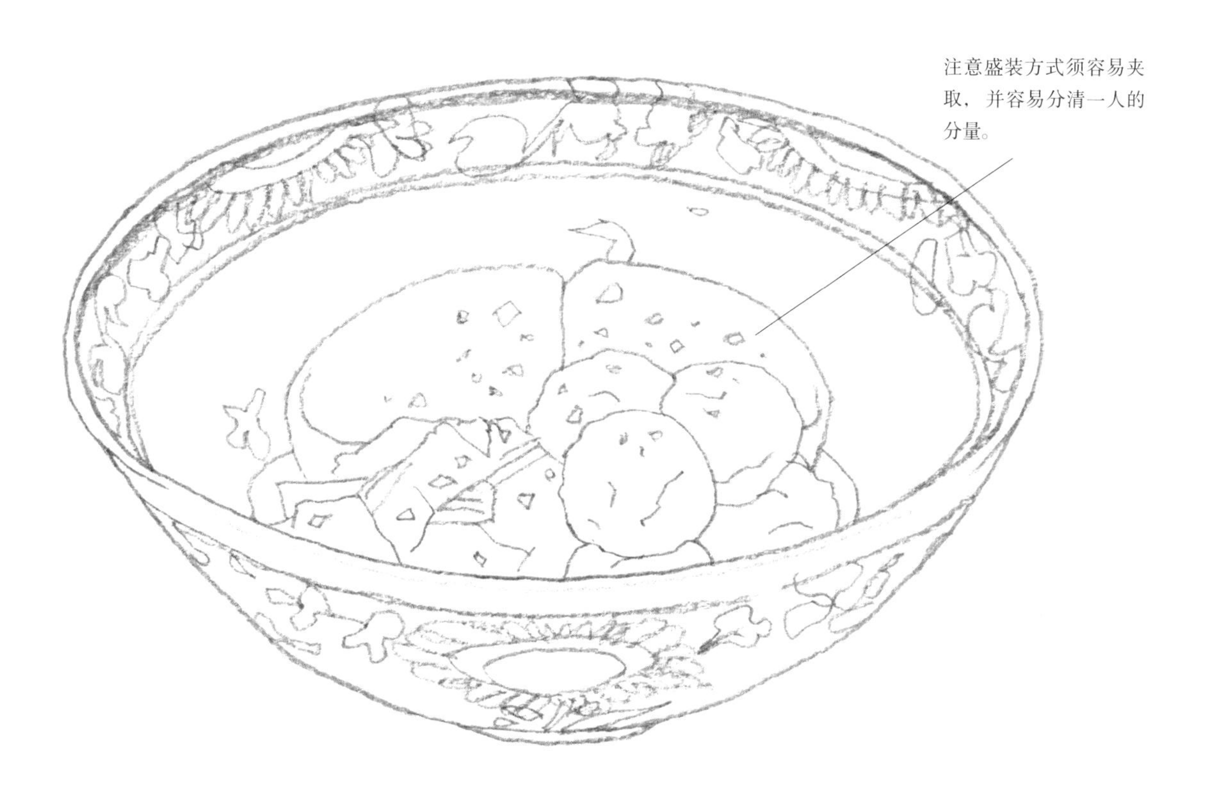

◎不包含在"一汁三菜"中的附加料理。
◎表千家流使用白竹两细筷子。
◎里千家流使用青竹节止筷子。

① 日语中"预"有"交给"的意思。 ② 日语中"强"和"进"均有"再""进一步"的意思。

9 酒盗

除预钵、强肴这些亭主特意准备的料理之外，有时还会为客人呈上珍馐类料理。以鱼类、贝类腌制料理为代表的珍馐料理一端上，酒就会下得便特别快，因此又称之为“酒盗”。特别是当好酒的客人聚集在一起时，亭主会根据宴席的气氛，端出酒盗，供客人多饮几杯。因此，酒盗有时并未事先写入菜单之中，而是临时准备。另外，有时还在端出下酒菜后，再端上酒瓶或石盃，供客人畅饮。

酒盗有时是在预钵之后端出，有时是在主客献酒(八寸)时，为请客人多喝几杯而端出。

配筷是杉木箭尾箸，根据流派的不同，其头部的斜面也各异(见第216页)。

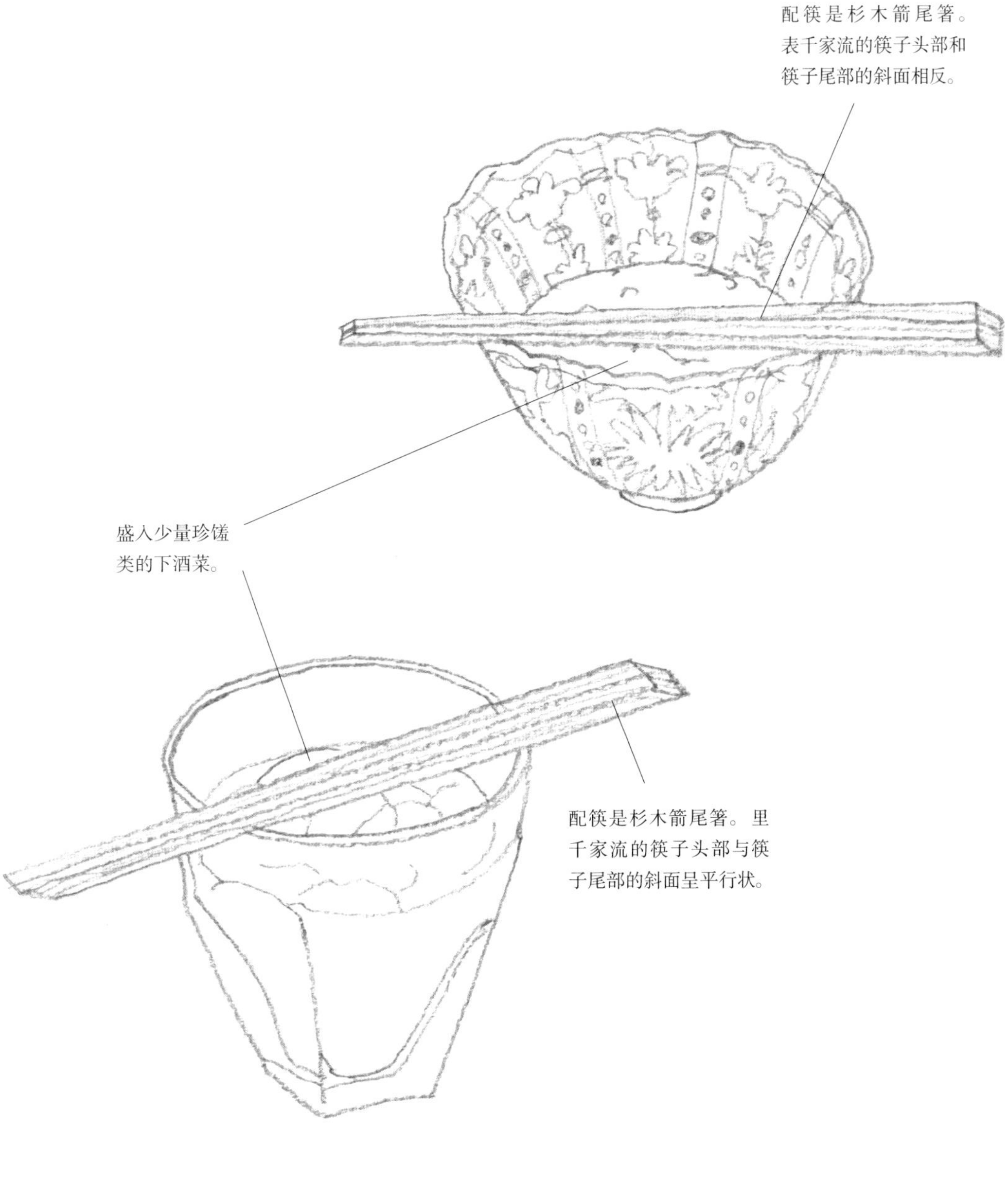

配筷是杉木箭尾箸。表千家流的筷子头部和筷子尾部的斜面相反。

盛入少量珍馐类的下酒菜。

配筷是杉木箭尾箸。里千家流的筷子头部与筷子尾部的斜面呈平行状。

亭主与客人的规矩

返还并传递器皿

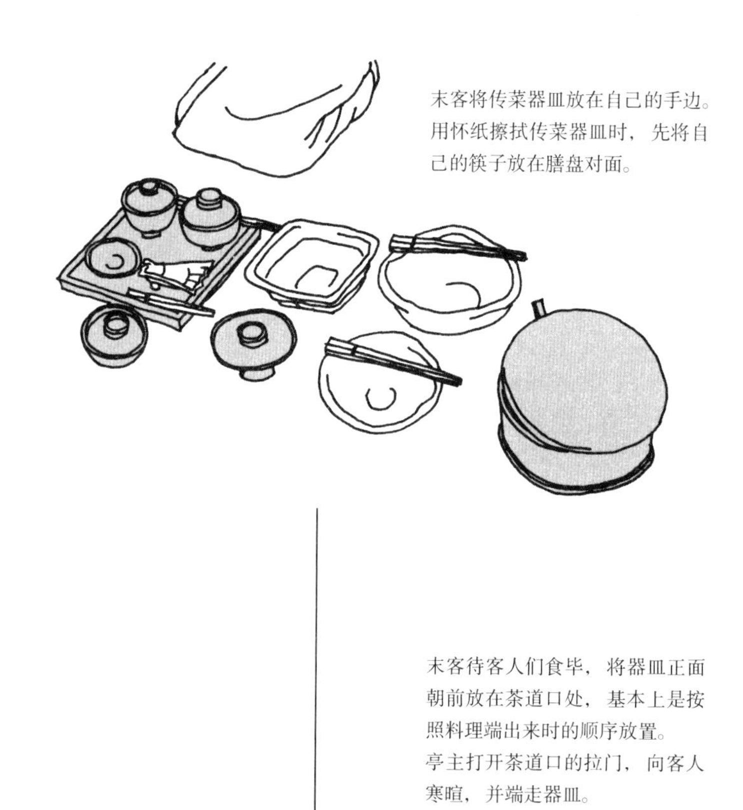

末客将传菜器皿放在自己的手边。用怀纸擦拭传菜器皿时，先将自己的筷子放在膳盘对面。

末客待客人们食毕，将器皿正面朝前放在茶道口处，基本上是按照料理端出来时的顺序放置。

亭主打开茶道口的拉门，向客人寒暄，并端走器皿。

待客人们吃过“一汁三菜”以及预钵、强肴后，末客将放在自己手边的传菜器皿送还至茶道口。这时，要用怀纸将器皿及筷子擦拭干净，体现出客人的礼节。

而亭主一方待宴席中和谐的谈话结束，将传菜器皿返还至茶道口，打开茶道口的拉门，对客人们说“做得寡味，请见谅”等客套话，然后将返还的器皿端走，退至水屋。

接着端出箸洗。

10 箸洗

箸洗是又称为“小吸物”的小碗料理。虽说是料理，它实际上起到的是清洗口腔、调整心情的作用，而并非如其名称所示，是用来洗筷子的汤水。箸洗中一般放有两三口接近温水程度的、非常淡的昆布高汤，以及一两粒体现季节感的树籽、蔬菜籽等。

之所以要调整心情，是因为接下来要进行上八寸、进行主客献酒的环节。这是表现“一期一会”的主要环节。虽然这之前也有酒，但八寸之后的酒具有一种礼节性的含义，与这之前的酒完全不同。

亭主端上箸洗后，向客人们说“请慢用”。然后客人们一起回礼，开始食用箸洗。

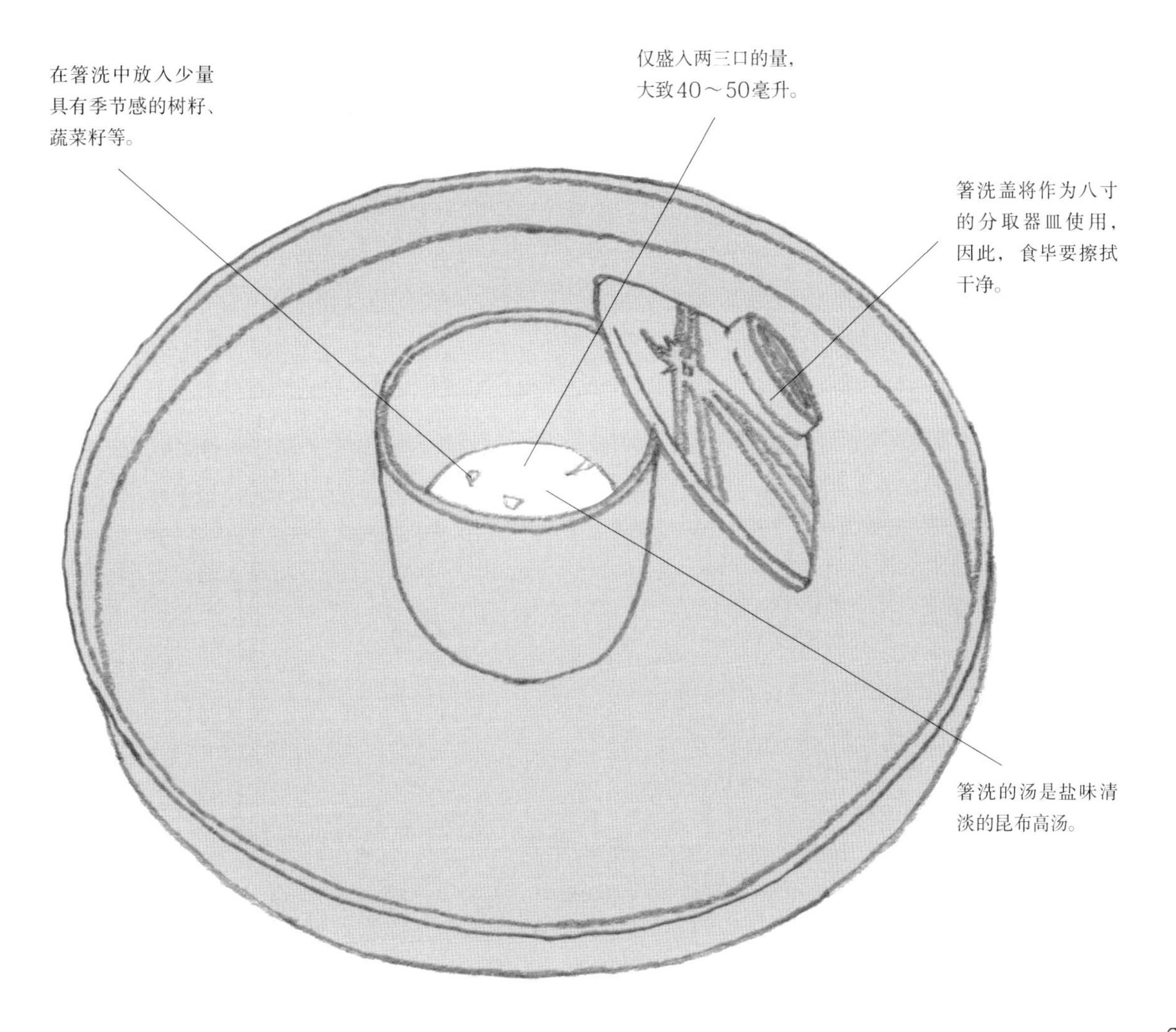

11 八寸

八寸是指以红杉木制成的正方形托盘，同时又指该托盘以及盛装在里面的料理。八寸是怀石料理上最为重要的一环，它是在进行“千鸟杯”这一主客献酒的环节时，作为下酒菜端出的料理。

八寸的料理基本是将海鲜料理（生鲜料理、动物性料理）、蔬菜类料理（素食料理、植物性料理）各盛入一种。而且原则上不放铺菜等配菜，仅放入料理。

为方便夹取，分别将两种料理放在八寸托盘的右上方和左下方。但根据流派的不同，盛放的位置也不同。表千家流是将海鲜料理放在右上方，将蔬菜类料理放在左下方，而里千家流则正好相反。另外，有时在得到客人的赠品时，还会盛入三种料理。也有从一开始就盛入三种料理的流派。

料理的份数按照比客人的人数多准备1～3人份的量，且总数必须为奇数。因为考虑到亭主的一份以及想要多喝一点儿酒的客人，所以需要多准备一些料理。

此外，公用筷子的形状以及摆放方法也因流派的不同而异。表千家流是将青竹两细箸横放在八寸盘前方；里千家流是将青竹中节箸斜搭在八寸托盘边缘。

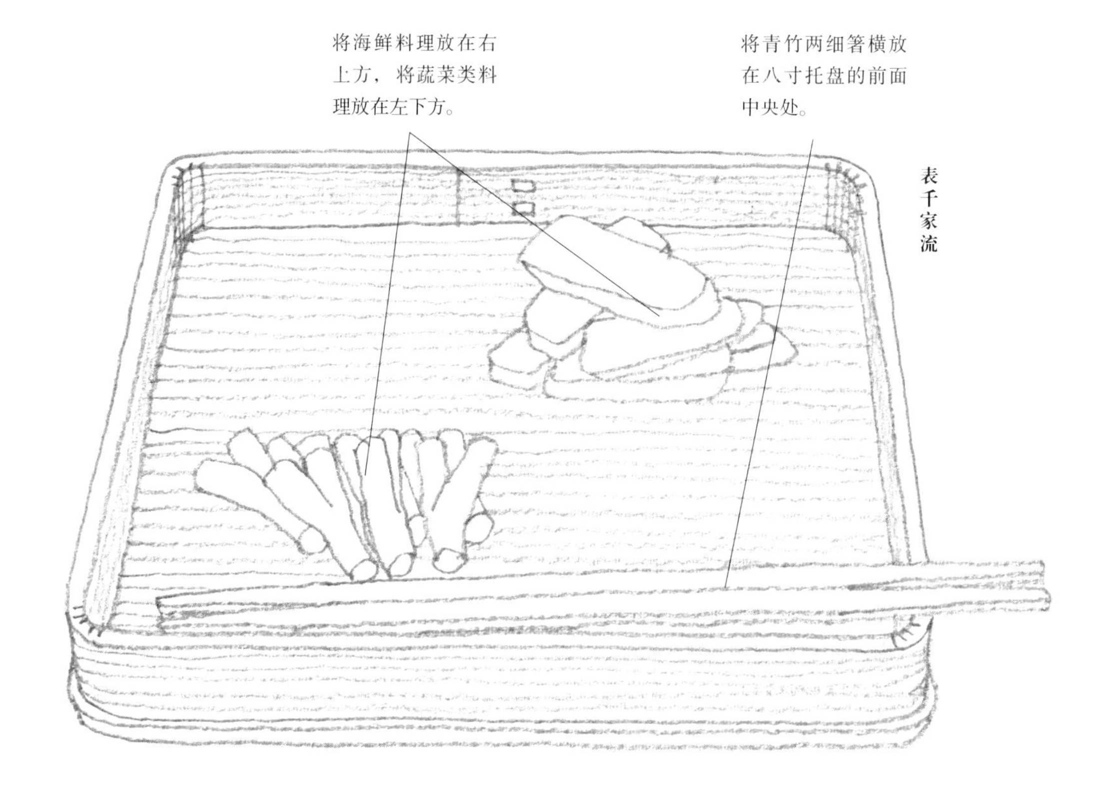

◎每份料理切分成便于放入小吸物碗（箸洗）的碗盖中的大小。
◎料理摆放要便于夹取。
◎放入两种下酒菜（海鲜料理和蔬菜类料理）。
◎盛入的份数要比客人人数多一些，且是奇数。

筷子的清理方法：

在清理公用筷子及利休箸时，基本上是将怀纸折起来，轻轻擦拭一下（d）。主果子通常是放在折叠起来的怀纸上。在这种情况下，是将最上面的一张怀纸折一个角，用来擦拭黑文字箸等筷子（e）。

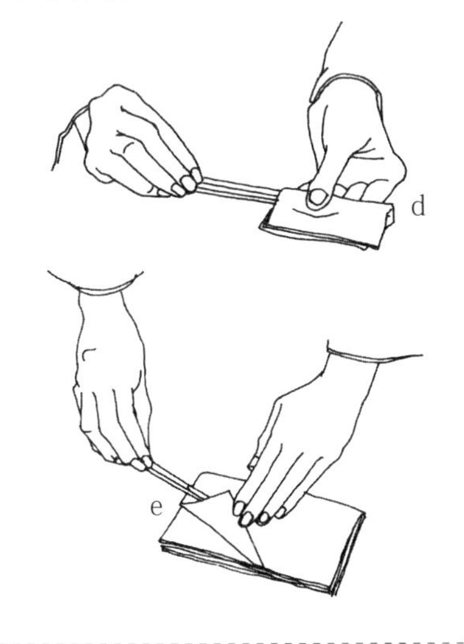

筷子的使用方法：

左手未持任何物品时，筷子的基本使用方法是：①用右手拿起筷子（a），②用左手从下方拖住筷子（b），③右手沿筷子滑至筷子下方，调整握持位置（c）。3个步骤均是握住筷子的中央，而不碰筷子头。

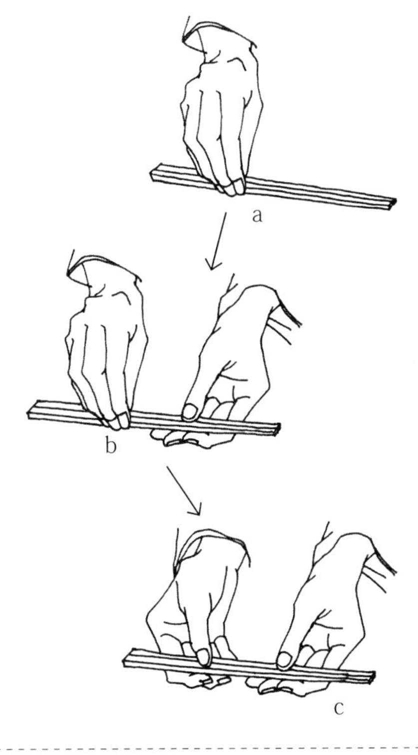

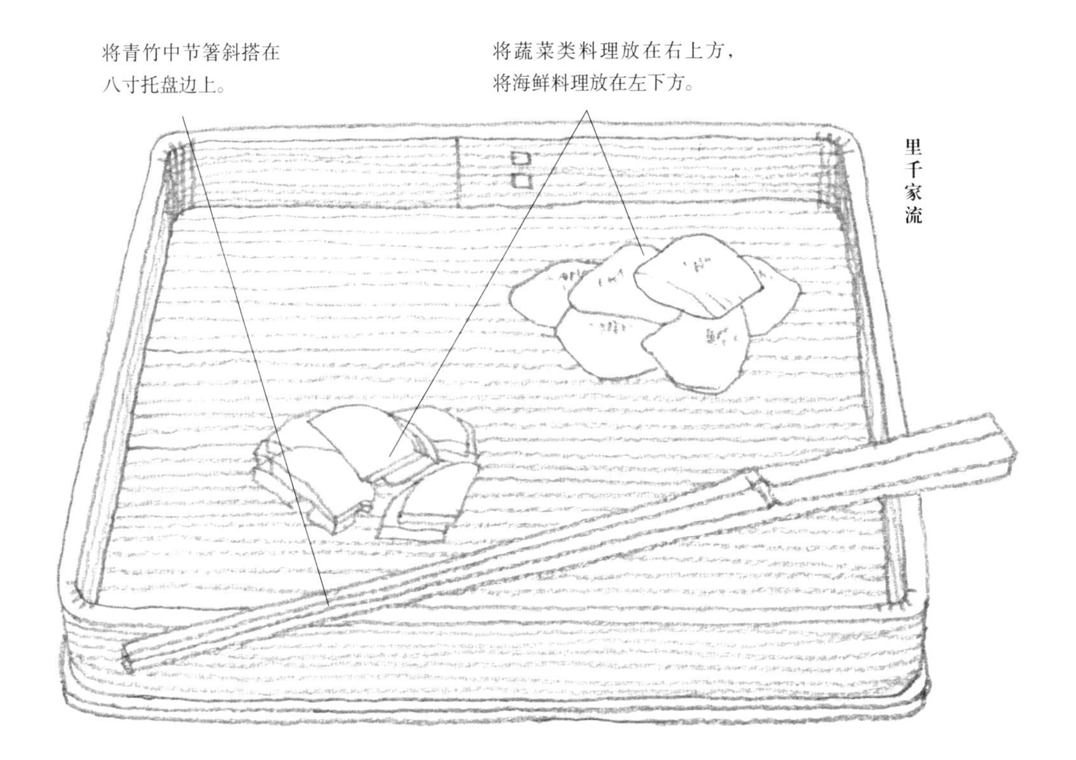

◎在临上菜前，先将八寸托盘放入水中浸湿后再使用。

◎将八寸托盘木纹横向放置，接缝处朝对面放置。

◎竹筷子先用水浸湿，甩干水滴后放入托盘中。

亭主与客人的规矩

八寸的分取

（表千家流）

正客观赏亭主献上的八寸托盘，表示谢意后，将正面朝向亭主并返还。

亭主借用正客的箸洗碗盖，将其放在左手上，右手拿起公用筷子。

用左手的手指调整握持位置。

亭主右手持装入新酒的烫酒壶、左手持八寸，将它们端出。亭主坐在正客面前，将烫酒壶和八寸放在自己面前，然后将八寸转向正客，并献给正客。然后为正客献酒。

正客接受献酒后，捧起八寸观赏，点头表示谢意，然后将八寸的正面转向亭主并返还。

亭主说“借用一下您的箸洗碗盖”。正客将箸洗碗盖交给亭主。亭主将海鲜料理分给正客。正客开始品尝八寸、喝酒。

亭主以相同方式为其余客人盛菜、献酒，直至末客。

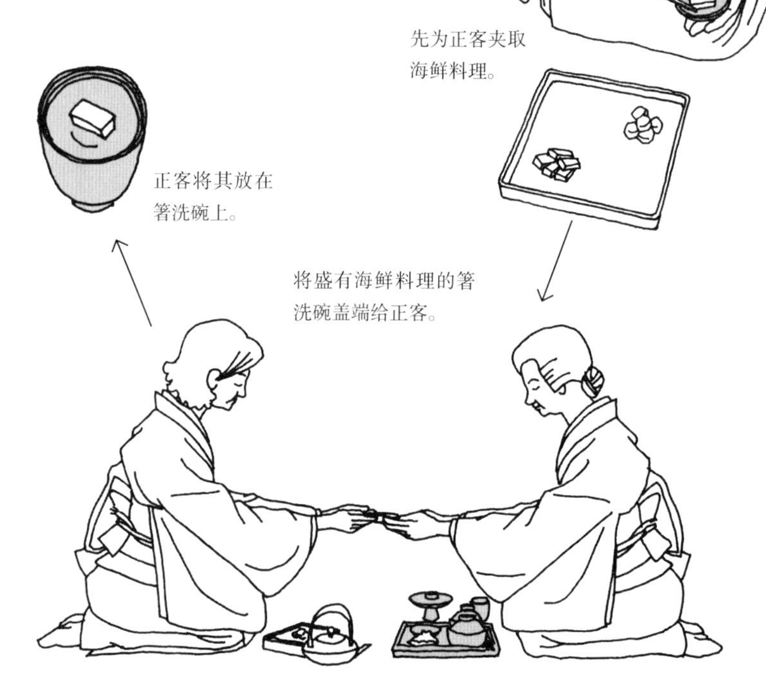

先为正客夹取海鲜料理。

将盛有海鲜料理的箸洗碗盖端给正客。

正客将其放在箸洗碗上。

八寸的分取

（里千家流）

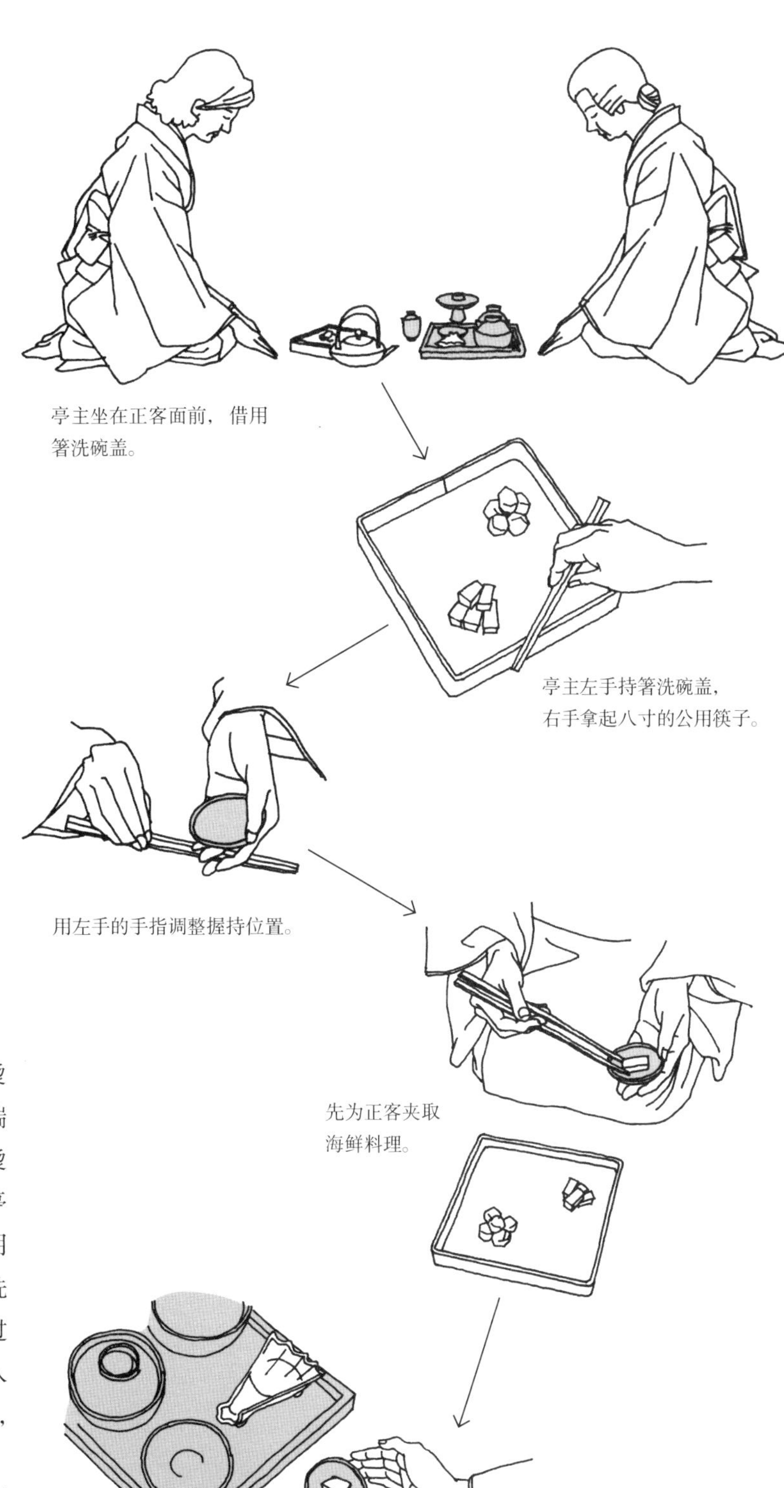

亭主坐在正客面前，借用箸洗碗盖。

亭主左手持箸洗碗盖，右手拿起八寸的公用筷子。

用左手的手指调整握持位置。

先为正客夹取海鲜料理。

将盛有海鲜料理的箸洗碗盖放在正客膳盘的正面，也可以放在箸洗碗上。

亭主右手持装入新酒的烫酒壶、左手持八寸，将它们端出。亭主坐在正客面前，将烫酒壶和八寸摆在自己面前。亭主先为正客献酒，然后说“借用一下箸洗碗盖”。正客将箸洗碗盖交给亭主。亭主右手接过碗盖，换以左手，为正客盛入海鲜料理，将其放于正客面前，也可以放在箸洗碗上。

正客开始喝酒，品尝海鲜料理。

亭主以相同方式为其余客人盛菜、献酒，直至末客。

千鸟杯
（表千家流）

第二巡献酒时的主客动作

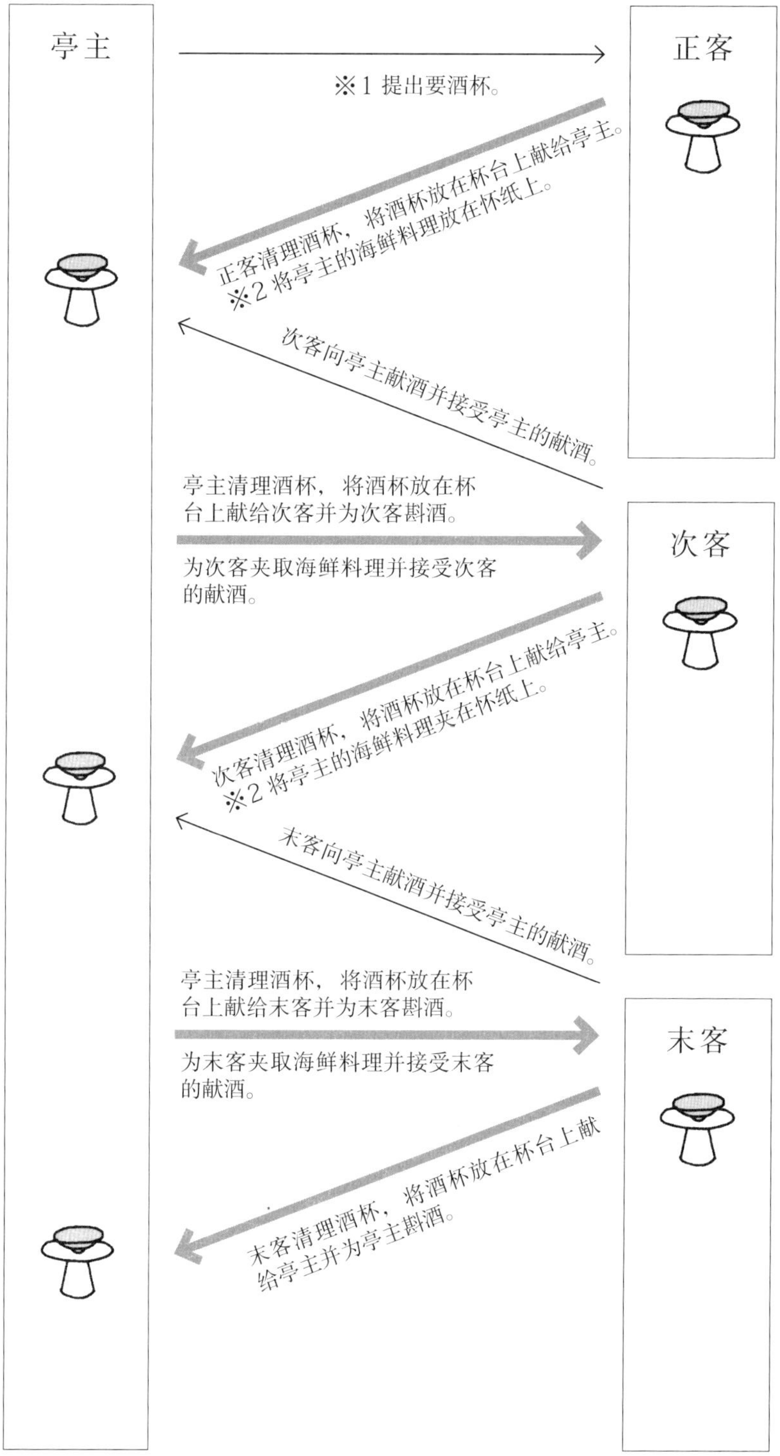

亭主

正客

※1 提出要酒杯。

正客清理酒杯，将酒杯放在杯台上献给亭主。
※2 将亭主的海鲜料理放在怀纸上。

次客向亭主献酒并接受亭主的献酒。

亭主清理酒杯，将酒杯放在杯台上献给次客并为次客斟酒。

为次客夹取海鲜料理并接受次客的献酒。

次客

次客清理酒杯，将酒杯放在杯台上献给亭主。
※2 将亭主的海鲜料理夹在怀纸上。

末客向亭主献酒并接受亭主的献酒。

亭主清理酒杯，将酒杯放在杯台上献给末客并为末客斟酒。

为末客夹取海鲜料理并接受末客的献酒。

末客

末客清理酒杯，将酒杯放在杯台上献给亭主并为亭主斟酒。

在此简单总结一下“千鸟杯”的第二巡主客献酒的表千家流的一般流程。在此假定只有3位客人，而实际的怀石料理上会有更多客人到场。在人数较多时，只将在此介绍的次客至末客之间的步骤多重复几次既可。通常，正客待第二巡献酒即将结束时，借机向亭主献最后一杯酒。

另外，第一巡献酒是由亭主从正客开始依次献酒，分取海鲜料理，直至末客。本页是对其后的步骤加以说明（里千家流见第244页）。

纳盃

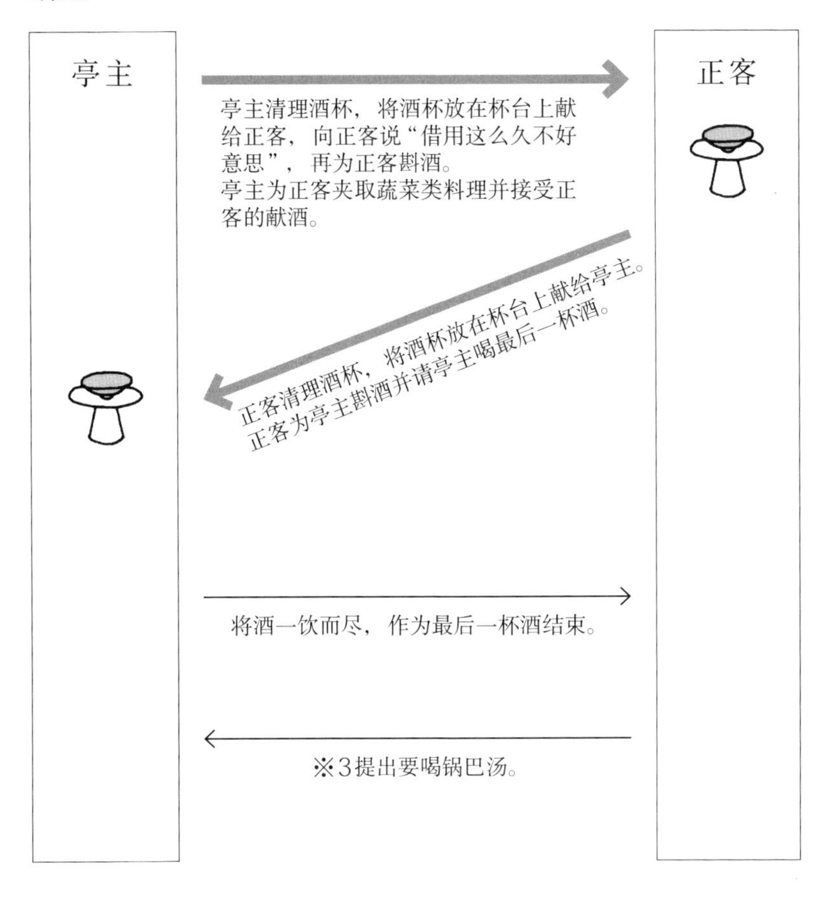

亭主喝过最后一杯酒后，正客提出要喝锅巴汤。亭主将放在杯台上的正客的酒杯、怀纸上的海鲜料理、蔬菜类料理放在八寸托盘上，与烫酒壶一同端走。

※1.亭主向正客提出借用酒杯：亭主向正客提出借用其酒杯。正客建议另取一个酒杯。亭主推辞后，再次提出要使用正客的酒杯。于是亭主借用正客的酒杯饮酒。在这之后，正客的酒杯在主客之间往来。

※2.正客、次客取出自己的怀纸，折成四折，用来分开放置亭主的海鲜料理和蔬菜类料理。

※3.正客提出要吃锅巴汤：指以此结束怀石料理之意。基本上是由正客提出。

千鸟杯

（里千家流）

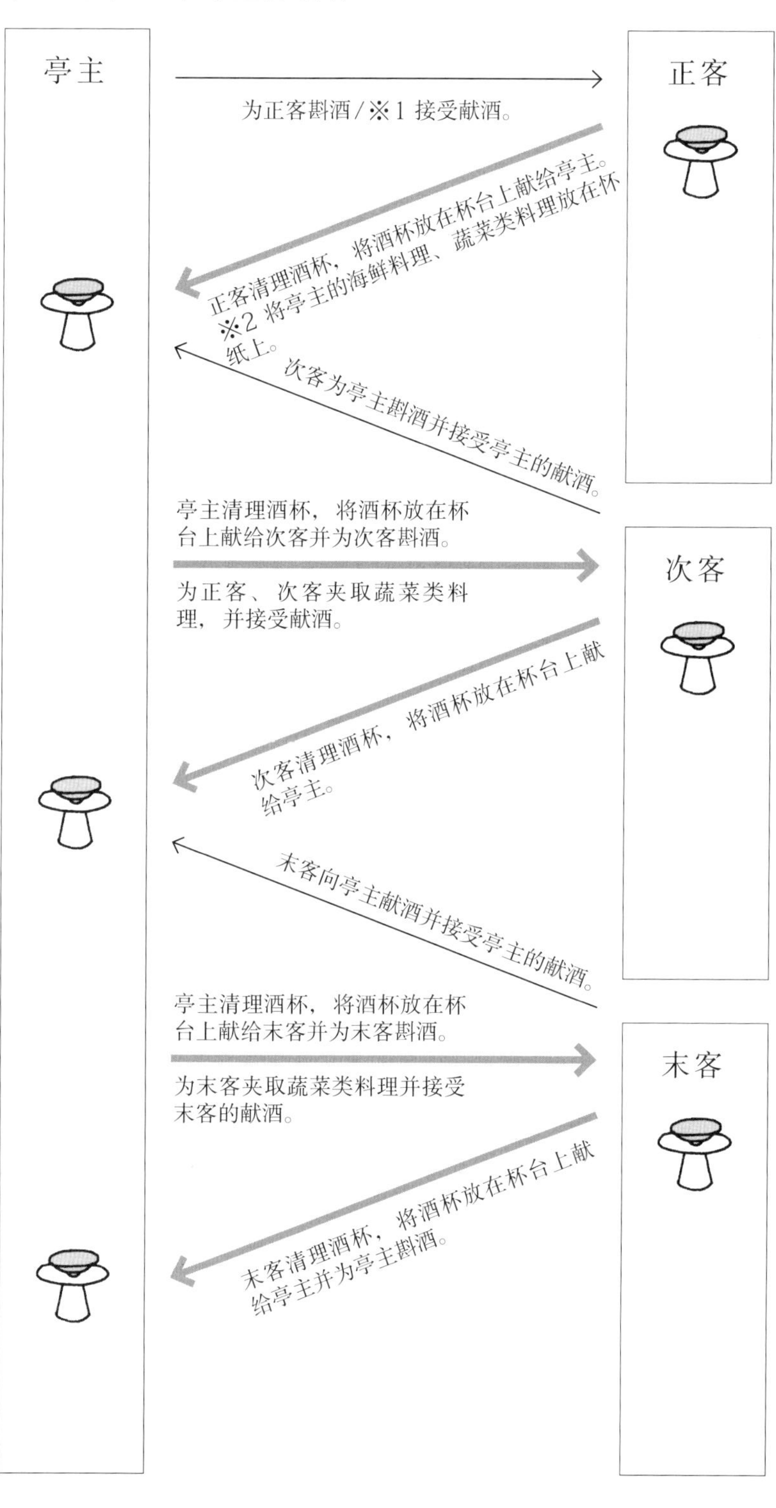

在此简单总结一下“千鸟杯”的第二巡主客献酒的表千家流的一般流程。在此假定只有3位客人，而实际的怀石料理上会有更多的客人到场。在人数较多时，只需将在此介绍的次客至末客之间的步骤多重复几次既可。通常，正客待第二巡献酒即将结束时，借机向亭主献最后一杯酒。

另外，第一巡献酒是由亭主从正客开始依次献酒，分取海鲜料理，直至末客。本页是对其后的步骤加以说明（表千家流见第242页）。

纳盃

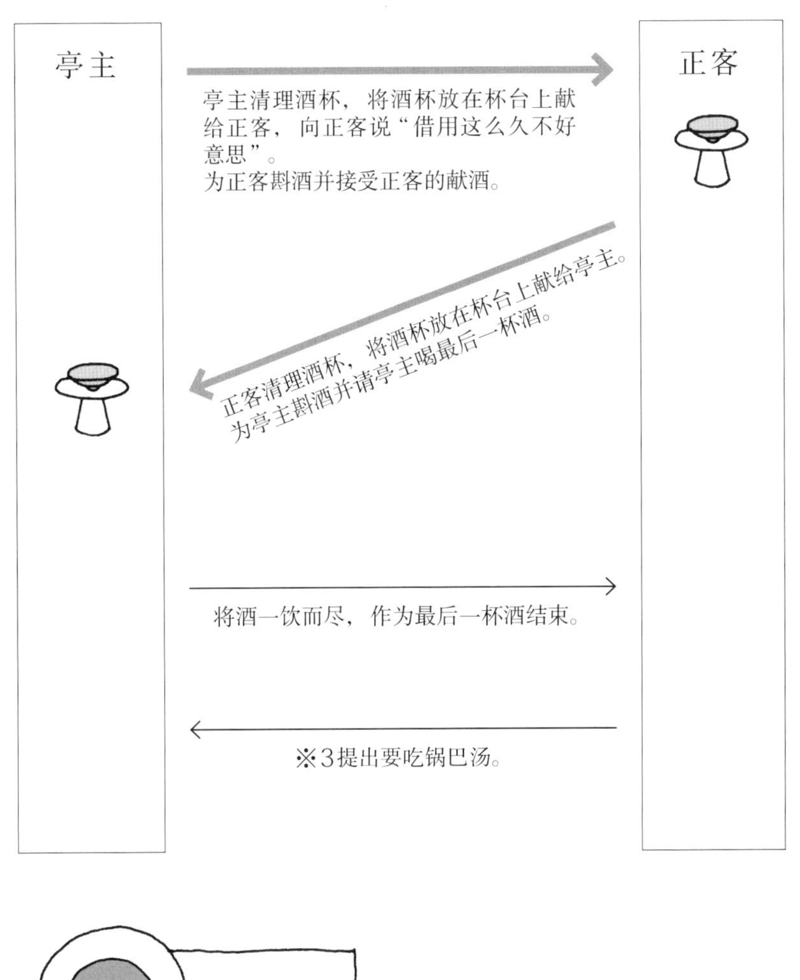

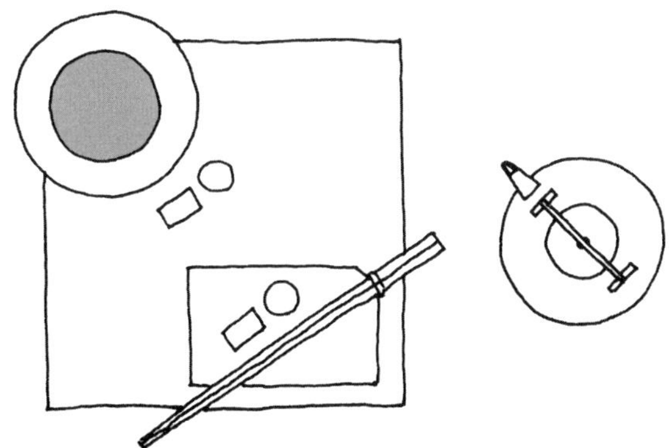

亭主喝过最后一杯酒后，正客提出要品尝锅巴汤。亭主将剩下的八寸料理（海鲜料理、蔬菜类料理）放在八寸托盘中央，再放上放有正客的酒杯的杯台、分取在怀纸上的八寸料理，与烫酒壶一同端走。

※1.接受献酒：指想用正客使用过的酒杯喝酒。亭主向正客提出要用其酒杯喝酒时，正客建议另取一个酒杯。但亭主推辞，再次提出要用正客的酒杯，最后借用正客的酒杯饮酒。在此之后，正客的酒杯在主客之间往来。

※2.正客取出自己的怀纸，数张叠在一起折成两折，用来分开放亭主的海鲜料理和蔬菜类料理。

※3.提出要吃锅巴汤：指以此结束怀石料理之意，基本上是由正客提出的。

12 汤斗、香物

汤斗和香物是在怀石料理最后端出的料理。一般是将汤斗和香物钵与汤子鞠一同放在胁引上端出。如果已先端出了香物，则仅将汤斗和汤子鞠放在胁引上端出。香物的配筷和放在胁引上的汤子鞠的位置因流派的不同而异。

香物是与用剩下的米饭制成的锅巴汤一同提供的料理，供客人们传递分取。香物基本是盛入两三种搭配不同的颜色、味道及形状的咸菜，其中必须放入一种较大块的咸菜（如腌萝卜），以供清理汤碗、饭碗使用。而且要在腌萝卜块的背面切入刀痕，这样既便于食用，又方便用其清理饭碗。

汤斗原是用粘在饭锅底部的锅巴和加入少量盐的汤制成的锅巴汤。但现在一般是使用砂锅等将米煎熟后，加入少量盐，用水煮制而成。先用汤子鞠将锅巴盛入饭碗和汤碗中，然后再倒入开水。或是将锅巴倒入饭碗中，将锅巴与剩下的米饭一同拌着开水食用。这样，既可以清新口气，又可以清理饭碗和汤碗，以此来结束怀石料理。

此外，在举办朝茶事时，一般是用香物（放入5～7种咸菜）代替烧物。

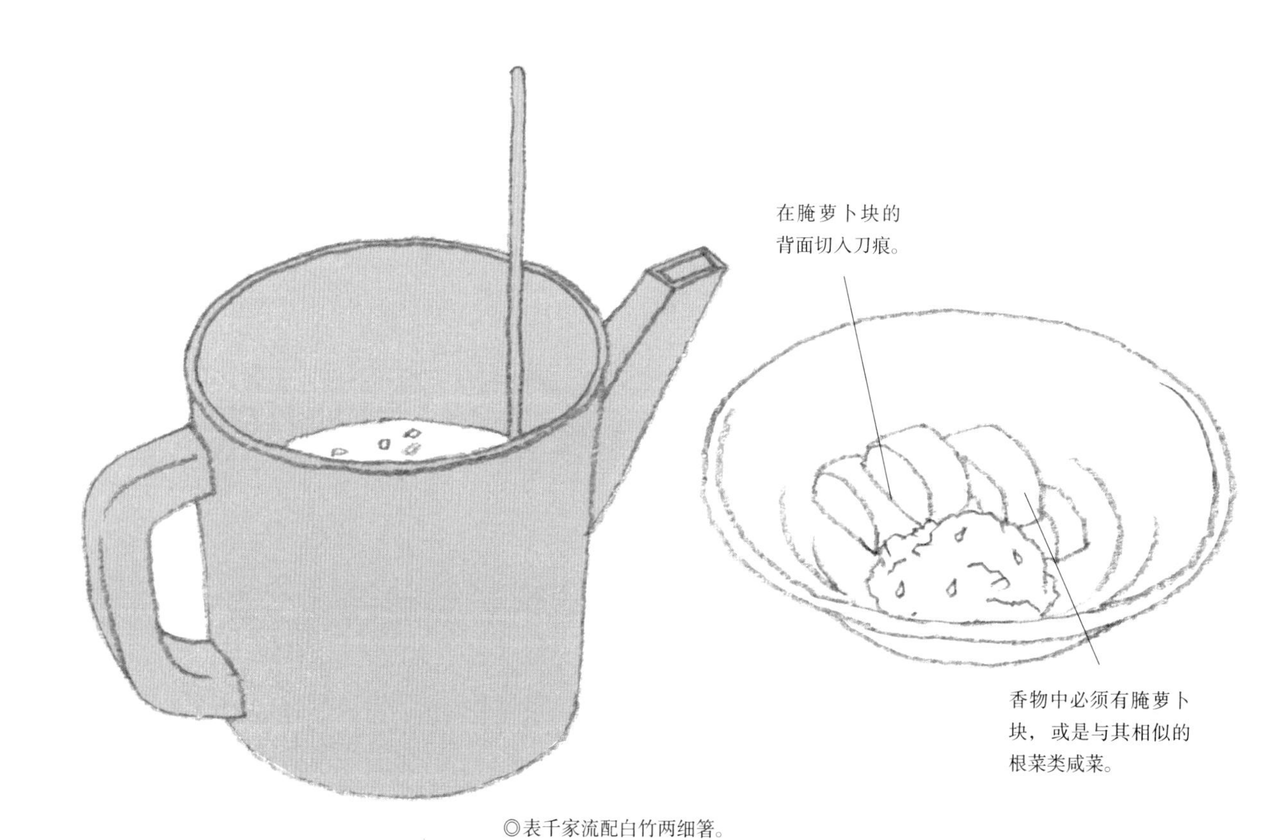

◎表千家流配白竹两细箸。
◎里千家流配青竹两细箸。
◎表千家流将汤子鞠竖放在汤斗和香物钵之间（见下一页）。
◎里千家流将汤子鞠横放在胁引前方（见下一页）。

汤斗的使用方法

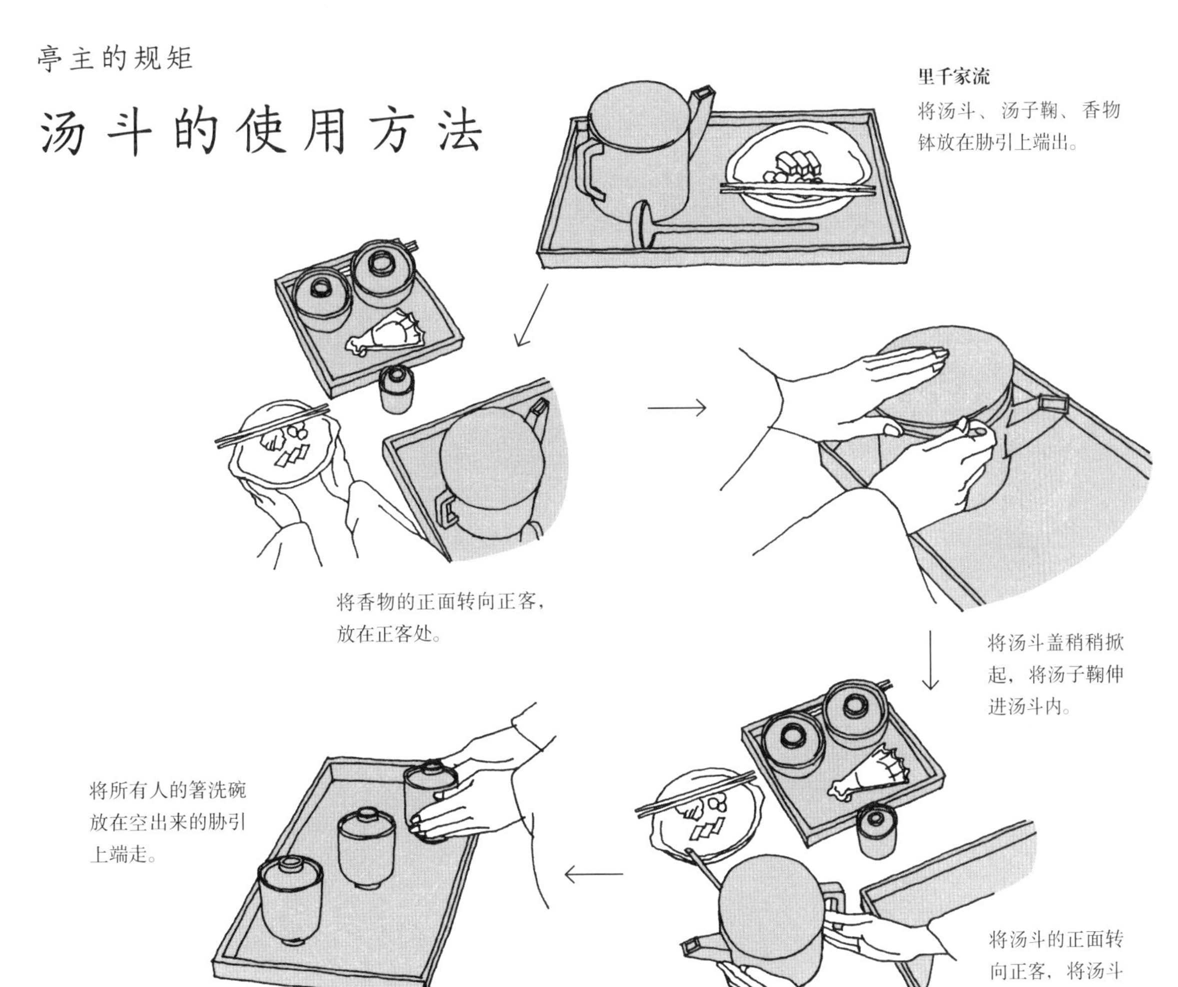

里千家流

将汤斗、汤子鞠、香物钵放在胁引上端出。

将香物的正面转向正客，放在正客处。

将汤斗盖稍稍掀起，将汤子鞠伸进汤斗内。

将汤斗的正面转向正客，将汤斗放在正客处。

将所有人的箸洗碗放在空出来的胁引上端走。

亭主将汤斗、汤子鞠、香物钵放在胁引上端出。亭主坐在正客面前，先将香物的正面转向正客，再将香物放在正客处。

然后用右手从上方拿起汤子鞠，左手拖住汤子鞠，右手持柄部。左手将汤斗盖稍稍掀起，将汤子鞠伸进汤斗，再盖上盖子。然后将汤斗的正面转向正客，将汤斗放在正客处。

将所有人的箸洗碗放在空出来的胁引上端走。

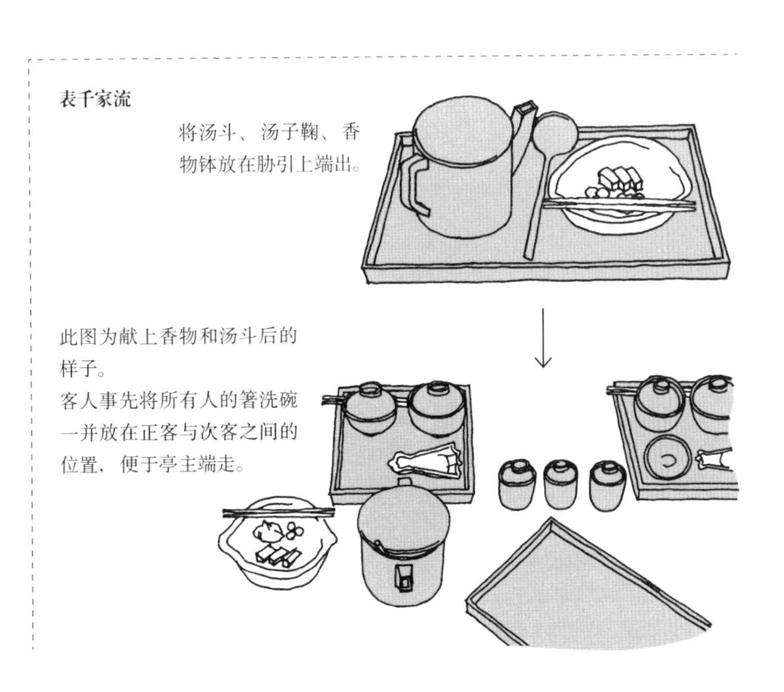

表千家流

将汤斗、汤子鞠、香物钵放在胁引上端出。

此图为献上香物和汤斗后的样子。

客人事先将所有人的箸洗碗一并放在正客与次客之间的位置，便于亭主端走。

客人的规矩

汤斗的传递

里千家流

端出香物和汤斗后的样子。由于是正客的膳盘，因此没有酒杯（酒杯已在“千鸟杯”的环节，由亭主端走）。

揭开汤斗盖，将其翻过来传给末客。

双手捧起汤斗，左手牢牢握住汤斗，往饭碗和汤碗中盛入锅巴汤。

另一种握持方法。

也可以右手按住汤子鞠，从汤斗嘴将汤倒出。

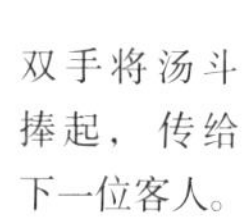

双手将汤斗捧起，传给下一位客人。

端上香物、汤斗后，正客先揭开汤斗盖，将其翻过来传给末客，并放在末客处。

然后依次分取香物。客人将饭碗盖、汤碗盖揭开，将它们合在一起放在膳盘正右侧。

双手捧起汤斗，将左手拇指伸入汤把中，其余手指从下面托着汤斗，用汤子鞠搅拌一下，将锅巴汤盛入剩下一口饭的饭碗和汤碗中。也可以右手按住汤子鞠，从汤斗嘴将汤倒入碗中。然后再以双手捧起汤斗，传给下一位客人，依次向饭碗、汤碗中盛入锅巴汤（要全部吃光）。

最后由末客将汤斗盖盖上，放在手边（汤斗中的锅巴汤不必全部取尽）。

客人的规矩

结束时的信号

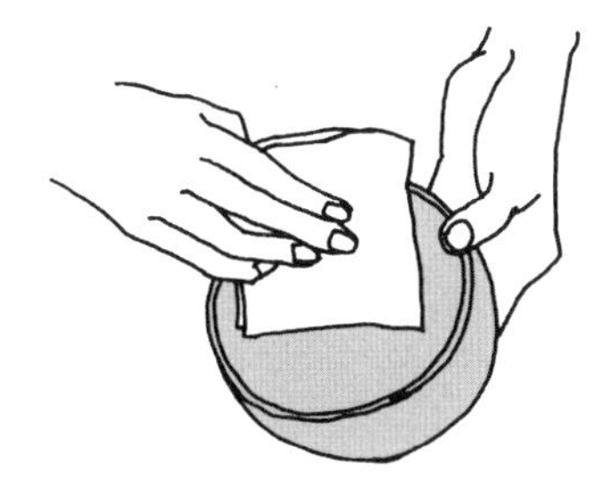

用怀纸按在器皿上擦拭。

用汤斗涮过饭碗和汤碗后，取出怀纸将碗和碗盖擦干净。然后再将膳盘上的向付、酒杯、筷子全部用怀纸擦干净。最后将膳盘也擦一下。

器皿的放置方法因流派的不同而异。表千家流是不盖碗盖，在汤碗上依次叠放上饭碗盖、汤碗盖、酒杯(除正客外)。里千家流是盖上汤碗盖，在饭碗上依次叠放上饭碗盖(内侧朝上)、酒杯(除正客外)。放上酒杯后，将向付放在膳盘的对面正中央，将筷子搭放在膳盘右侧边缘，均如膳出时的样子。

末客将香物和汤斗返还至茶道口，正客示意，大家一起放下筷子，并发出声音(将筷子对齐，放在膳盘中)。亭主听到这一信号后，打开茶道口的拉门，向大家致意。

表千家流

正客的膳盘：在汤碗上放上饭碗盖(内侧朝上)、汤碗盖。

次客以下客人的膳盘：在汤碗上放上饭碗盖(内侧朝上)、汤碗盖、酒杯。

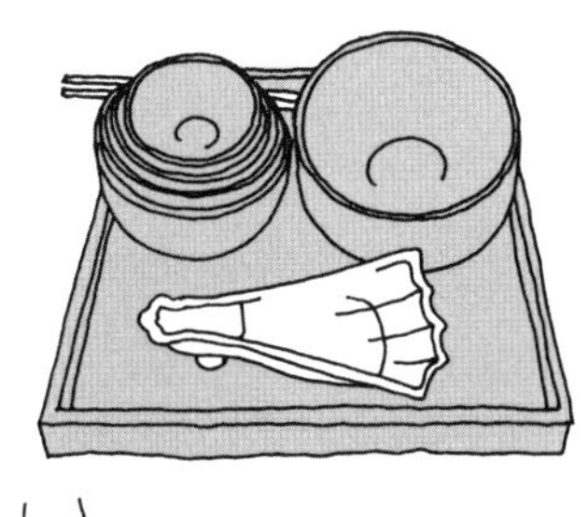

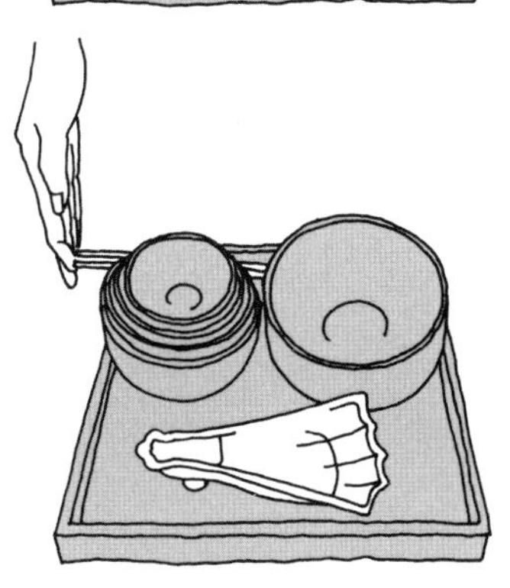

里千家流

正客的膳盘：盖上汤碗盖，将饭碗盖翻过来叠放在饭碗上。

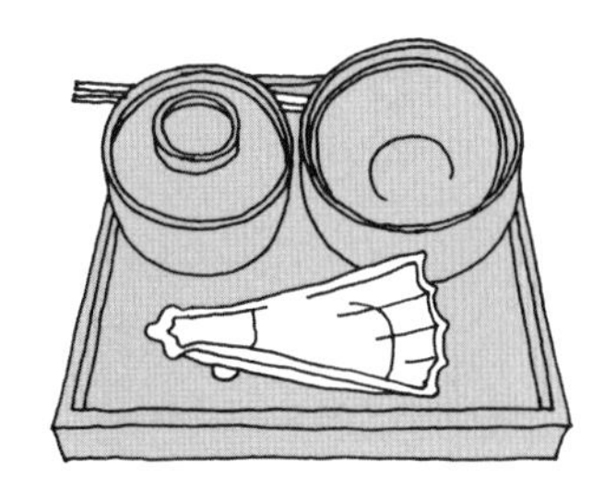

次客以下客人的膳盘：盖上汤碗盖。在饭碗上叠放上饭碗盖(内侧朝上)、酒杯。

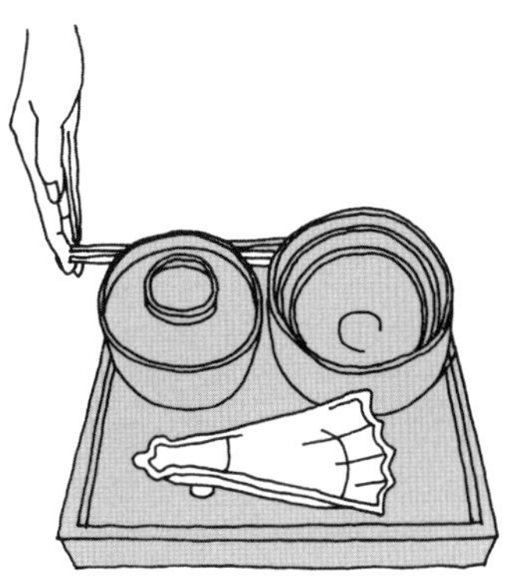

客人们一起放下筷子，并发出声音。也可以右手拿起筷子，让其掉落在膳盘上。重要的是要一同发出声音，让亭主能够听清楚。

附录1 果子

怀石料理结束后，若是在地炉季节，接着会端出主果子；在风炉季节，会在添炭仪式之后端出主果子。主果子是指正式品尝浓茶时吃的果子，多为甜白薯泥、彩色豆粉果子、薯蓣馒头。在夏天还会端出以琼脂等制作的生果子。

这些果子基本上都是放在称为缘高的叠式木箱中端出，但也因流派的不同而异。多数流派是使用3层或5层的缘高，将正客1人份的主果子放入最下层，然后根据在场的人数，在最上层中放入1人份或多人份果子。最后盖上盖，按人数在盖上摆上黑文字箸（数量多时将其变成竹筏状）再端上。

吃过果子后便是中立环节，客人们要暂时退出茶室。在此期间，亭主重新布置茶室，为之后的主要仪式——浓茶做准备。之所以先提供怀石料理以及甜果子，正是为了让客人们能以最好的状态来品尝这一杯浓茶。

在浓茶之后，通常是点淡茶。这时亭主会向客人提供干果子。

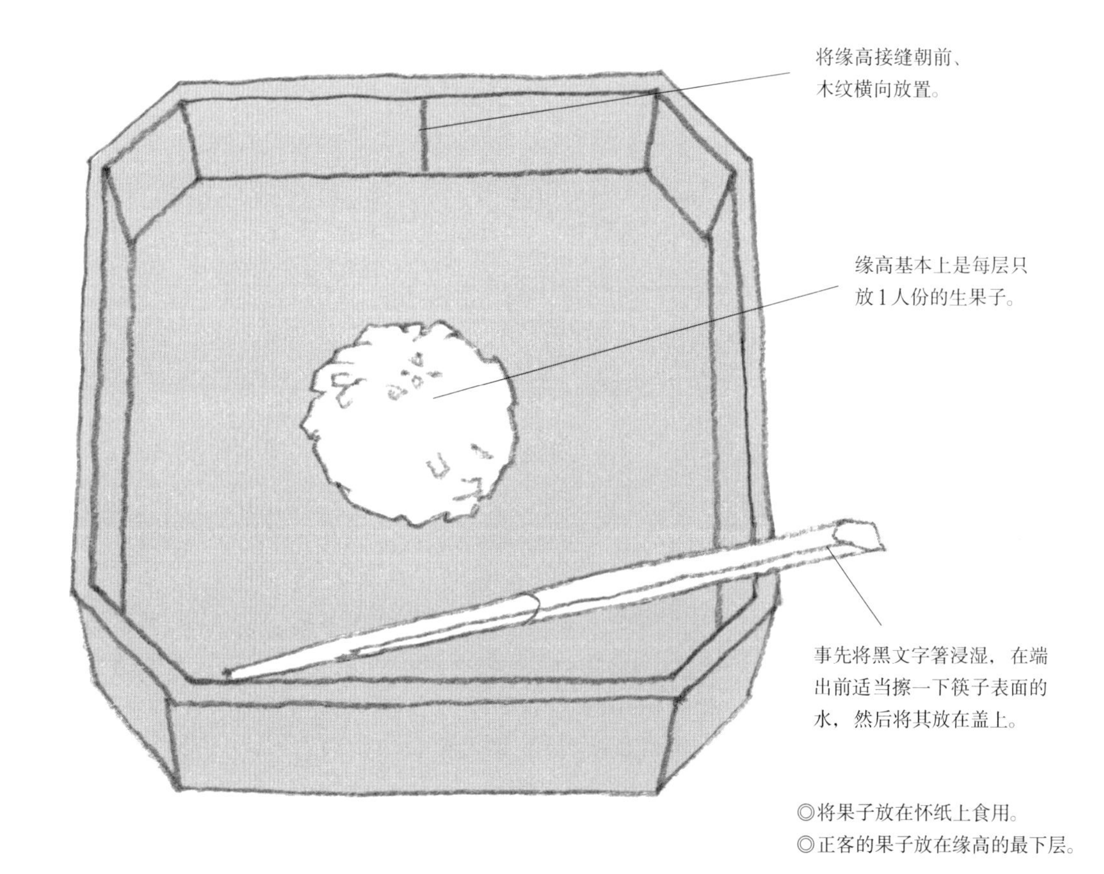

◎将果子放在怀纸上食用。
◎正客的果子放在缘高的最下层。

客人的规矩

食用主果子

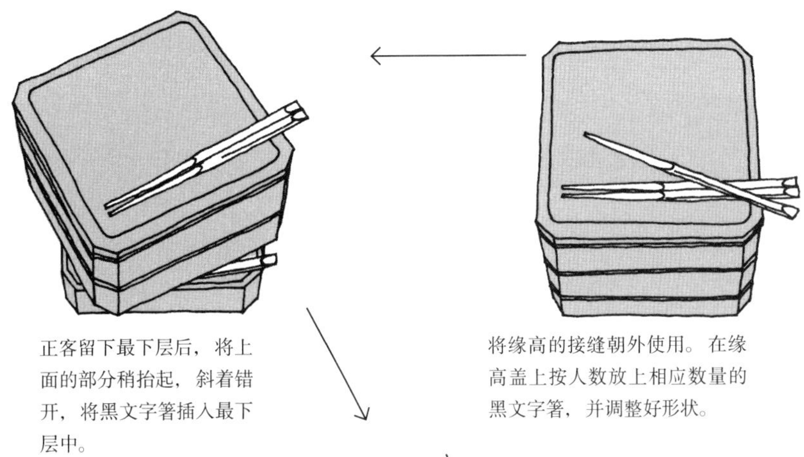

将缘高的接缝朝外使用。在缘高盖上按人数放上相应数量的黑文字箸，并调整好形状。

正客留下最下层后，将上面的部分稍抬起，斜着错开，将黑文字箸插入最下层中。

端上缘高后，正客先向次客说“我先用了”，然后将缘高整体稍稍举起，表示感谢。将最下层的上方部分的木箱稍稍抬起，斜着错开，将黑文字箸插入最下层（正客的黑文字箸通常摆放得容易区分）。然后将最下层留下，将其余部分放在自己手边，传给次客。

次客以下的客人同样将黑文字箸插入缘高中，但次客以下客人的果子有时是数人放在同一层中，这时要按人数放入黑文字箸，然后按该人数将剩余的部分传下去（如果是3人，就传至第4位客人）。因此需要先错开缘高，确认里面果子的数量。

客人们分别举起缘高表示感谢，用黑文字箸将果子夹到自己的怀纸上吃。

从正客开始，依次将取空的缘高盒按顺序叠放回去，传至末客。末客事先将缘高盖翻过来放在自己身边，然后将其盖在传递过来的缘高上，正面朝外返还给亭主。

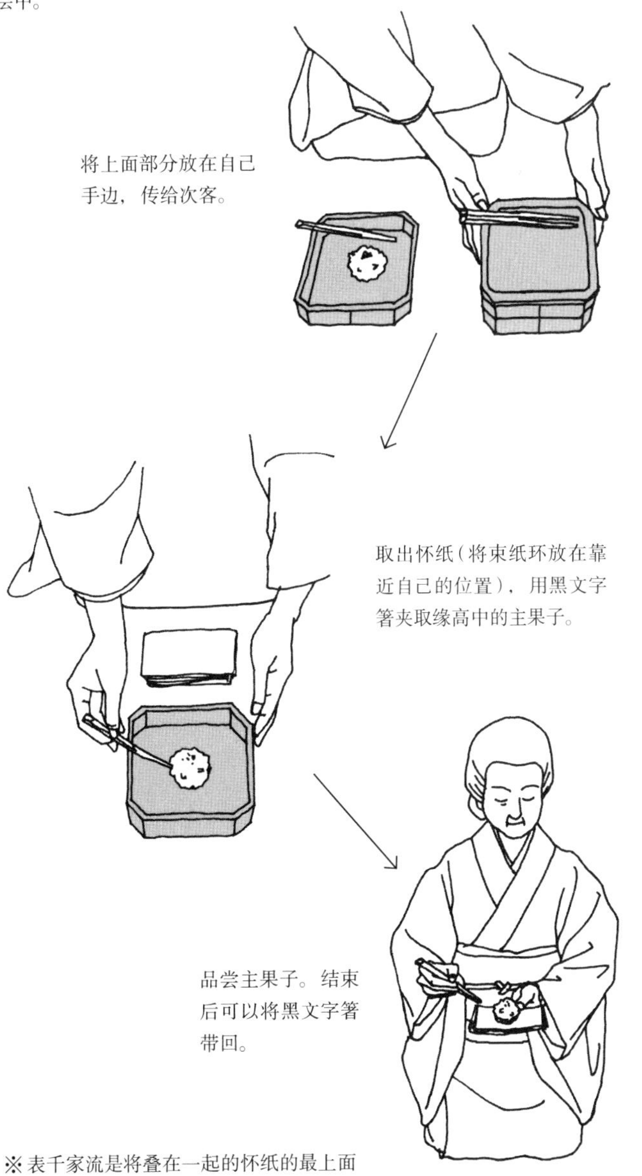

将上面部分放在自己手边，传给次客。

取出怀纸（将束纸环放在靠近自己的位置），用黑文字箸夹取缘高中的主果子。

品尝主果子。结束后可以将黑文字箸带回。

※表千家流是将叠在一起的怀纸的最上面一张折叠后，再将果子放在上面。

附录2 茶花

从大的范畴来说，茶花分为地炉季节（11月～次年4月）的花和风炉季节（5月～10月）的花。例如山茶花是地炉季节的花，不会在风炉的季节里使用。而且各种茶花还各自有其独特的格调。将茶花、插花以及花瓶三者的格调完美地结合在一起十分重要。格调高的花最好插入格调高的花瓶中才显得融洽。

插花方法基本上是自由式。在插两种以上的花时，原则上是插入1、3、5、7、9奇数。数量多少都可以。在夏季，有时会插入13种之多。如果只插入1种，自然也要求花本身的格调要高雅。

什么是格调高的花？在地炉季节，冬山茶花可以说是格调高的花。在风炉季节，要数初夏的扇脉杓兰或紫云英，以及夏季的木槿等。菖蒲也多在插一种花时使用。这些花即使插一种也很有存在感，反而不适合与其他花混乱地搭配在一起。

另外，如果是花叶较少，可以数清花叶的花，基本上将花叶也凑成奇数。

一般不使用已开放的花，而是选尚处于花蕾状态，或是刚刚开放一点儿、楚楚动人的花。

插花一定要避免使用味道强烈的花，例如瑞香花、大百合花，即便味道清香，也不在茶事中使用。

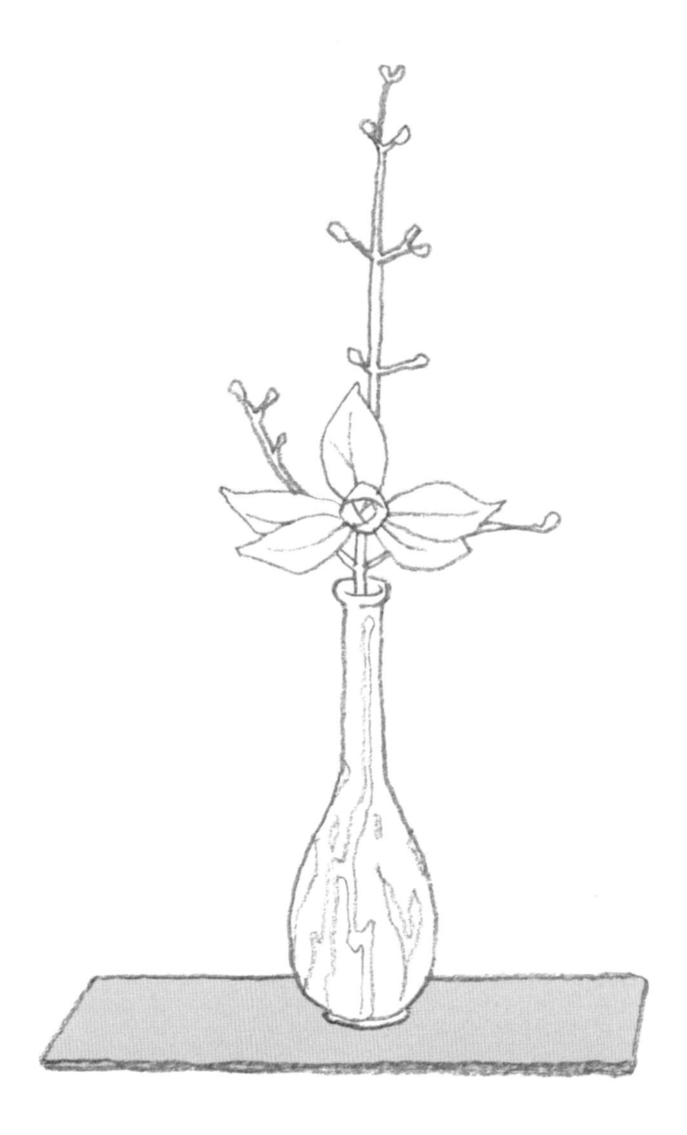

插花建议

将花瓶的瓶口看作衣服的领子，瓶口处要整理得干净利落。这是插花的一个要领。不要让花在花瓶中四面八方地散开，而是尽量束在一起，插入花瓶中央，然后从瓶口向外散开。

最基本的形状是，先取一枝较长的带枝类花，将其作为中心牢固地插入瓶中，然后在其前方插入其他花，使其有高有低，富有层次。将根部的叶片剪掉，避免形成叶片从瓶口探出来的状态。以这一要领为基础，之后就是靠每人自身的感觉来选枝叶及形状好的花搭配。

将根部斜着剪断，以使断面加宽，这样可以充分吸收水分。尽量做成自然的效果，最后再喷上雾水，使其显得水灵新鲜。

蛤形边薄板（涂漆）

断面如同闭壳时的蛤蜊形状，涂黑漆或彩漆。

[搭配花瓶]
"行"花瓶
上釉花瓶（志野、濑户、唐津等）、日本瓷器花瓶等。

箭尾薄板（涂黑漆）

断面呈箭尾状、涂黑漆的长方形薄板。将宽的一面朝上使用。

[搭配花瓶]
"真"花瓶
古铜、青铜、青瓷、染付、祥瑞等。

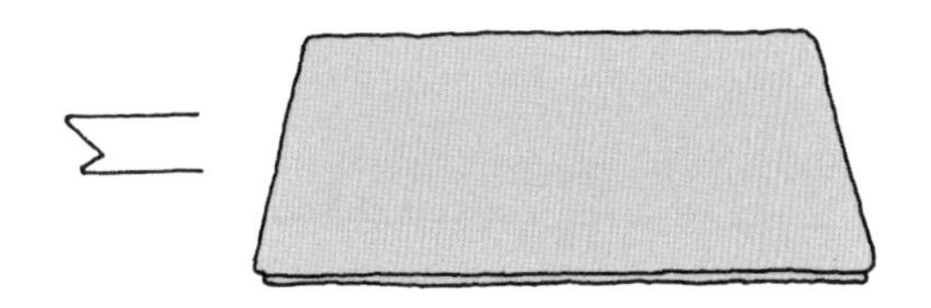

圆香台（涂漆）

各种涂漆类的圆形薄板。表千家流在多处使用原香台。

[搭配花瓶]
"草"花瓶
无釉陶器（备前、信乐、伊贺等）、竹制、葫芦形等。

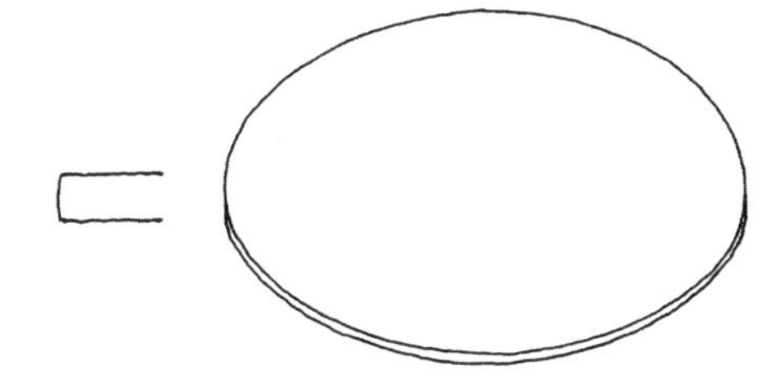

蛤形边薄板（无漆）

断面如同闭壳时的蛤蜊形状，用桐木、松木等制成。将木纹朝向厨房（水屋）方向使用。

[搭配花瓶]
"草"花瓶
无釉陶器（备前、信乐、伊贺等）、竹制、葫芦形等。花篮也包括在"草"花瓶之中，但花篮原则上不使用薄板。

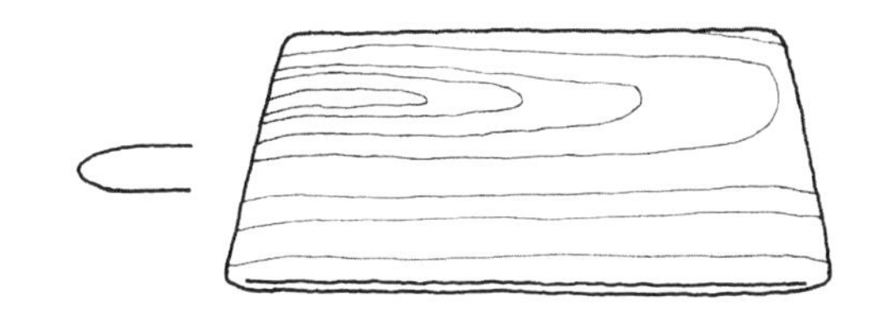

亭主的规矩

花瓶与薄板的搭配

在茶室中装饰花卉时，如果使用落地花瓶，一般在下面铺上称为薄板的花台。但这仅限于在榻榻米的茶室，如果是底板茶室，基本上不论任何样式的花瓶，都不使用薄板。另外，如果是花篮，即便是在榻榻米的茶室中，也不使用薄板。

需要记住的薄板的使用方法有，花瓶的格调（真、行、草）与薄板的格调（真、行、草）之间的搭配。使用"真"花瓶（古铜、青铜、青瓷、染付、祥瑞等）时，要搭配涂黑漆的箭尾薄板；使用"行"花瓶（上釉陶器、日本瓷器等）时，搭配蛤形边涂漆薄板；使用"草"花瓶（无釉陶器、竹花瓶、花篮、葫芦形花瓶等）时，搭配无漆蛤形边薄板或圆香台。

另外，有的花瓶还带有专用的薄板，因此很难根据流派、形状、时代以及亭主的理解加以区分。但只要有箭尾薄板（涂黑漆）、蛤形边涂漆薄板、蛤形边无漆薄板、圆香台这4种薄板，便基本可以搭配各种花瓶。

参考文献

茶人之友《表千家流的茶道怀石料理——亭主与客人的心得》堀内宗心著（株）世界文化社
淡交教本《参加怀石料理的方法和规矩》1～12期（株）淡交社
淡交教本《实用 茶事的学习 客人心得》（株）淡交社
茶道手册《茶事与怀石料理 客人心得》主妇之友社编
家庭画报精选《茶道问答 怀石料理上的规矩及心得Q&A》里千家 仓斗宗觉（株）世界文化社
主妇之友《新实用BOOKS 最终版 茶道入门》千宗左著（株）主妇之友社
茶道向导系列⑧《茶道心得》堀内宗完著（株）主妇之友社
NHK兴趣百科《茶道 里千家流 风炉 正午的茶事》日本放松协会编
茶事学习19《地炉季节的正午茶事与夜话茶事[表千家流]》堀内宗心著（株）世界文化社
茶道志淡交 第53期增刊《茶室与茶室装点的基础知识》（株）淡交社
茶道词典（株）淡交社
《角川茶道百科词典》（株）角川书店

高桥英一

1939年生，是坐落于京都南禅寺的创业400余年的“瓢亭”第十四代掌门人。他于1967年成为掌门人之后，一直从事料理制作，并一直坚守着举办过各种超越流派的茶事的瓢亭料理店。另一方面，他还作为烹饪学校、各类讲授会，以及有关各流派茶道、怀石料理的讲授会等的讲师，在日本各地传授知识。2007年获厚生劳动大臣卓越技能者表彰(国家现代名工)。2009年获第六届里千家流茶道文化振兴奖。高桥本人对茶道的造诣也很深，他在自家庭院中种植了200种以上的花草，每天在每个房间中放上亲手制作的插花。他的兴趣有园艺、陶器、钓鱼。由高桥监修、共同编写的著作有《怀石料理 应用及基础》(柴田书店)，由他亲自编写的著作有《瓢亭 四季的料理及器皿》(柴田书店)、《各季的器皿》(淡交社)、《瓢亭的果子入门》(淡交社)、《京都 瓢亭 怀石料理的器皿》(世界文化社)等。他现担任京都料理组合长、日本料理学院顾问。

图书在版编目（CIP）数据

怀石四季料理赏习 京都瓢亭茶事／（日）高桥英一著；麻春禄译．—武汉：华中科技大学出版社，2021.4

ISBN 978-7-5680-6161-2

Ⅰ.①怀… Ⅱ.①高… ②麻… Ⅲ.①食谱－日本 Ⅳ.①TS972.183.13

中国版本图书馆CIP数据核字（2020）第111343号

KAISEKI NYUMON by Eiichi Takahashi

Original Japanese edition published by Shibata Publishing Co., Ltd.
This Simplified Chinese language edition published by arrangement with Shibata Publishing Co., Ltd., Tokyo in care of Tuttle-Mori Agency, Inc., Tokyo through Future View Technology Ltd., Taipei City.

本作品简体中文版由Shibata publishing授权华中科技大学出版社有限责任公司在中华人民共和国境内（但不含香港、澳门和台湾地区）出版、发行。

湖北省版权局著作权合同登记　图字：17－2020－082号

怀石四季料理赏习：京都瓢亭茶事

Huaishi Siji Liaoli Shangxi Jingdu Piaoting Chashi

［日］高桥英一　著
麻春禄　译

出版发行：华中科技大学出版社（中国·武汉）　电话：（027）81321913
北京有书至美文化传媒有限公司　电话：（010）67326910－6023
出 版 人：阮海洪

责任编辑：莽　昱　谭晰月
责任监印：徐　露　郑红红　　封面设计：邱　宏

制　作：北京博逸文化传播有限公司
印　刷：北京华联印刷有限公司
开　本：787mm×1092mm　1/16
印　张：16
字　数：123千字
版　次：2021年4月第1版第1次印刷
定　价：128.00元

華中出版

本书若有印装质量问题，请向出版社营销中心调换
全国免费服务热线：400－6679－118　竭诚为您服务